出版说明

随着我国改革开放的进一步深化,高等教育也得到了快速发展,各地高校紧密结合地方经济建设发展需要,科学运用市场调节机制,加大了使用信息科学等现代科学技术提升、改造传统学科专业的投入力度,通过教育改革合理调整和配置了教育资源,优化了传统学科专业,积极为地方经济建设输送人才,为我国经济社会的快速、健康和可持续发展以及高等教育自身的改革发展做出了巨大贡献。但是,高等教育质量还需要进一步提高以适应经济社会发展的需要,不少高校的专业设置和结构不尽合理,教师队伍整体素质亟待提高,人才培养模式、教学内容和方法需要进一步转变,学生的实践能力和创新精神亟待加强。

教育部一直十分重视高等教育质量工作。2007 年 1 月,教育部下发了《关于实施高等学校本科教学质量与教学改革工程的意见》,计划实施"高等学校本科教学质量与教学改革工程(简称'质量工程')",通过专业结构调整、课程教材建设、实践教学改革、教学团队建设等多项内容,进一步深化高等学校教学改革,提高人才培养的能力和水平,更好地满足经济社会发展对高素质人才的需要。在贯彻和落实教育部"质量工程"的过程中,各地高校发挥师资力量强、办学经验丰富、教学资源充裕等优势,对其特色专业及特色课程(群)加以规划、整理和总结,更新教学内容、改革课程体系,建设了一大批内容新、体系新、方法新、手段新的特色课程。在此基础上,经教育部相关教学指导委员会专家的指导和建议,清华大学出版社在多个领域精选各高校的特色课程,分别规划出版系列教材,以配合"质量工程"的实施,满足各高校教学质量和教学改革的需要。

本系列教材立足于计算机专业课程领域,以专业基础课为主、专业课为辅,横向满足高校多层次教学的需要。在规划过程中体现了如下一些基本原则和特点。

(1)反映计算机学科的最新发展,总结近年来计算机专业教学的最新成果。内容先进,充分吸收国外先进成果和理念。

(2)反映教学需要,促进教学发展。教材要适应多样化的教学需要,正确把握教学内容和课程体系的改革方向,融合先进的教学思想、方法和手段,体现科学性、先进性和系统性,强调对学生实践能力的培养,为学生知识、能力、素质协调发展创造条件。

(3)实施精品战略,突出重点,保证质量。规划教材把重点放在公共基础课和专业基础课的教材建设上;特别注意选择并安排一部分原来基础比较好的优秀教材或讲义修订再版,逐步形成精品教材;提倡并鼓励编写体现教学质量和教学改革成果的教材。

(4)主张一纲多本,合理配套。专业基础课和专业课教材配套,同一门课程有针对不同层次、面向不同应用的多本具有各自内容特点的教材。处理好教材统一性与多样化,基本教材与辅助教材、教学参考书,文字教材与软件教材的关系,实现教材系列资源配套。

(5)依靠专家,择优选用。在制定教材规划时要依靠各课程专家在调查研究本课程教材建设现状的基础上提出规划选题。在落实主编人选时,要引入竞争机制,通过申报、评审确定主题。书稿完成后要认真实行审稿程序,确保出书质量。

繁荣教材出版事业,提高教材质量的关键是教师。建立一支高水平教材编写梯队才能保证教材的编写质量和建设力度,希望有志于教材建设的教师能够加入到我们的编写队伍中来。

21 世纪高等学校计算机专业实用规划教材

联系人:魏江江 weijj@tup.tsinghua.edu.cn

第 2 版前言

操作系统是计算机系统中最重要的系统软件,它是围绕着如何提高计算机资源利用率和改善用户界面的友好性而形成、发展和不断成熟的。本书针对培养技术型人才的特点,在注重操作系统原理的基础上结合高等院校专业基础课程的需求,深入浅出地介绍了操作系统的理论知识,并以各类操作系统为实例,引入现代操作系统所采用的最新技术。

本书是在 2010 年清华大学出版社出版,武伟教授主编的《操作系统教程》基础上进行修订和再版的。初版教材经过了教学团队的多年使用,申报并建设了上海市教委精品课程。此次在教学实践和科学研究的基础上,参阅了大量国内外操作系统教材,再版了这本适用于高等院校计算机科学各相关专业的本科教科书。其编写思路及特点如下:

(1) 以主流操作系统 Linux 和 Windows 为实例,从操作系统原理的角度对其做了详尽的介绍,并在讲授原理时注重理论联系实际。

(2) 根据编者的教学经验,对于难以理解的部分,均以实例引出,语言浅显易懂,使读者能够从简单的实例入手,更容易地掌握操作系统的内部工作原理。

(3) 本书配有大量经过精选的习题,以帮助读者检验和加深对内容的理解。

(4) 本书在各章例题部分配备了例题讲解视频,读者可以扫描二维码查看例题讲解。

本书参考教学时数为 60～70 学时。要求先修课程为"数据结构""汇编语言""C 语言"和"计算机组成原理"。

本书的内容是按照理工科院校计算机科学与技术专业的教学大纲编写的。对于非计算机专业的本科教学及高职高专的计算机专业教学,可适当删减内容。

全书共分 12 章。第 1、2、12 章由姜丽编写,第 3 章由林捷编写,第 4、5、7、8、10 章由张成姝编写,第 6 章由徐克奇编写,第 9、11 章由曹辉编写。本书是在武伟教授主编的第 1 版教程基础上加以改编的,武伟教授主审并给予了全程指导和协助。在此,谨向武伟教授表示诚挚的谢意。

由于时间和水平所限,书中难免会有错误和不足之处,敬请读者批评指正。

编　者
2019 年 7 月于上海

目　录

第 1 章　　　　　　　　　　引　　论

计算机系统包括硬件和软件两个部分,操作系统(Operating System,OS)是配置在计算机硬件上的第一层软件,可以扩充硬件功能、提供软件运行环境,实现了应用软件和硬件设备的连接,在计算机系统中占据了特别重要的地位。本章从操作系统的作用、发展历史、功能特性、类型和结构等方面进行讨论。

1.1　操作系统的作用和定义

从不同的角度观察操作系统,其作用是不同的。从内部系统的角度观察,操作系统是资源管理者;而从外部用户的角度观察,操作系统则是用户与计算机硬件系统之间的接口。

1.1.1　操作系统的作用

1. 操作系统是用户与计算机硬件之间的接口

计算机系统是一个由硬件系统和软件系统构成的有层次结构的系统。硬件系统处于计算机系统的最底层,硬件部分通常称为裸机。

用户直接编程来控制硬件是很麻烦的,而且容易出错。为此在硬件基础上加一层软件,用来控制和管理硬件,起到隐藏硬件复杂性的作用。操作系统就是这层软件,操作系统是裸机的第一层扩充,是最重要的系统软件。经过操作系统的包装,裸机便以虚拟机的形式呈现给用户。与裸机相比,虚拟机更易于理解和使用。

操作系统的一个重要作用是方便用户使用计算机。操作系统处于用户与计算机硬件之间,用户通过操作系统来使用计算机,在操作系统的帮助下,方便、快捷、安全、可靠地操纵计算机硬件并运行自己的程序。图 1.1 表示了操作系统作为用户与计算机硬件之间的接口的作用。

操作系统提供的用户接口有两类:

（1）作业级接口——操作系统提供一组联机命令,用户可以通过键盘输入有关的命令,获得操作系统的服务,并组织和控制自己的作业运行。

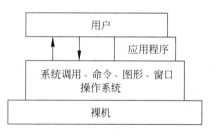

图 1.1　操作系统作为用户与计算机系统的接口

（2）程序级接口——操作系统提供一组系统调用,即操作系统中的某个功能模块,用户可在应用程序中通过调用相应的系统功能模块,实现与操作系统的通信,并取得它的服务。

2. 操作系统是系统资源管理者

从计算机系统资源管理的角度来看,计算机资源分为四大类,即处理器、存储器、I/O设备和信息(文件)。前3类是硬件资源,信息是软件资源。引入操作系统的目的是为了合理地组织计算机的工作流程,管理和分配计算机系统硬件和软件资源,最大限度地提高计算机系统的利用率。对各类计算机系统资源进行有效管理是操作系统的另一个主要作用。

处理器管理负责处理器的分配和控制,存储器管理负责内存资源的分配、回收和保护,I/O设备管理负责I/O设备的分配与回收,信息管理负责文件的存取、共享和保护。

作为资源管理者,操作系统在资源管理过程中要完成以下工作:

(1) 监控资源状态。时刻维护系统资源的全局信息,掌握系统资源的种类、数量以及分配使用情况。

(2) 分配资源。处理对资源的使用请求,协调请求中的冲突,确定资源分配算法。

(3) 回收资源。用户程序对资源使用完毕后要释放资源,操作系统要及时回收资源,以便下次再分配。

(4) 保护资源。操作系统负责对资源进行有效保护,防止资源被有意或无意地破坏。

1.1.2 操作系统的定义

综上所述,操作系统可以定义为:操作系统是直接控制和管理计算机系统中的硬件和软件资源,合理地组织计算机工作流程,便于用户使用的程序的集合。

从操作系统的定义可以看出,操作系统的目标有两点:首先,操作系统要方便用户使用。一个好的操作系统应提供给用户一个易于理解、简洁方便的用户界面,这里的"用户"既包括计算机系统的最终用户,又包括计算机系统的管理员,同时还包括编写应用程序的程序员。其次,操作系统应尽可能使系统中的各种资源得到最充分的利用。

可以看到,后面章节所讨论的各种实现技术、算法都围绕着这两个主要目标。

1.2 操作系统的发展过程

操作系统发展至今已有50多年的历史。回顾操作系统的发展历程,可以看到操作系统是随着计算机技术的发展和计算机的广泛应用而发展的。20世纪50年代中期出现了单道批处理系统,60年代中期发展为多道批处理系统,与此同时也诞生了用于工业控制和武器控制的实时操作系统,80年代开始到21世纪初,是微型机、多处理器和计算机网络高速发展的年代,也是微机操作系统、多处理机操作系统、网络操作系统和分布式操作系统大发展的年代。

1. 人工操作时期(1945—1955年)

20世纪40年代中期,第一台计算机——冯·诺依曼机问世,标志着电子管计算机时代开始。这个阶段一直延续到20世纪50年代中期,属于第一代计算机。这时的计算机由上万个电子管组成,运算速度仅为每秒数千次,但体积却十分庞大,且功耗非常高、价格昂贵,也没有操作系统。用户采用人工操作方式使用计算机,即由程序员事先将程序和数据写入纸带(卡片),装入纸带(卡片)输入机并启动,将程序和数据输入计算机,然后启动计算机运行。当一个程序运行完毕后,才能让下一个用户使用计算机。可见,这种方式不但由用户独占全机,而且要 CPU 等待人工操作,当用户进行人工操作时,CPU 和内存等资源都是空闲的。

在计算机发展的早期,由于 CPU 的运算速度较慢,人机矛盾并不十分突出。但随着 CPU 运算速度的提高,这种矛盾日趋严重(例如,作业在一个每秒 1000 次的机器上运行,需要 30 分钟的时间,而手工装入和卸下作业等人工干预需要 3 分钟。若机器速度提高 10 倍,则作业的运行时间缩短为 3 分钟,这就使得大量机时被浪费了),而且 CPU 与 I/O 设备之间速度不匹配的矛盾也更加突出。人工操作方式严重降低了计算机资源的利用率,为缓和此矛盾,急需一种方法减少人工操作的时间,操作系统应运而生。

2. 单道批处理时期(1955—1965 年)

20 世纪 50 年代,晶体管的发明使计算机硬件发生了革命性的变革,运算速度大幅度提高、功耗减少、可靠性大大提高。但采用人工操作方式,人机矛盾和 CPU 与 I/O 设备速度不匹配的矛盾也更为突出。为了解决这些矛盾,出现了单道批处理系统。

批处理系统的设计思想是尽可能保持系统的连续运行,处理完一个作业后,紧接着处理下一个作业,以减少机器的空闲等待时间。

单道批处理系统采用脱机方式,使用专门用于输入/输出的外围机,将一批作业输入到磁带上,在监督程序的控制下,使这批作业能够一个接一个地连续处理。监督程序首先将磁带上的第一个作业装入内存,同时把运行控制权交给该作业;当该作业处理完成时,再把控制权交还给监督程序;监督程序随即把磁带上的第二个作业调入内存。计算机系统就这样自动地一个紧接着一个处理作业,直到磁带上的这一批作业全部完成。当这批作业完全结束后,最终将输出磁带拿到外围机上进行脱机输出。在这种系统中,虽然作业是成批处理的,但是在内存中始终只保持一道作业,故称为单道批处理系统。单道批处理系统如图 1.2 所示。

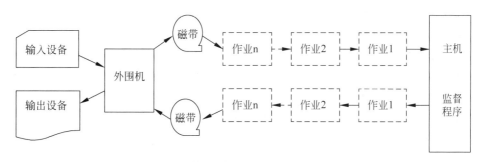

图 1.2　单道批处理系统示意图

3. 多道程序设计时期(1965—1980 年)

在早期的单道批处理系统中,每次只有一个作业调入内存运行。这样可能会出现两种情况:当运行以计算为主的作业时,输入/输出量少,I/O 设备空闲时间多;而当运行以输入/输出为主的作业时,CPU 又有较多空闲。为了进一步提高计算机系统的利用率,多道程序设计的思想应运而生。

在 20 世纪 60 年代,计算机硬件有了新的进展,出现了通道和中断技术。通道是一种专用的 I/O 处理器,它能控制一台或多台 I/O 设备工作,直接在 I/O 设备与内存之间进行数据传输。通道一旦被启动就能独立于 CPU 运行,因此 CPU 与通道、CPU 与 I/O 设备可以并行工作。中断则是指,当主机接到外部信号(如 I/O 设备操作完成信号)时,便立即停止正在执行的程序,转而处理中断事件的相应程序。处理完毕后,主机再回到原来程序被中断的位置继续执行。通道、中断技术的出现,为多道程序设计奠定了基础。

多道程序设计的主要思想是,在内存中同时存放若干道用户作业,这些作业交替地运行。当一个作业由于 I/O 操作未完成而暂时无法继续运行时,系统就把 CPU 切换到另一个作业,从而使另一个作业在系统中运行。因此,从宏观上看,若干个用户作业,或者说若干道程序是同时在系统中运行的。

把批处理系统同多道程序系统相结合,就形成了多道批处理系统。在多道批处理系统中,用户提交的作业放在外存上,排成一个队列,称为"后备队列";作业调度程序按照一定的算法,选择若干个作业调入内存,使它们共享 CPU 和各种系统资源;操作系统调度多道作业交替运行,使 CPU 尽可能处于繁忙状态。

多道批处理系统资源利用率高、系统吞吐量大,从 20 世纪 60 年代初出现以来得到了迅速的发展。但是在多道批处理系统中,作业运行时用户无法干预,交互能力很弱,由此出现了分时系统。在分时系统中,一台计算机同时连接多个用户终端,每个用户通过终端使用计算机,CPU 的时间分割成很小的时间段,称为一个时间片。系统将 CPU 的时间片轮流分配给各个用户,使每个用户的程序轮流得到执行。由于时间片分割得很小,每个用户都感觉自己在独占计算机。分时操作系统是联机的多用户交互式操作系统,也是当今大型计算机仍普遍使用的操作系统。

多道批处理系统的代表有 OS/360。著名的交互式分时操作系统 UNIX 也是在这一时期出现的。

4. 现代操作系统时期(1980 年至今)

20 世纪 80 年代以来,随着大规模集成电路技术的发展,微型机得到广泛应用,工作站也逐步取代了小型机。Windows、Linux 和 UNIX 等现代操作系统成为了微机、服务器、工作站的主流操作系统。

1969 年,第一个网络系统 ARPAnet 研制成功,经过几十年的发展,Internet 已经深入人们生活的每一个角落。各个独立的计算机通过网络设备和线路连接起来,实现了更大范围的通信和资源共享。网络上的计算机都运行本地的操作系统,网络操作系统在原来操作系统的基础上增加了网络功能模块,以实现各种网络应用和服务。常见的网络操作系统有Windows Server、Linux、UNIX 等。

在网络技术发展的基础上,分布式计算机系统开始发展。分布式系统由多台分散的计算机经互联网连接而成,每台计算机高度自治,又相互协同,并行地运行分布式程序。

嵌入式操作系统被固化在嵌入式计算机的 ROM 中,它的用户接口一般不提供操作命令,而是通过系统调用命令向用户程序提供服务。嵌入式操作系统被广泛应用于电器设备的控制中。

1.3 操作系统的功能和特性

操作系统的主要任务是为多道程序的运行提供良好的运行环境。在多道程序环境下,系统通常无法同时满足所有作业的资源要求,为使多道程序能有条不紊地运行,操作系统应对处理器、存储器、I/O 设备和信息等资源进行有效管理。此外,为了方便用户使用操作系统,还需向用户提供一个使用方便的用户接口。

1.3.1 操作系统的功能

1. 处理器管理

处理器管理主要是对中央处理器资源进行分配,控制和管理其运行效率。在传统的多道程序系统中,处理器的分配和运行都是以进程为基本单位,因而对处理器的管理可以归结为对进程的管理。随着并行处理技术的发展,为了进一步提高系统的并行性,降低并发执行的代价,操作系统又引入了线程的概念。此时,处理器管理也包含对线程的管理。处理器管理的主要任务如下。

(1) 进程控制:在多道程序环境下,为使作业并发运行,需要为作业创建一个或几个进程,为其分配必要的资源;当进程运行结束后,立即撤销进程,并回收该进程所占用的各类资源;同时,在进程运行期间,控制和管理进程状态的转换。

(2) 进程同步:进程的运行是以异步方式进行的,以不可预知的速度向前推进。为使进程协调一致地工作,系统中必须设置进程同步机制。

(3) 进程通信:当多个相互合作的进程共同完成一个任务,它们之间需要进行的信息交换就是进程通信。同样,多个竞争资源的进程为了顺利完成各自的任务,相互之间也需要通过进程通信机制来协调工作。

(4) 调度:传统的操作系统中,调度包含两个层面,即作业调度和进程调度。作业调度的任务是从作业后备队列中按一定的算法,选择若干个作业,把它们调入内存,创建进程,并将这些进程插入进程就绪队列。进程调度的任务是按照一定的调度算法,从进程就绪队列中选出一个进程,为其分配处理器,使其进入运行状态。

2. 存储器管理

多道程序系统中,当多道程序被同时装入内存,共享内存资源时,存储器管理的主要任务就是要为每道程序分配内存空间,使它们彼此隔离,互不干扰。存储器管理的目的是保护程序执行、提高内存利用率、扩充内存。存储器管理主要有如下功能。

(1) 内存分配:按照一定的算法为系统中的多个作业(进程)分配内存,并用合理的数据结构记录内存的使用情况。在内存分配过程中,应尽量提高内存利用率,减少碎片。

(2) 内存保护:每道程序都只在自己的内存区内运行,不允许用户程序访问操作系统的程序和数据,也不允许用户程序访问非共享的其他用户程序,从而确保内存中的信息不被其他程序有意或无意地破坏。

(3) 地址映射:由于是多道程序的运行环境,每道程序各自的逻辑地址和它们装入内存后的物理地址必然不相同。为确保程序能正常运行,需将地址空间中的逻辑地址转换为内存空间中与之对应的物理地址。

(4) 内存扩充:内存扩充的任务是对内存进行逻辑扩充,而不是物理扩充。逻辑扩充的方法是采用虚拟存储器技术,即允许仅把程序的一部分装入内存,其余部分仍然驻留外存,就开始运行程序。若程序在运行过程中发现所需部分未装入内存,则请求把该部分调入内存。若内存中已无足够的空间来装入需要调入的程序和数据,系统应将内存中暂时不用的部分程序和数据换出,再将所需的部分装入内存。

3. I/O 设备管理

计算机系统的 I/O 设备是指计算机系统中除了 CPU 和内存以外的所有输入输出设备,这些设备种类繁多,物理特性差异很大。因此设备管理的首要任务是为设备提供驱动程序或者控制程序,使用户不必详细了解设备接口的细节,就可以方便地使用设备。此外,设备管理还需要使设备尽可能地与 CPU 并行工作,提高使用效率。I/O 设备管理应具有如下功能。

(1) 缓冲管理:CPU 的高速性和 I/O 设备的低速性的矛盾,导致 CPU 利用率的下降。如果在 CPU 与 I/O 设备之间引入缓冲,就可有效地缓解这个矛盾。在现代操作系统中,无一例外地在内存中设置了缓冲区。

(2) 设备分配:按照用户进程的 I/O 请求和系统现有资源情况,依据某种算法为进程分配所需的设备。设备使用完成后,应当立即由系统回收。为了实现设备分配,系统中应当设置相应的数据结构,以记录设备、设备控制器和 I/O 通道等相关资源的使用情况。

(3) 设备处理:设备处理程序就是我们通常所说的设备驱动程序,其作用是实现 CPU 和设备控制器之间的通信。设备处理程序一方面接收 CPU 发出的 I/O 指令,发送给设备控制器,启动 I/O 设备完成相应的 I/O 操作;另一方面,设备处理程序可以响应设备控制器发来的中断请求,调用相应的中断处理程序进行处理。

(4) 虚拟设备管理:虚拟设备是采用假脱机技术(Simultaneous Peripheral Operating On Line,SPOOLing)实现的,主要是为了缓解 CPU 与 I/O 设备速度不匹配的矛盾。输入时,低速 I/O 设备上的数据传输到高速磁盘(输入井)上,形成输入队列,CPU 需要数据时,直接从输入井中获取;输出时,数据输出到高速磁盘(输出井)上,形成输出队列,设备空闲时,从输出井输出到设备。这种方法把一台独占设备改造成了共享设备。

4. 文件管理

计算机系统的软件信息都是以文件的形式存储在各种存储介质中的。文件系统的任务是对用户文件和系统文件进行管理,以方便用户使用,并保证文件的安全性。文件管理应当实现对文件存储空间和目录的管理、文件的读写、文件的共享与保护等功能。

(1) 文件存储空间的管理:在多用户系统中,如果要求用户自己对文件的存取进行管理,将是十分低效且容易出错的。因此,文件系统应对不同用户文件的存储空间进行统一管理,其主要任务是为每个文件分配外存空间,在提高外存利用率的同时,提高文件的存取速度。

(2) 目录管理:文件系统为每个文件建立了一个目录项(通常称为文件控制块),以方便用户在外存上找到自己的文件。目录项主要包括文件名、文件属性、文件在外存中的存储位置等信息。若干目录项构成一个目录文件。目录管理的任务就是为每个文件建立目录项,并对众多文件的目录项加以有效管理,以方便用户实现对文件的“按名存取”。

(3) 文件共享:文件系统还应提供文件共享功能。文件共享是指多个进程在受控的前提下共用系统中的同一个文件,该文件在外存中只保留一个文件副本。这样做的好处是无须为每个用户保存一个文件副本,节省了存储空间。

(4) 文件的读写和保护:根据用户的请求,从外存文件中读取数据,或者将数据写入外存文件。同时,要防止用户有意或无意地对文件进行非法访问。

5. 用户接口

操作系统除应具有上述资源管理功能外,还应当为用户提供接口,以方便用户使用计算机。操作系统的用户接口分为命令接口和程序接口两类。

（1）命令接口：用户通过命令接口直接向作业发出命令来控制作业的运行。命令接口又可以分为联机用户接口、脱机用户接口和图形用户接口。在这种方式下，用户通常通过键盘、鼠标直接向计算机系统发出接口命令。

（2）程序接口：用户程序一旦执行，便工作在用户态下，而系统软件工作在核心态下，系统的各类资源不允许用户程序直接使用。为了使用户程序在执行过程中也可以使用各类系统资源，操作系统提供了一整套系统调用。用户程序在执行过程中可以通过这些系统调用向操作系统提出各种资源和服务请求。

1.3.2 操作系统的特性

多道程序设计使得 CPU、I/O 设备以及其他资源能够得到充分的利用，但由此也带来一些复杂问题和新的特点，主要表现在以下方面。

1. 并发性

并发性是操作系统最重要的特性。并发性是指两个或多个事件在同一时间间隔内（并非同一时刻）发生。从宏观上看，在一段时间内有多道程序在同时执行；从微观上看，在一个单处理器系统中，每一时刻只有一道程序在执行。

操作系统的并发性能够有效地改善系统资源的利用率，提高系统的吞吐量。但是并发性同时也使操作系统的设计和实现变得复杂。系统需要解决以下问题：以怎样的策略选择下一道程序，如何从一道程序换到另一道程序，保护一道程序不受其他程序的影响，以及如何让多道程序互通消息、协调同步。

2. 共享性

并发的目的是共享资源和信息。例如，在多道程序系统中，多个进程对 CPU、内存和 I/O 设备共享，多个用户共享一个数据库、共享一个程序代码等。共享有利于消除重复、提高资源利用率。与共享相关的问题包括资源分配、对数据的同时存取、程序同时执行以及保护程序免遭破坏等。

共享的方式有两种：互斥访问和同时访问。互斥访问是指一个进程在使用某资源时，其他欲请求同一资源的进程必须等待。例如，对打印机、磁带机等资源的使用应当采用互斥访问的方式。同时访问是指在同一段时间间隔内，允许多个进程访问同一个资源。对 CPU、内存等资源可以采用同时访问的方式。

3. 虚拟性

所谓虚拟性，是指通过某种技术把一个物理实体变成若干个逻辑对应物。物理实体是客观存在的，而逻辑对应物只是用户感觉到的，是虚构的。例如分时系统中只有一台主机，而每个终端用户却感觉自己独自占有一台机器，这种利用多道程序技术把一台物理上的主机虚拟成多台逻辑上的主机，称为虚处理器。同样，也可以把一台物理上的 I/O 设备虚拟为多台逻辑上的 I/O 设备。

4. 异步性

在多道程序环境下，多个程序并发执行，但由于资源等原因，它们的执行"走走停停"。内存中的各道程序何时执行、何时被挂起、以何种速度向前推进，都不可预知。很可能后进入内存的作业先完成，先进入内存的作业反而后完成，这就是异步方式。当然，同一作业多次执行,只要原始数据相同,计算结果应该是相同的,但每次完成的时间却各不相同。

1.4 操作系统的分类

计算机已经深入到人们生活的各个方面,办公自动化、图像处理、工业设计、自动控制、科学计算、数据处理、网络浏览等都是其主要应用。在如此广泛的应用领域里,人们对计算机的要求各不相同,对计算机操作系统的性能要求、使用方式也各不相同。因此,对操作系统的分类方法也有很多。

按照同时使用操作系统的用户数目来分类,可把操作系统分为单用户操作系统和多用户操作系统。

按照操作系统所依赖硬件的规模来分类,可把操作系统分为大型机、中型机、小型机和微型机操作系统。

最常见的是按照操作系统所适用的环境来进行分类,可以分为3种基本类型:批处理系统、分时系统和实时系统,分别适用于不同的环境。随着计算机技术的发展,为了适应更加复杂的系统环境,又出现了网络操作系统、分布式操作系统、嵌入式操作系统和智能卡操作系统等。

1.4.1 批处理系统

批处理系统的基本特征是具有成批处理作业的能力,其主要目标是提高系统的处理能力,即作业的吞吐量,同时也兼顾作业的周转时间。根据处理方式的不同,可将批处理系统分为单道批处理系统和多道批处理系统。在20世纪50年代中期出现了单道批处理系统,60年代中期发展为多道批处理系统。

1. 单道批处理系统

单道批处理系统是最早的操作系统。它是为了解决人工操作严重降低计算机资源利用率的问题,即CPU等待人工操作和高速CPU与低速I/O设备间的矛盾而产生的操作系统。它采用脱机输入/输出技术,利用一台外围机,在脱离主机的情况下,将低速输入设备(如卡片机、纸带机等)的数据输入到较高速、大容量的输入设备(如磁带、磁盘)上,再由监督程序根据卡片机读入的作业控制信息,选择一个作业读入内存并进行处理,当作业全部处理完毕后再读入下一个作业。计算机系统就这样自动地对一个一个作业进行处理,直至磁带(磁盘)上的所有作业全部完成。单道批处理系统运行示意图如图1.3所示。

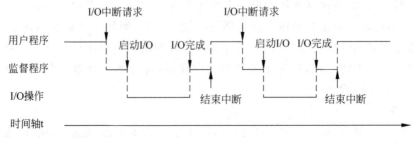

图 1.3 单道批处理系统运行示意图

从图 1.3 可以看出,由于内存中仅有一道程序,每当该程序在处理过程中发出 I/O 请求,CPU 就处于空闲状态,必须在 I/O 操作完成后才能继续运行。因为 I/O 设备速度低,因此 CPU 的空闲等待时间长,利用率不高。

这种批处理系统不能很好地利用系统资源,故现在已很少使用。

2. 多道批处理系统

多道批处理系统(Multi-Programmed Batch Processing System)也采用脱机方式进行输入输出操作。在该系统中,作业通过输入机输入到输入井中,形成后备队列。操作系统按一定算法从后备队列中选择若干个作业调入内存,这些作业在内存中并发执行,共享 CPU 和系统中的各种资源,并把计算结果输出到输出井中,形成输出队列。操作系统也按一定算法从输出队列中进行选择,通过输出机输出结果。多道批处理系统的工作原理如图 1.4 所示。

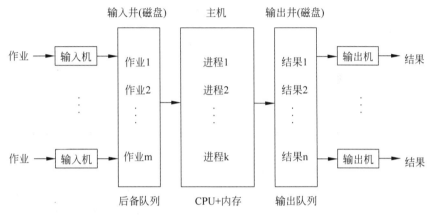

图 1.4　多道批处理系统的工作原理

在多道批处理系统中,由于内存中有多个进程,所以当一个进程请求 I/O 操作时,其他进程就可以使用 CPU 资源,避免了 CPU 进入空等状态,从而提高了 CPU 的利用率。通过输入机和输出机,CPU 可以与 I/O 设备并行工作,也提高了 I/O 设备的利用率。图 1.5 是 4 个作业的多道程序运行示意图。

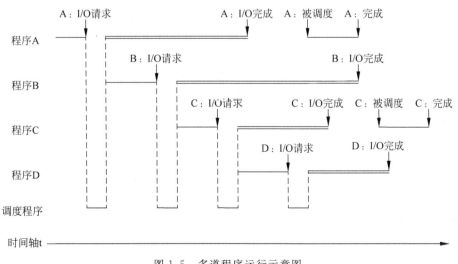

图 1.5　多道程序运行示意图

9

第 1 章

引论

多道批处理系统具有以下特征：

(1) 内存中存放有多个尚未执行结束的程序，它们交替占用 CPU 执行。

(2) 调入内存的一批作业完成的先后顺序与其调入内存的先后顺序之间没有对应关系。

(3) 作业从提交系统开始直至完成，要经过两次调度。第一次是作业调度：作业要从外存的后备队列中被选中调入内存。第二次是进程调度：进入内存的作业中，选择一个作业为其分配 CPU，使其得以执行。

在批处理系统中采用多道程序设计技术，有以下优点：

(1) 如果将 I/O 操作较多的作业与占用 CPU 时间较长的作业(如数值计算)搭配执行，可使 CPU 和 I/O 设备都得到充分利用。

(2) 为了运行较大程序，系统内存空间配置较大，但大多数作业都为中、小程序，所以内存允许装入多道程序并允许它们并发执行，可提高内存空间利用率。

(3) 多道批处理系统可使单位时间内处理作业的数量(即吞吐量)增加。

1.4.2 分时操作系统

1. 分时系统

批处理系统的出现虽然大大提高了计算机系统的资源利用率和吞吐量，但是以脱机方式运行的，即程序的运行是在操作员的监控下进行的，程序员不能交互式地运行自己的程序。这种操作方式给程序员的开发工作带来了极大的不便。因为程序运行时，一旦系统发现其中有错误，就会中止该程序的运行，直到改正错误后，才能再次上机执行。而新开发的程序难免会有许多错误或不适当之处需要修改，这就需要程序员多次把修改后的程序送到机房运行。这种方式增加了程序员的工作量，大大延缓了程序的开发进程。因此，人们希望有一种能够提供用户与程序之间直接进行人机交互的操作系统。在硬件进一步发展之后，分时系统(time-sharing operating system)产生了。第一个分时系统是美国麻省理工学院于 20 世纪 60 年代初期研制的 CTSS。

分时系统允许多个用户通过终端以交互方式使用计算机，共享主机中的资源。终端由键盘和显示器组成，不能单独工作。每个用户通过终端的键盘提出任务请求，主机接收到请求后进行任务处理，处理结果返回到用户终端的显示器上。

分时系统的关键是采用了分时技术，其基本方法是设立一个时间分享单位——时间片，时间片的长短依具体的系统而定。操作系统为用户的一个请求分配一个时间片，计算机按时间片执行这个请求的任务，时间片用完时，当前任务暂停，操作系统选择下一个请求并为其分配一个时间片。所有的请求轮流获得时间片，直到运行完成。每个用户在自己所占用的终端上控制其作业的运行。

为了实现分时技术，在硬件上要采用中断机构和时钟。时钟使得 CPU 每运行一个时间片就产生一个时钟中断，中断后控制转向操作系统，由系统把被中断的用户程序的现场保护后，转向另一个用户程序执行。

2. 分时系统的实现方法

分时系统要确保响应的及时性，因此要彻底改变批处理系统的运行方式，主要的改变有以下两点：

（1）用户作业应直接进入内存，以保证用户能与机器交互。

（2）不允许一个作业长期占用 CPU 直至其运行结束或发生 I/O 请求后，才调度其他作业运行。

根据实现方法的不同，分时系统分为如下几种：

（1）单道分时系统。第一个分时系统是美国麻省理工学院研制的 CTSS，它是一个单道分时系统。在该系统中，内存中只驻留一道程序（作业），其余作业都存放在外存中。每次现行作业运行一个时间片后便停止运行，并被移到外存（调出）；同时再从外存中选择一个作业装入内存（调入），作为下一个时间片的现行作业。在这种方式下，由于只有一道作业驻留在内存，在多个作业的轮流运行过程中，有很大一部分时间花费在内存与外存之间的对换上，故系统性能较差。

（2）多道分时系统。在分时系统中引入多道程序设计技术后，可在内存中同时存放一个现行作业和多个后备作业，当现行作业运行完自己的时间片后，立即启动下一个后备作业运行一个时间片，内存中的所有后备作业按时间片轮转的方式工作。这种方法的优点是能大大减少内外存对换而产生的等待时间，加快周转速度，提高系统效率。现在的分时系统都采用多道分时系统。

3. 分时系统的特点

（1）交互性：用户通过终端与系统进行人机对话，这是分时系统的主要特点。

（2）同时性：多个用户同时在各自的终端上机，共享 CPU 和其他资源，充分发挥系统的效率。

（3）独立性：由于采用时间片轮转方式使一台计算机同时为多个终端服务，用户感觉是在独自使用一台计算机。

（4）及时性：用户请求能够在要求时间内得到响应。

4. 分时系统的重要指标——响应时间

响应时间是分时系统的重要指标，它是从用户发出终端命令到系统做出响应所花费的时间间隔。假设分时系统中的用户数为 n，每个用户的运行时间片为 q，则系统的响应时间为 $T=nq$。每个用户分到的时间片由两部分组成，即用于对换的时间和用于真正处理的时间。

分时系统中时间片的选择是一个复杂而关键的任务，应遵循如下原则：

（1）时间片不宜过大。如果时间片过大，会造成在响应时间不变时用户数的减少，或者用户数不变时响应时间过长。

（2）时间片也不宜过小。时间片大小应保证能够在一个时间片内处理完一条指令。如果在一个时间片内不能处理完一条指令，则会造成频繁地调入、调出，从而影响系统的效率。

1.4.3 实时操作系统

计算机不但广泛应用于科学计算、数据处理等方面，也广泛应用于工业生产中的自动控制、导弹发射控制、实验过程控制、票证预订管理等方面。这些方面的应用，对系统的处理时间有严格的要求，需要系统在极快的时间内做出响应和回答。应用于这些方面的操作系统，被称为实时操作系统（real-time operating system）。所谓"实时"，是指对随机发生的外部事件做出及时的响应并对其进行处理。

1. 实时系统的分类

根据实时系统目标任务的不同,分为实时控制系统和实时信息处理系统两类。

(1) 实时控制系统:主要用于生产过程的自动控制,系统要求能实时采集现场数据,并对采集到的数据进行及时处理。工业控制系统、武器控制系统、家电控制系统等都属于实时控制系统。实时控制系统对响应时间和处理时间要求极其严格,一般为毫秒数量级。如导弹制导系统、飞机自动驾驶系统、火炮自动控制系统等,显然对响应时间有严格要求。工业上,也可以将实时系统写入各种类型的芯片,并把芯片嵌入到各种仪器和设备中。

(2) 实时信息处理系统:用于实时信息的自动处理,计算机接收从成百上千个远程终端发来的服务请求,根据用户的要求,对信息进行检索和处理,并在很短的时间内做出响应和回答。这类系统中随机发生的外部事件是由人工通过终端启动,并进行对话而引起的。系统的响应时间是用户可以接受的秒数量级。飞机和火车订票系统、情报检索系统、银行业务处理系统等都是典型的实时信息处理系统。

2. 实时系统的特征

实时系统大都具有专用性,同时实时系统种类繁多,用途各异,很少需要人工干预和监督。实时系统是基于事件驱动服务,即在接收了某些外部信息后,由系统选择处理流程,完成相应的实时任务。实时系统的特征主要包括:

(1) 实时性——实时系统要求对外部请求在严格的时间范围内做出响应。不同的实时系统对截止时间的要求有所差别,可以分为以下两种情况:

- 硬实时任务。这种任务对截止时间的要求极其严格,系统必须在截止时间之前,做出及时的响应和处理,否则可能会出现难以预料的后果。工业生产自动控制、武器系统自动控制大多属于此种情况。

- 软实时任务。这种任务也要求有一个截止时间,但要求并不十分严格,偶尔错过了截止时间,对系统产生的影响也不大。实时信息系统属于此种情况。

(2) 高可靠性和安全性——可靠性和安全性对实时系统十分重要,因为实时系统的控制对象往往是重要的经济、军事目标,同时又要求现场直接控制处理(现场环境有时十分恶劣,如太空飞行要在超低温条件下、短程导弹制导要在超高温条件下)。因此,在实时系统中,往往都采用了多级容错措施和多机备份,以保证系统的安全可靠。

1.4.4 微机操作系统

个人计算机(或称微型计算机,简称微机)出现于 20 世纪 70 年代。微机操作系统就是配置在微型计算机上的操作系统。

微型计算机的字长不同,其需要的操作系统也相应不同。按照这个依据来划分,微机操作系统可以分为 8 位微机操作系统、16 位微机操作系统、32 位微机操作系统和 64 位微机操作系统。更常见的微机操作系统分类方法是按用户数和任务数来进行划分。

1. 单用户单任务操作系统

微型计算机产生初期,它的 CPU 缺少一些必要功能来保护操作系统不受用户程序干扰,因此一般只支持单用户单任务的模式。顾名思义,单用户单任务操作系统同时只允许一个用户使用计算机,并且同时只能有一个任务在运行。这种操作系统主要配置在 8 位机和 16 位机上。最具代表性的单用户单任务操作系统是 CP/M 和 MS-DOS。

1) CP/M

Intel 公司于 1974 年推出了第一代微处理器芯片 Intel 8080；1975 年，Digital Research 公司就开发出了带有软盘系统的 8 位微机操作系统 CP/M。1977 年，对 CP/M 进行了重写，使其可以配置在 Intel 8080、8085、Z80 等 8 位芯片为基础的多种微机上。1979 年，又开发出了带有硬盘管理功能的 CP/M 2.2 版本。由于 CP/M 具有可适应性强、体系结构良好、可移植性强且易学易用等优点，在 8 位微机中占据了统治地位。

2) MS-DOS

IBM 于 1981 年首次推出了 IBM-PC 个人计算机，采用的操作系统是 Microsoft 公司的 MS-DOS(Disk Operating System)。MS-DOS 在 CP/M 的基础上进行了较大的扩充，在功能上有了很大的增强。1983 年，Microsoft 公司推出了 MS-DOS 2.0 版本，它不仅支持硬盘设备，还采用了树状目录结构的文件系统。1987 年升级为 MS-DOS 3.3 版本，到这一版本，内存被限制在 640KB。1987—1993 年，Microsoft 公司对 MS-DOS 进行了多次升级，使之能够配置在 Intel 80286、80386、80486 等微机上。由于 MS-DOS 的功能优越、使用方便，受到了广大用户的欢迎，成为事实上的单用户单任务系统的标准。

2. 单用户多任务操作系统

单用户多任务操作系统在同一时间内只允许一个用户使用计算机，但允许用户同时运行多个任务，使它们并发执行，从而更加有效地改善系统的性能。单用户多任务操作系统的典型代表是 Microsoft 公司的 Windows 操作系统早期版本。1985 年和 1987 年，Microsoft 公司先后推出了 Windows 1.0 和 Windows 2.0 版本，但当时的计算机硬件平台还只是 16 位微机，不能很好地支持 Windows 1.0 和 Windows 2.0，所以这两个版本没有推广开来。1990 年，Microsoft 公司又推出了 Windows 3.0 版本，这是第一个进入实用的图形界面的操作系统。之后 Microsoft 公司又推出了 Windows 3.1 版本。这两个版本的操作系统主要是针对 386 和 486 等 32 位微机开发的，并且具有友好的图形界面、支持多任务和扩展内存的功能、使用更加方便，因此成为 386 和 486 等微机的主流操作系统。

Windows 3.1 版本虽然得到了广泛的应用，但它还不能够称为一个独立操作系统，因为它必须在 MS-DOS 的支持下才能运行。1995 年，Microsoft 公司推出了 Windows 95，这是第一个独立运行的 Windows 操作系统。它采用全 32 位的处理技术，并兼容 16 位应用程序，在该系统中还集成了支持 Internet 的网络功能。1998 年，Microsoft 公司又推出了改进版 Windows 98，它是最后一个仍然兼容 16 位应用程序的 Windows 版本，其最主要的改进是集成了 Microsoft 公司自己开发的网络浏览器(Internet Explorer，IE)，大大方便了用户上网浏览；另一个改进是增加了对多媒体的支持功能。2001 年，Microsoft 公司又发布了 32 位微机版本的 Windows XP，在随后的 10 年中，Windows XP 成为使用最广泛的个人操作系统。

3. 多用户多任务操作系统

多用户多任务操作系统在同一时间内允许多个用户共同使用计算机，也允许每个用户同时运行多个任务。在多用户多任务操作系统中，系统为每个用户任务分配合适的时间片，以时间片轮转方式运行多个用户的不同任务，对每个用户而言，好像独占系统的使用权。Linux 系统和 UNIX 系统是典型的多用户多任务操作系统，Windows 操作系统的后期版本，包括 Windows 7、Windows 8、Windows 10 等，也是多用户多任务操作系统。

1.4.5　网络操作系统

　　计算机网络是一个数据通信系统,它把地理上分散的计算机和终端设备通过网络设备连接起来,以达到数据通信和资源共享的目的。网络操作系统(network operating system)是基于计算机网络,实现网络通信和网络资源管理功能的操作系统。

1. 网络操作系统及其主要功能

　　为了实现网络通信和网络资源管理,网络操作系统除了具有通常操作系统所具备的处理器管理、存储管理、设备管理和信息管理的功能外,还应提供以下功能。

　　(1) 网络通信:这是网络操作系统最基本的功能,其任务是在源主机与目标主机之间,实现无差错的数据传输。网络通信包括:

- 连接的建立与拆除——为了实现主机与主机之间的可靠通信,需要为通信双方建立物理连接,以实现两个主机之间无差错的信息传输;在通信结束之后,还要把所建立的连接拆除。
- 报文的分解与组装——如果所传输的信息较长,源主机要将报文进行分解,形成适合于在网络上传输的数据报,然后通过网络传输给目标主机。目标主机接收到这些数据报后,再按分组序号重新组装成报文。
- 传输控制——为使用户数据能在网络中正确传输,要对每一个数据报添加表头,包括目标主机地址、源主机地址、数据报序号等。对传输的数据报的控制,可采用发送-等待方式,每一个数据报发送之后,等待目标主机发回的应答信息,对方确认后,再继续发送下一个数据报;也可以采用连续发送方式:源主机发送一个数据报后,无须等待对方的确认应答,便可继续发送下一个数据报,目标主机在接收到一组数据报后,汇总起来发回一个确认应答。
- 流量控制——在数据传输过程中,每一个转发的结点都准备了一定数量的接收缓冲区。如果传输流量过大,则缓冲区会很快用完,无法接收新到达的信息,此时必然会造成信息的丢失。为避免这种情况的发生,必须在网络中进行流量控制。
- 差错校验——网络传输必须是无差错的,但在网络传输中,出现差错又是不可避免的,一般信道的误码率应在 10^{-9} 以下。因此,目标主机在接收到源主机发送的数据报后,要对接收的信息进行校验,以确定所接收的信息是否存在差错。

　　(2) 资源管理和共享:计算机网络中的资源共享主要有硬盘共享、打印共享、信息资源共享等。网络操作系统应该对这些软硬件资源进行有效管理,实现网络资源的共享,协调用户对共享资源的使用,保证数据的安全性和一致性。

　　(3) 网络服务:比如,电子邮件(E-mail)服务、文件传输(FTP)服务、远程登录(telnet)服务、共享硬盘服务、共享打印服务等。

2. 网络操作系统的工作模式

　　网络操作系统有两种主要的工作模式:客户/服务器(Client/Server,C/S)模式和对等(Peer-to-Peer)模式。

　　(1) 客户/服务器模式:在这种模式中,网络站点分为两类:一类是本地的客户机,它负责收集处理用户的本地请求,并将请求发送给远程服务器,等待服务器处理并返回结果;另一类是作为控制中心或者数据中心的服务器,提供文件请求、数据通信、数据库等各类服务,一旦收到客户机的请求,即开始处理,并将处理结果返回给客户机。

(2) 对等模式:在对等模式中,所有站点都是对等的,每个站点既可以作为服务器,响应其他站点发送来的请求;也可以作为客户机,向其他站点发出服务请求。

3. 主要网络操作系统

主要的网络操作系统有 Microsoft 公司的 Windows NT/2008 Server/2016 Server、AT&T 公司的 UNIX System、自由软件 Linux、Novell 公司的 Netware 等。

1.4.6 分布式操作系统

计算机网络较好地解决了系统中各主机的通信问题和资源共享问题,但也存在以下缺陷:

(1) 计算机网络并不是一个一体化的系统,它没有标准的、统一的接口。网上各站点的计算机有各自的系统调用命令、数据格式等。若某台计算机上的用户希望使用网上另一台计算机的资源,则必须指明是哪个站点上的哪一台计算机,并以该计算机上的命令、数据格式来请求才能实现资源共享。

(2) 为完成一个共同的计算任务,分布在不同主机上的各合作进程的同步协作也难以自动实现。

大量的实际应用要求一个完整的、一体化的系统,而且又具有分布处理能力。例如,在分布事务处理、分布数据处理及办公自动化系统等实际应用中,用户希望以统一的界面、标准的接口使用系统的各种资源,实现所需要的各种操作,这就导致了分布式系统的出现。

1. 分布式操作系统

在以往的计算机系统中,处理和控制功能都高度集中在一台计算机上,所有任务都由它来完成,这种系统称为集中式计算机系统。分布式计算机系统由若干台独立的计算机构成,每台计算机都有自己的处理器、存储器和外部设备,它们既可独立工作(自治性),又可以协同合作,能够并行地运行分布式程序。在分布式系统中有一个全局的操作系统,负责全系统(包括每台计算机)的资源分配和调度、任务划分、信息传输、控制协调等工作,并为用户提供统一的界面和标准接口,给用户的印象就像是一台计算机。这就是分布式操作系统。

2. 分布式操作系统与网络操作系统的区别

在系统结构上,分布式系统与网络系统有许多相似之处,但从操作系统的角度来看,分布式操作系统与网络操作系统存在较大的差别。

(1) 分布性:虽然分布式系统在地理上与网络系统一样是分布的,但处理上的分布性是分布式系统的最基本特征。网络系统虽有分布处理的功能,但其控制功能大多集中在某个主机或服务器上,控制方式是集中的。

(2) 透明性:分布式操作系统负责全系统的资源分配和调度、任务划分和信息传输协调工作。它很好地隐藏了系统内部的实现细节,如对象的物理位置、并发控制、系统故障等对用户都是透明的。例如,在分布式系统中要访问某个文件时,只需提供文件名,而无须知道它驻留在哪个站点上,即可对它进行访问。而在网络系统中,用户必须指明计算机,才能使用该计算机的资源。

(3) 统一性:分布式系统要求一个统一的操作系统,实现操作系统的统一性。而网络系统可以安装不同的操作系统,只要这些操作系统遵从一定的协议即可。

(4) 健壮性:由于分布式系统的处理和控制功能是分布的,因此任何站点上的故障都不会给系统造成太大的影响。如果某设备出现故障,可以通过容错技术实现系统重构,从而保证系统的正常运行,因而系统具有健壮性,即具有较好的可用性和可靠性。而网络系统的处理和控制大多集中在服务器上,因而服务器的故障会影响到整个系统的正常运行,系统具有潜在的不可靠性。

1.4.7 嵌入式操作系统

1. 嵌入式操作系统及其特点

嵌入式操作系统(Embedded Operating System,EOS)是指运行在嵌入式计算机系统中,对系统的各种部件、装置等资源进行统一协调处理,控制调度的系统软件。嵌入式操作系统具有通用操作系统的基本功能,包括任务调度、同步机制、中断处理、文件功能等。此外,由于嵌入式系统硬件平台的局限性、应用环境的多样性以及开发手段的特殊性,嵌入式操作系统还具有以下特点:

(1) 系统内核小。嵌入式系统一般是应用于小型电子装置的,系统资源相对有限。无论从性能还是成本考虑,都不允许嵌入式操作系统占用很多资源,因此系统内核较之传统的操作系统要小得多。

(2) 专用性强。嵌入式系统是以应用为中心的,软件系统和硬件的结合非常紧密,这就使得嵌入式操作系统具有较强的专用性。在实际应用中,当应用环境发生变化时,必须根据应用需求对嵌入式系统的软硬件进行扩充或者裁剪,以满足其功能、成本、体积、可靠性等方面的要求。

(3) 实时性强。嵌入式操作系统广泛应用于过程控制、数据采集、传输通信等实时性要求较高的场景中,因此实时性是其主要特点之一。

(4) 强稳定性,弱交互性。嵌入式系统一旦开始运行就不需要用户过多的干预,这就要求负责系统管理的嵌入式操作系统具有较强的稳定性。嵌入式操作系统的用户接口一般不提供操作命令,它通过系统调用命令向用户程序提供服务。

(5) 固化代码。为了提高运行速度和系统可靠性,嵌入式操作系统和应用软件一般都被固化在嵌入式系统计算机的 ROM 中。

嵌入式系统应用广泛,发展迅速。嵌入式系统过去主要应用于工业控制和国防系统领域,目前随着 Internet 技术的发展以及嵌入式操作系统的微型化和专业化,嵌入式产品已经日益渗透到人们的生活中。交通管理中的内嵌 GPS 模块,智能家电,智能家居中的水、电、煤气表的远程自动抄表,安全防火、防盗系统专用控制芯片,公共交通无接触智能卡系统,自动售货机,各种嵌入式环境监测系统等,在已经到来的"物联网"时代中,嵌入式系统扮演着越来越重要的角色。

2. 常见的嵌入式操作系统

嵌入式操作系统市场产品众多,常见的包括嵌入式 Linux、VxWorks、QNX、Windows CE 等。

嵌入式 Linux(Embedded Linux)是标准 Linux 经过小型化裁剪处理之后的专用 Linux 操作系统,能够固化于容量只有几千字节或者几兆字节的存储器芯片或者单片机中,适合于特定嵌入式应用场合,是目前应用最广泛的嵌入式操作系统之一。

VxWorks 操作系统是美国 WindRiver 公司设计开发的一种嵌入式实时操作系统,该系统实时性好,系统本身的开销很小,精练而有效,可靠性高,集成式开发环境功能强大而便捷。但是,VxWorks 的源码不公开,大大增加了用户开发的成本。

QNX 是一款由加拿大 QSSL 公司开发的嵌入式操作系统,广泛应用于自动化、控制、机器人科学、电信、数据通信、航空航天、计算机网络系统、医疗仪器设备、交通运输、安全防卫系统、POS 机、零售机等任务关键型应用领域。该系统独特的微内核和消息传递结构使其运行和开发都非常方便。

Windows CE 是 Microsoft 公司开发的一个开放的、可升级的 32 位嵌入式操作系统,是基于掌上型电脑类的电子设备操作系统。Windows CE 的图形用户界面相当出色,具有模块化、结构化、基于 Win32 应用程序接口以及与处理器无关等特点。

此外,PalmOS、Symbian、eCos、μCOS-II、pSOS、ThreadX 等也是常见的嵌入式操作系统。

1.5 操作系统的结构模型

早期的操作系统规模很小,设计者大多把注意力放在系统的功能实现和效率提高上,系统内部设计复杂混乱,没有清晰的结构。随着计算机技术的发展,操作系统逐渐成为一个庞大而复杂的系统软件。此时,在开发操作系统的过程中,必须采用正确的结构模型和设计方法,才能减少错误的发生,方便调试,缩短研制周期,而且便于维护。操作系统的结构设计也经历了一个发展过程,我们把早期的整体式模型(第一代)、层次式模型(第二代)称为传统结构,而把微内核结构以后的操作系统称为现代操作系统。下面简要介绍常用的几种结构模型。

1.5.1 整体式模型

整体式模型又称为模块式结构模型,是操作系统最早采用的一种结构设计方法。早期的操作系统(如 IBM S/360)以及一些小型操作系统(如 DOS 操作系统)均属于此种类型。

整体式模型采用模块化程序设计技术。首先,把一个要设计的软件划分为功能相对独立的模块,并规定好模块之间的调用关系,然后分别对各个模块进行设计和调试,最后再按照它们之间的接口关系把各个模块连接起来。

在整体式系统中,操作系统提供的服务(系统调用)的调用过程是:先将参数装入预定的寄存器或堆栈中,然后执行一条特殊的中断指令,该指令将机器由用户态切换到核心态,并将控制转到操作系统。

当发生系统调用时,操作系统检查所调用的参数,以确定应执行哪条系统调用。然后,操作系统检查系统调用表,确定将调用的服务过程。最后,当结束了系统调用后,又把控制返回给用户程序。

在该模型中,每一系统调用都由一个服务过程完成,由一组实用程序完成一些服务过程需要用到的功能。整体式结构模型示意图如图 1.6 所示。

整体式模型的优点在于结构紧密,组合方便,自由的调用使得系统效率较高。但是,整体式结构模型的缺点也非常明显。

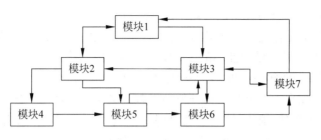

图 1.6　整体式结构模型示意图

（1）系统扩充困难：这是因为系统中的各个模块相互调用，牵连甚多，形成了复杂的调用关系。修改其中的一个模块，可能会导致系统若干模块的修改，容易产生看起来与系统无关的错误，操作系统的正确性难以保证。

（2）系统可靠性降低：这种复杂的调用关系，使得各模块之间可以互相调用，以至构成了循环，容易使系统陷于死锁。

1.5.2　层次式模型

层次式结构模型可以有效地解决整体式结构模型的缺点。层次模型首先把复杂的操作系统模块划分为从低到高的若干个层次，并且规定，高一层的模块只能调用低层的模块，而不能调用比它更高层次的模块。通常，低层模块只提供基本的功能，随着层次的提高，模块的功能越来越强。由于层次间的这种单向依赖关系，使得设计和调试低层模块时不必考虑高层模块的实现，从而简化了操作系统的实现过程。

在层次式结构模型的操作系统中，如果不仅各层之间是单向依赖的，而且同层次各模块之间也相互独立，不允许同层次调用，则称这种层次结构是全序的，如图 1.7 所示。

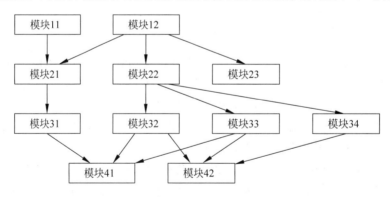

图 1.7　全序层次式操作系统结构模型

全序层次式模型结构是理想型结构，但实际实现是很困难的。通常能够保证各层之间单向依赖，但同层次模块之间可能有相互调用关系。各层之间的依赖不构成循环，但某些层次内部可能有循环依赖关系，这种层次式模型结构是半序的，如图 1.8 所示。

层次式结构模型的主要优点有：

（1）易保证正确性——自下而上的设计方法，使系统模块之间都是有序的，或者说是建立在较为可靠的基础之上的，这样比较容易保证整个系统的正确性。

（2）易扩充和易维护性——在系统中增加、修改或替换一个层次中的模块，只要不改变

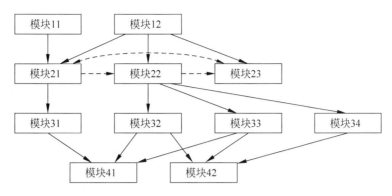

图 1.8　半序层次式操作系统结构模型

相应层次间的接口,就不会影响其他层次。这使得系统维护和扩充变得更加容易。

层次式结构模型的主要缺点是由于分层是单向依赖的,这就必须在相邻层之间建立层次间的通信机制。操作系统每执行一个功能,通常要穿越多个层次,这无疑会增加系统的通信开销,从而造成系统效率的下降。

1.5.3　微内核与客户/服务器模型

1. 微内核

传统操作系统结构中,通常把操作系统的全部或者大部分内容作为操作系统的内核。随着操作系统功能越来越复杂多样,内核部分也就越来越大,难以管理。微内核操作系统 (microkernel operating system)结构,是 20 世纪 80 年代后期发展起来的,其思路是将操作系统的内核功能模块化,把非基本的功能模块从内核中移走,仅仅保留那些最基本的核心部分功能。这样做使得操作系统的核心部分很小,因此叫作微内核。

从微内核精简而高效的模块化设计来看,微内核操作系统具有可扩展性强、可靠性高、可移植性好等优点。当前比较流行的、能支持多处理机运行的操作系统,几乎全部都采用了微内核结构,如卡耐基·梅隆大学研制的 MachOS,便属于微内核结构操作系统;又如当前广泛使用的 Windows 操作系统,也采用了微内核结构。

但是,微内核并不是完整的操作系统,它通常仅仅实现与硬件紧密相关的处理、通信和其他一些较基本的功能,那些微内核以外的操作系统功能需要采用其他方法实现。

将操作系统中最基本的部分放入微内核中,而把操作系统的绝大部分功能都放在微内核外面的一组服务器(进程)中实现。例如提供对进程(线程)进行管理的进程(线程)服务器,提供虚拟存储器管理功能的虚拟存储器服务器,提供 I/O 设备管理的 I/O 设备管理服务器等,它们都是被作为进程来实现。这就是客户/服务器模型。

2. 客户/服务器模型

采用客户/服务器模型构造一个操作系统的基本思想是:操作系统分为两大部分:一部分是运行在核心态的微内核;另一部分是运行在用户态的进程。这些进程相对独立,每个进程实现一类服务,称之为服务器进程。服务器进程不断检查是否有客户提出服务请求,如果有,则满足用户的要求后返回结果。

当客户请求某类服务时,用户进程与服务器进程之间形成了客户/服务器关系,运行在核心态下的操作系统内核把消息传给相应的服务器进程,由服务器进程执行具体操作,结果经由内核以消息的形式返回给用户,如图1.9所示。

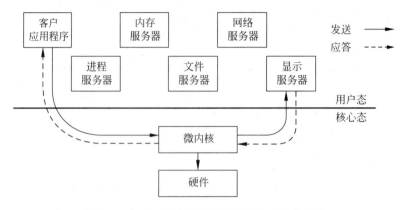

图 1.9　客户/服务器模式下的操作系统模型

客户/服务器模型操作系统的优点是:

（1）可扩展性强——当操作系统需要扩展新功能时,只需在相应的服务器进程中增加新的功能,或再增加一个专门的服务器进程即可。

（2）提高了可靠性——每个服务器进程在分配给它的内存分区中以独立进程的方式运行,因此可以防止其他进程对它的影响。此外,由于服务器进程运行在用户态,不能直接访问硬件或侵犯内核,具有较高的安全性。

（3）适合分布式系统环境——客户/服务器模式同样适用于网络服务,并且使用消息传递方式进行通信,因而本地服务器可以很方便地把消息发送给远程用户。而对客户来说,是从远程得到的服务还是从本地得到的服务并不重要。

1.5.4　面向对象模型

面向对象的程序设计技术是20世纪80年代提出并很快流行起来的。它不仅可作为一般软件的设计方法,也可以用来设计操作系统。利用面向对象方法设计的操作系统称为面向对象模型操作系统。面向对象模型的操作系统把系统中的所有资源都看作对象,例如进程、线程、消息、文件、设备、存储区、缓冲区和信号量等。对象封装的属性和方法描述了该资源的各类信息和可执行的操作。对象与对象之间通过相互发送消息来启动对方过程执行操作,以改变自己的状态。对象不能在没有消息驱动的情况下,自主地进行操作或修改自己的状态。利用面向对象设计方法中的封装、继承和多态,可以更有效地实施系统保护,降低操作系统的设计难度和开发成本,并提高系统的可维护性。

采用面向对象模型的操作系统有以下优点:

（1）通过对象"复用"提高产品质量和生产率。通过"复用"以前项目中设计好的对象,或由他人编写的对象类来构造新的系统,可以大大缩短开发周期,降低开发成本,而且能获得更好的系统质量。

（2）使系统具有更好的易修改性和易扩充性。通过封装,可隐蔽对象中的变量和方法,因而当改变对象中的变量和方法时,不会影响到其他部分,从而可以方便地修改对象类。另外,继承是面向对象技术的重要特性,在创建一个新对象类时,通过利用继承特性,可显著地减少开发的时空开销,使系统具有更好的易扩充性和灵活性。

(3) 更易于保证系统的正确性和可靠性。对象是构成操作系统的基本单元,由于可以独立地对它进行测试,易于保证每个对象的正确性和可靠性。此外,封装对对象类中的信息进行了隐蔽,这样又可有效地防止未经授权者的访问或用户不正确的使用,有助于构建更为安全的系统。

本 章 小 结

操作系统是最重要的系统软件。通过本章的学习,掌握操作系统的作用、定义、分类、功能及特性,了解操作系统的发展历史及其体系结构等。

操作系统的作用是为裸机提供第一层扩充、管理计算机各类资源、为用户提供使用计算机的接口。

操作系统的定义是:操作系统是直接控制和管理计算机系统中的硬件和软件资源,合理地组织计算机工作流程,便于用户使用的程序的集合。

操作系统的功能是处理器管理、存储器管理、I/O 设备管理、文件管理和用户接口。本书以后的章节,都是围绕着这五大功能展开的。

操作系统的特性是并发性、共享性、虚拟性和异步性,其中并发性和共享性是最重要的特性。

操作系统种类繁多,根据其使用环境和作用的不同,分为批处理系统、分时系统、实时系统、微机操作系统、网络操作系统、分布式操作系统、嵌入式操作系统等。其中,批处理系统、分时系统和实时系统是基本操作系统,其余为现代操作系统。为充分发挥计算机的效率,一个操作系统可能同时兼具两种或两种以上的基本操作系统的功能,这种操作系统称为多模式操作系统。

习 题

1. 单项选择题

(1) 操作系统的主要功能是管理系统中的( )。

    A. 进程　　　　　　B. 作业　　　　　　C. 资源　　　　　　D. 硬件设备

(2) 以下关于操作系统的说法正确的是( )。

    A. 批处理系统是实现人机交互的系统

    B. 批处理系统具有批处理功能,但不具有交互能力

    C. 分时系统是实现自动控制,无须人为干预的系统

    D. 实时系统的重点在于提供良好的人机交互

(3) 操作系统的职能是管理软硬件资源、合理地组织计算机工作流程和( )。

    A. 为用户提供良好的工作环境和接口

    B. 对用户的命令做出快速响应

    C. 作为服务机构向其他站点提供优质服务

    D. 防止有人以非法手段进入系统

(4) 设计批处理系统时,首先应考虑系统的(　　)。

    A. 可靠性和灵活性　　　　　　　　　　B. 交互性和响应时间

    C. 周转时间和系统吞吐量　　　　　　　D. 实时性和可扩展性

(5) 引入多道程序设计的目的是(　　)。

    A. 充分利用CPU,减少CPU的等待时间　　B. 提高实时响应速度

    C. 扩大存储器容量,充分利用内存　　　　D. 获得更好的人机交互性

(6) 以下关于并发性和并行性的说法正确的是(　　)。

    A. 并发性是指两个及多个事件在同一时刻发生

    B. 并发性是指两个及多个事件在同一时间间隔内发生

    C. 并行性是指两个及多个事件在同一时间间隔内发生

    D. 并发性是指进程,并行性是指程序

2. 简答题

(1) 什么是操作系统?现代操作系统的五大基本功能是什么?

(2) 什么是批处理系统,衡量批处理系统好坏的主要指标是什么?

(3) 试述分时系统的原理及其特性。

(4) 操作系统有哪几大特征?它的最基本特征是什么?

(5) 网络操作系统与分布式操作系统的关键区别是什么?

(6) 什么是多道程序设计技术?在操作系统中采用这种技术有什么好处?

(7) 试比较整体模型、层次模型、微内核模型3种操作系统结构模型的主要特点。

3. 综合应用题

有3个程序A、B、C在系统中单独处理占用的CPU时间和I/O设备时间如下表所示:

程序A	CPU 20ms	IO2 30ms	CPU 30ms	IO2 20ms	CPU 30ms	IO1 20ms
程序B	IO2 30ms	CPU 30ms	IO1 40ms		CPU 30ms	IO1 20ms
程序C	IO1 20ms	CPU 50ms	IO1 30ms		CPU 20ms	IO2 30ms

假定在具有2个CPU为X和Y的多机系统中,以多道程序设计方式,按如下条件执行上述3个程序,条件如下:

(1) X和Y运算速度相同,整个系统可以同时执行2个程序,并且在并行处理程序时速度也不下降。

(2) X的优先级比Y高,即当X、Y均能执行程序时,由X去执行。

(3) 当多个程序同时请求CPU或I/O设备时,按程序A、B、C的次序分配所请求的资源。

(4) 除非请求输入输出,否则执行中的程序不会被打断,也不会把控制转给别的CPU。而且因输入输出而中断的程序再重新执行时,不一定仍在同一CPU上执行。

(5) 控制程序的介入时间可忽略不计。

(6) 程序A、B、C同时开始执行。

求:(1) 程序A、B、C同时开始执行到执行完毕为止的时间。

(2) X和Y的使用时间。

第 2 章　用户与操作系统的接口

操作系统是计算机与用户之间的接口,用户可以通过操作系统提供的手段和方法使用计算机的各类资源。为了方便用户使用,操作系统在隐藏了底层硬件的物理特性差异和复杂的处理细节后向用户提供了方便、有效、安全的接口,支持用户与操作系统进行交互。

操作系统为用户提供了两类接口:一类是作业控制级接口(也称为命令级接口),用户通过键盘命令或作业控制命令,控制程序执行并管理各类计算机资源;另一类是程序级接口(也称为系统调用或应用程序接口),供编程人员使用,在编程时请求操作系统提供的服务。

本章介绍关于用户接口的几个重要概念,讨论作业控制级接口和程序级接口的实现。

2.1　作业控制级接口

作业控制级接口包括脱机用户接口和联机用户接口。

在批处理系统中,用户通过作业控制卡或作业说明书控制作业的运行,用户不能直接与作业进行交互,称为脱机用户接口。在分时系统中,用户通过终端命令控制作业的运行,用户可以直接与作业进行交互,称为联机用户接口。

2.1.1　作业和作业类型

1. 作业

所谓作业,是指用户一次请求计算机系统为其完成任务所进行的工作的总和。

一个作业通常可以划分成若干个相对独立的步骤,每一个步骤称为一个作业步。例如,要执行一个由 C 语言编写的源程序,需要经过如下 3 个作业步:编译、连接装配、执行。对于不同的作业,由于其完成的任务不同,作业步的个数、每个作业步所要完成的任务通常是不同的。

下面是在 PC 上用 MS-DOS 进行控制时,一个汇编语言作业的工作过程。

(1) 编辑:C:\> EDIT TEST. ASM

首先用宏汇编语言编写一个源程序,其名为 TEST.ASM。

(2) 汇编:C:\> MASM TEST

用宏汇编程序将源程序 TEST.ASM 汇编成目标程序文件 TEST.OBJ。

(3) 链接:C:\> LINK TEST

用链接程序将其目标模块和所使用的各种应用模块(库文件)链接成一个可执行文件

TEST. EXE。

(4) 执行：C:\> TEST

执行 TEST. EXE 文件获得所要的结果。

各个作业步之间是相对独立又相互关联的,前一个作业步将产生下一个作业步运行时所需的数据,并且只有在前一个作业步运行成功后,方可继续运行下一个作业步。

2. 作业类型

根据计算机系统对作业处理方式的不同,可以把作业分成两大类：脱机作业和联机作业。

脱机作业又称批处理作业。用户把作业提交给计算机系统后,便不再与计算机系统交互。用户使用作业控制语言(Job Control Language,JCL)把他对作业的控制意图描绘成作业控制卡或者作业说明书,提交给操作系统,操作系统自动对用户作业一个一个地处理。脱机作业方式特别适用于运行时间比较长的计算型任务。

联机作业又称交互式作业。用户和计算机系统直接进行人机交互,用户通过终端或控制台键盘上的操作命令、菜单图标等方式控制作业的运行,既可以一次键入一条命令,也可以编写批命令文件。

脱机作业多出现在批处理系统中,而联机作业多出现在分时系统和实时信息系统中。在分时和批处理兼顾的系统中,将联机作业作为前台作业,由用户进行交互式控制;而把脱机作业作为后台作业。通常前台作业的优先权较高,作业响应及时。前台无作业时,可调度后台的脱机作业,以达到提高系统效率的目的。

2.1.2 脱机用户接口

批处理系统中的作业控制语言属于脱机用户接口。用户使用作业控制语言定义作业并描述作业的控制流程,写成作业控制卡或作业说明书,连同作业一起提交给系统。系统运行该作业时,边解释作业控制命令边执行,直到运行完该组作业。

1. 作业控制语言

作业控制语言是用户用来编制作业控制卡或作业说明书的。对于不同的操作系统,作业控制语言也各不相同。但其所包含的命令大体是相同的,一般包括 I/O 命令、编译命令、操作命令和条件命令等几类。

I/O 命令用来说明用户各类信息的输入、结果信息的输出以及 I/O 设备的使用等。

编译命令用于对不同语言的源程序进行编译,以及与此相关的处理。

操作命令是对作业运行情况的控制,包括作业启动、终止、等待等。

条件命令描述了程序运行中发生某个重大事件时的处理方式。

2. 作业控制卡和作业说明书

在早期的批处理系统中,用户把控制作业运行及出错处理的作业控制命令穿孔在卡片上,形成作业控制卡,插入到程序中。程序在执行过程中,读取作业控制卡上的信息,控制作业的运行及出错时的处理。作业控制卡由于使用不方便、容易出错等原因,现在已不再使用。

作业说明书是用户使用作业控制语言编写的控制作业运行的程序,它表达了用户对作业的控制意图。作业说明书主要包括 3 方面的内容,即作业基本描述(用户名、作业名、使用的编程语言、允许的最大处理时间等)、作业控制描述(脱机控制还是联机控制、各作业步的操作顺序、作业不能正常执行的处理等)和资源要求描述(要求内存的大小、外设的种类和台数、处理器优先级、所需处理时间、所需库函数或实用程序等)。

2.1.3 联机用户接口

联机用户接口由一组操作系统命令及命令解释程序组成,用于联机作业的控制。在分时系统和个人计算机中,用户通过终端输入命令,系统便立即转入相应的命令解释程序,对命令进行处理和执行,以获取操作系统的服务,并控制作业的运行。

不同的操作系统提供的联机用户接口方式不同,一般包括命令行方式、批命令方式、图形用户接口方式等。

1. 命令行方式

用户通过控制台终端,输入操作系统提供的命令来控制自己作业的运行。每条命令以命令行的形式输入并提交给系统,系统在接收到一条命令后,由命令处理程序解释并执行,然后通过屏幕显示将结果报告给用户。用户根据处理的结果和自己的需要,再输入下一条命令,决定下一步的操作。如此反复,直到作业完成。

用户输入的命令通常以命令名开始,命令名本身标志着所要执行的操作;在命令名后,常常还需提供若干个参数,以指明操作对象;参数后还可带有某些可选项,用于指明一些辅助操作。命令的一般格式为:

Command arg1, arg2, …, argn [option1, option2, …, optionm]

对于新手用户而言,命令行方式十分烦琐,难以记忆;但是对于有经验的用户而言,命令行方式用起来快捷而灵活。所以,命令行方式至今仍然受到许多操作员的欢迎。

2. 批命令方式

在使用命令行的过程中,经常需要连续使用多条命令,或者重复使用若干条命令,甚至有时需要有选择地使用不同的命令。如果用户每次都将这些命令一条一条地由键盘输入,即浪费时间,又容易出错。因此,操作系统提供了批命令的联机接口方式,允许用户预先把一系列命令组织在一种特定的文件——批命令文件中,一次建立,多次执行。通常批命令文件都有特殊的文件扩展名,例如 MS-DOS 系统的 .bat 文件。

批命令文件的方式可以减少用户输入命令的次数,既节省时间,又减小出错概率。更进一步,操作系统还支持在批命令文件中使用一套控制子命令,允许用户使用这些子命令及其形式参数书写批命令文件,这更加增强了批命令方式的接口处理能力。

3. 图形用户接口方式

在命令行方式中,用户要牢记系统所提供的各种命令的名称、功能及格式等,而且不同的操作系统,所提供的命令表达形式是不同的。因此命令行方式对于大多数普通用户来说,不仅不方便,而且容易出错。如果利用命令行来进行文字处理、图形绘制和编辑等,就更不方便了。于是图形用户接口应运而生。

图形用户接口(Graphics User Interface,GUI)采用了图形化的操作界面,使用 WIMP 技术[即窗口(window)、图标(icon)、菜单(menu)、鼠标(pointing device)],集成了面向对象的设计思想,将系统的各项功能、各种应用程序和文件,用图标直观、逼真地表现出来。

在 GUI 方式下,系统桌面上会显示许多常用图标,每个图标对应一个应用程序。为了启动相应的程序,用户不再需要键入复杂的命令,只需要双击图标即可。用户还可以通过操作窗口、菜单、对话框、滚动条等部件,完成对作业和文件的控制。由于 GUI 的可视性,许多日常任务更加直观,这使得对计算机的操作变得非常容易。

1981 年,Xerox 公司在 Star8010 工作站操作系统中首次推出了图形用户接口,1983 年,Apple 公司在 Apple Lisa 机和 Macintosh 机的操作系统中成功使用图形用户接口。之后,Microsoft 公司的 Windows、IBM 公司的 OS/2,以及 UNIX、Linux 系统都相继使用了图形用户接口。GUI 成为近年来最为流行的操作系统用户接口方式,20 世纪 90 年代以后推出的主流操作系统都提供了图形用户接口。为了促进图形用户接口的发展,已经制定了 GUI 的国际标准,规定 GUI 的主要部件包括窗口、菜单、列表框、消息框、对话框、按钮、滚动条等。

2.2 Shell 命令语言

2.1 节讲述了作业控制级用户接口。其中脱机用户接口主要用于批处理系统,而联机用户接口中的图形用户接口方式使得计算机操作对于普通用户而言变得简单易学。但是,对于专业的计算机用户,联机用户接口中的命令方式(包括命令行和批命令方式)仍然具有重要作用。本节将重点讲述 UNIX 和 Linux 系统中的命令接口方式——Shell 命令。

2.2.1 Shell 简介

在 UNIX/Linux 系统中,命令式用户接口就是 Shell,它是用户使用 UNIX/Linux 的桥梁。Shell 提供了形式丰富的命令,让用户可以方便、灵活地使用 UNIX/Linux 系统。

Shell 具有命令语言、命令解释器以及程序设计语言多种功能。作为命令语言,Shell 拥有自己的命令集,可以为用户提供使用操作系统的接口,实现人机交互。作为命令解释程序,Shell 可以对输入的命令解释执行。作为一种程序设计语言,Shell 支持变量、数组、函数和程序控制结构等元素,允许用户利用 Shell 命令和这些程序设计元素构成文件,并执行文件。

同 Linux 本身一样,Shell 也有多种不同的版本。常用的版本有:

- Bourne Shell——首个重要的标准 UNIX Shell 就是 Bourne Shell。它可以通用于多种 UNIX 上,用 $ 作为提示符。Bourne Shell 短小简单,执行效率高,但是交互性相对较差。
- Bourne Again Shell——它是 Bourne Shell 的扩展版本,在 Bourne Shell 的基础上进行了功能和性能扩展,界面友好,编程接口灵活强大,是许多 Linux 系统中默认的 Shell。
- C Shell——C Shell 相较于 B Shell 更适合于编程,它用%作为提示符,语法和 C 语言很接近。
- Korn Shell——Korn Shell 融合了 B Shell 和 C Shell 的优点,并且和 B Shell 兼容,因此广受用户的欢迎。

2.2.2　Shell 命令

在 Shell 命令语言中提供了许多不同形式的命令,这些命令可以通过用户终端以命令行的方式执行,每输入执行一次即可以得到一次输出响应。Shell 命令可以分为两类:内部命令和外部命令。

内部命令:内部命令被构建在 Shell 内部,常驻内存,执行速度非常快,例如 cd、echo 等命令。

外部命令:Shell 中绝大多数命令是位于外存上的外部命令,其实质是文件系统中一个独立的可执行应用程序,例如 ls、rm 等命令。

1. Shell 命令的执行方式

当以命令行方式执行一条 Shell 命令时,Shell 首先检查该命令是否是系统提供的内部命令;若不是再检查是否是一个应用程序(这里的应用程序可以是 Linux 本身的实用程序,如 ls 和 rm,也可以是购买的商业程序,或者是自由软件),然后 Shell 在搜索路径里寻找这些应用程序。如果键入的命令不是一个内部命令并且在路径里没有找到这个可执行文件,将会显示一条错误信息。如果能够成功找到命令,该内部命令或应用程序将被解释执行或者分解为系统调用并传给 Linux 内核。

2. 常见的 Shell 命令

Shell 提供的命令多达二三百条。表 2.1 介绍了一些常用的基本 Shell 命令。更多的命令使用方法,可以通过 Shell 提供的联机帮助命令 man 获取。例如,使用命令"man ls",可以查看 ls 命令的详细使用方式。

表 2.1　常用 Shell 命令

命　　令	功　　能	例　　子
cd	改变当前工作目录	cd　/opt/src
ls	列出当前目录下的文件名和子目录名	ls
cp	复制文件	cp　1.txt　/opt/src
mv	移动文件	mv　1.txt　/opt/src
rm	删除文件	rm　/opt/src/1.txt
mkdir	创建目录	mkdir　-p　1/2/3
rmdir	删除目录	rmdir　-p　1/2/3
cat	显示或连接一般的 ascii 文本文件	cat　file1 file2>file3
echo	输出字符串	echo　'Hello!'
head/tail	查看文本文件的头 n 行/尾 n 行	head　-100　/opt/src/1.txt
grep	从文件中搜索指定模式的行	grep　'test'　/opt/src/1.txt
chmod	设置文件的权限	chmod　+x　test.sh
kill	杀死进程或作业	kill　1435
clear	清除屏幕	clear
free	显示内存使用情况	free
man	显示帮助信息	man　ls
who	显示当前已登录的用户信息	who
netstat	显示网络状态	netstat

2.2.3　Shell 脚本

Shell 命令除了以命令行的方式执行外,还可以按照一定的语法规则和控制结构,组织在一个文件中,这个文件就是 Shell 程序,也称为 Shell 脚本。启动执行 Shell 脚本程序时,操作系统的内核会根据脚本的控制流程,一条接着一条地解释并执行脚本文件中的指令。

使用 Shell 脚本运行方式,可以将需要重复执行的命令组合在一起,通过执行脚本程序,将所有命令一次性执行完毕,也一次性获得输出结果,从而减少重复键入指令的时间,提高工作效率。同时,Shell 脚本提供的程序控制功能,比如顺序、选择、循环以及参数传递功能,都使得 Shell 脚本执行方式更加灵活而高效。

Shell 脚本运行方式的一般步骤如下:

1. 创建一个脚本文件

可以使用任意的工具在 Linux 系统中创建一个 Shell 脚本文件,建立的方式与建立普通文本文件一样。vi 是 Shell 的一个经典文本编辑器,可以用于编写脚本文件。例如,在系统提示符下输入命令:vi test. sh。该命令将在当前目录下建立一个名为 test. sh 的文本文件。

2. 编辑 Shell 脚本内容

接下来,可以根据需要在文本文件中编写 Shell 脚本的内容,也就是编写程序的过程,将各种 Shell 命令按照一定的控制流程写入脚本文件中。下面给出一个最简单的 Shell 脚本:

```
#!/bin/sh
echo "hello world!"
```

Shell 脚本总是以 # ! /bin/sh 开头,它通知系统使用 Bourne Shell 解释器,sh 是 Bourne Shell 的程序名。当然,如果选用了不同版本的 Shell,此处应该换成相应的版本说明。上面的例子中,第二行是一条 Shell 命令,在屏幕上显示字符串"hello world!"。

编辑好脚本文件后,保存并退出编辑模式。

3. 执行脚本文件

编辑好的 Shell 脚本文件有多种执行方式,下面介绍两种(以上面编辑好的文件 test. sh 为例)。

(1) 方法一:设置脚本文件的可执行属性后,执行该文件。

```
# chmod  +x  test.sh        ——赋予该脚本可执行的权限
# ./ test.sh               ——执行脚本文件
```

(2) 方法二:调用解释器使得脚本执行。

```
# bash  test.sh
```

可见,Shell 脚本就是利用 Shell 的命令解释功能,对一个由 Shell 命令集合构成的纯文本文件进行解析,然后执行相应的功能。熟练掌握 Shell 脚本,可以让计算机操作变得轻松、高效。

2.3 程序级接口

除了作业级接口之外,操作系统还会提供程序级接口。程序级接口为用户在编程中使用操作系统的服务提供了接口,它通过各种系统调用实现。应用程序通过系统调用实现与操作系统的通信,并取得操作系统的服务。

2.3.1 用户态和核心态

在计算机系统中存在两种不同类型的程序:一类是用户程序,另一类是系统程序。用户程序必须在系统程序的控制和管理下运行。为了保证系统的安全,使计算机能够有序地工作,在运行过程中对这两类不同的程序应该加以区分。当 CPU 处于用户程序执行状态时称为用户态或目态,而把 CPU 处于系统程序执行的状态称为核心态或管态。程序状态字寄存器(PSW)中有一位用来记录 CPU 当前的状态:核心态(0)或用户态(1)。

2.3.2 特权指令和访管指令

只允许在核心态下使用的指令称为特权指令。常见的特权指令有以下几种:

(1) 有关对 I/O 设备使用的指令,如启动 I/O 设备的指令、测试 I/O 设备工作状态的指令和控制 I/O 设备动作的指令等。

(2) 有关访问程序状态的指令,如对程序状态字(PSW)访问的指令等。

(3) 存取特殊寄存器的指令,如存取中断寄存器、时钟寄存器等指令。

(4) 其他指令。

操作系统是管理和控制计算机系统中所有软件、硬件资源的程序模块的集合,而在用户程序工作中,必然要用到各种资源。但使用 I/O 设备的指令属于特权指令,不允许用户直接使用。如果在用户程序中使用了特权指令,系统将认为非法。那么用户如何完成使用 I/O 设备的请求呢?

用户程序在用户态下运行,只能使用用户态指令。操作系统是系统程序,在核心态下运行,既可以使用用户态指令,也能使用特权指令。而用户要使用 I/O 设备,必须在核心态下完成,所以就引入了访管指令,其主要功能如下:

(1) 实现从用户态到核心态的转变;

(2) 在核心态下由操作系统代替用户完成其请求;

(3) 工作完成后由核心态返回到用户态。

计算机系统中一般都设有访管指令,访管指令本身并不是特权指令,而是用户态指令,其主要功能是引起访管中断。中断发生后,如果满足响应的条件,中断就得到响应。硬件中断机构将当前的程序状态字寄存器内容送到内存固定单元加以保存,新的 PSW 设定为核心态,这样就实现了从用户态到核心态的转换,从而使处理器进入了核心态的工作方式。在核心态下由中断处理程序通过系统调用完成用户的请求,该中断完成后进行新旧 PSW 的转换,并自动返回到中断前的现场,即重新从核心态回到用户态工作。

2.4 系 统 调 用

程序级接口是通过系统调用实现的,下面简单介绍系统调用的概念和实现过程。

2.4.1 系统调用的概念和类型

1. 系统调用简介

所谓系统调用,就是用户在程序中调用操作系统所提供的一些子功能。系统调用是操作系统为了增强系统功能,方便用户使用而建立的,是操作系统提供给编程使用的唯一接口。程序员利用系统调用,动态请求和释放系统资源,调用系统中已有的系统功能来完成与计算机硬件部分相关的工作以及控制程序的执行等。系统调用对用户屏蔽了操作系统的具体动作细节,而只提供有关的功能。

系统调用通常由特殊的机器指令来实现。这种指令除了提供对操作系统子程序的调用外,还能将系统转入特权方式,以便执行用户请求需要用到的特权指令。

在每个操作系统中,通常都有几十到上百条系统调用,并根据其功能划分成若干类,如进程控制类系统调用、进程通信类系统调用、文件管理类系统调用和设备管理类系统调用等。

2. 系统调用与一般过程调用的区别

通过系统调用,操作系统向用户提供了各种系统服务,有些类似于编程中的过程调用。系统调用与一般的过程调用有着本质的区别。对系统调用和一般过程调用的说明如下:

(1)运行在不同的系统状态。一般的过程调用,其调用程序和被调用程序都运行在相同的状态:核心态或用户态。而系统调用与一般调用的最大区别就在于:调用程序运行在用户态,而被调用程序则运行在核心态。

(2)状态的转换。一般的过程调用不涉及系统状态的转换,可直接由调用过程转向被调用过程。但在系统调用时,由于调用过程和被调用过程在不同的系统状态,因而不允许由调用过程直接转向被调用过程。通常都是先通过软中断机制由用户态转换为核心态,经操作系统核心分析以后,转向相应的系统调用处理子程序。

(3)返回问题。一般的过程调用在被调用过程执行完后,将返回到调用过程继续执行。但是在采用抢占式调度方式的系统中,被调用过程执行完后,系统将对所有要求运行的进程进行优先级分析。如果调用进程仍然具有最高优先级,则返回调用进程继续执行;否则将引起重新调度,以便让优先级最高的进程优先执行。此时,系统将把调用进程放入就绪队列。

(4)嵌套调用。像一般过程一样,系统调用也允许嵌套调用,即在一个被调用过程执行期间,还可以再利用系统调用命令去调用另一个系统调用。一般情况下,每个系统对嵌套调用的深度都有一定的限制。

3. 系统调用的分类

一个操作系统的功能通常被分为两大部分:一部分功能是系统自身所需要的;另一部分功能是作为服务提供给用户的,这部分功能可以从操作系统所提供的系统调用上体现出来。不同的操作系统所提供的系统调用会有一定的差异,对于一般通用的操作系统而言,可将其所提供的系统调用分为以下几类：

（1）进程控制类系统调用。这类系统调用主要用于对进程的控制,如创建和终止进程的系统调用、获得和设置进程属性的系统调用等。

（2）文件操作类系统调用。对文件进行操纵的系统调用有创建文件、打开文件、关闭文件、读文件、写文件、创建一个目录、移动文件的读/写指针、改变文件的属性等。

（3）进程通信类系统调用。此类系统调用用于进程之间传递消息和信号。

（4）设备管理类系统调用。此类系统调用用于请求和释放有关设备、启动设备操作等。

（5）信息维护类系统调用。用户可以利用此类系统获得当前时间和日期、设置文件访问和修改时间、了解系统当前用户数、操作系统版本号、空闲内存和磁盘空间的大小等。

2.4.2 系统调用的实现

在操作系统中,每个系统调用都事先约定了编号(功能号),调用时需要遵循一定的命令格式,有的系统调用还需要附带参数。不同操作系统所提供的系统调用命令的数量、命令格式以及每条系统调用所使用的功能号等都不尽相同,但用户使用系统调用的步骤及其执行过程基本上是相同的。

1. 使用步骤

（1）将系统调用所需的参数和参数的首址送到规定的通用寄存器。

（2）设置一条调用指令(如访管指令或软中断指令),指令中需要以某种形式指明系统调用的功能号。

2. 执行过程

当用户程序执行到调用命令时,就转入到系统调用的处理程序。其处理过程如下：

（1）为执行系统调用命令做准备,将用户程序的"现场"保留,同时将系统调用功能号、参数等放入约定的存储单元中。

（2）根据系统调用功能号,检查是否为合法的系统调用。若是,则转入相应的系统调用函数。

（3）系统调用命令执行完后,恢复"现场",同时将系统调用命令的返回参数或参数区首地址送到系统约定的寄存器中,供用户程序使用。

本 章 小 结

用户接口是操作系统的五大功能之一。通过本章的学习,应掌握作业、作业控制级接口、Shell 命令、程序级接口、操作系统状态(核心态、用户态)、特权指令、访管指令、系统调用等基本概念。

作业控制级接口是用户与计算机交互使用的手段。对于批处理用户,可以使用作业控制卡或作业说明书;分时系统用户则使用命令驱动方式。

程序级接口是用户在程序中需要请求系统服务时采用的方法,它通过系统调用使用操作系统为用户提供服务。系统调用是操作系统提供给程序员的唯一接口。

习　题

1. 单项选择题

(1) 用户使用操作系统通常有 3 种手段,它们是终端命令、系统调用命令和(　　)。

    A. 计算机高级指令　　B. 作业控制语言　　C. 宏命令　　　　　　D. 汇编语言

(2) 系统调用的目的是(　　)。

    A. 请求系统服务　　　　　　　　　　B. 终止系统服务

    C. 申请系统资源　　　　　　　　　　D. 释放系统资源

(3) 在批处理系统中,用户使用(　　)对作业的各种可能的控制要求进行控制。

    A. 命令驱动　　　　B. 访管指令　　　　C. 系统调用　　　D. 作业说明书

(4) 下面(　　)不属于联机用户接口。

    A. 命令行　　　　　　　　　　　　　B. 命令文件

    C. 图形用户界面　　　　　　　　　　D. 系统功能调用

(5) 下列选项中,会导致用户进程从用户态切换到核心态的操作是(　　)。

    Ⅰ. 整数除以零　　Ⅱ. sin( )函数调用　　Ⅲ. read 系统调用

    A. 仅Ⅰ、Ⅱ　　　　B. 仅Ⅰ、Ⅲ　　　　C. 仅Ⅱ、Ⅲ　　　D. Ⅰ、Ⅱ、Ⅲ

(6) 下列选项中,(　　)是操作系统提供给应用程序的接口。

    A. 系统调用　　　　B. 中断　　　　　　C. 库函数　　　　D. 原语

(7) 本地用户通过键盘登录系统时,首先获得键盘输入信息的是(　　)。

    A. 命令解释程序　　　　　　　　　　B. 中断处理程序

    C. 系统调用服务程序　　　　　　　　D. 用户登录程序

(8) 下列选项中,在用户态执行的是(　　)。

    A. 命令解释程序　　　　　　　　　　B. 缺页处理程序

    C. 进程调度程序　　　　　　　　　　D. 时钟中断处理程序

(9) 下列选项中,不可能在用户态发生的事件是(　　)。

    A. 系统调用　　　　B. 外部中断　　　　C. 进程切换　　　D. 缺页

2. 填空题

(1) 操作系统代码在(　　)下运行,用户一般程序在(　　)下运行。

(2) 当用户程序要调用系统服务时,需要通过一条专门的指令来进行 CPU 运行状态的切换,这条指令称为(　　)。

(3) Shell 有两种执行方式:命令行方式和(　　)。

(4) 用户进行系统调用时,CPU 的运行状态应该从(　　)切换到(　　)。

(5) 批处理方式下的用户接口称为(　　),交互式方式下的用户接口称为(　　)。

3. 名词解释

(1) 作业控制级接口

(2) 程序级接口

(3) 用户态

(4) 核心态

（5）特权指令

（6）访管指令

（7）系统调用

4. 问答题

（1）系统调用的作用是什么？它与一般的过程调用有什么区别？

（2）简述系统调用的实现过程。

（3）操作系统的用户接口有哪些类型？

（4）什么是 Shell？它有什么作用？有哪些方式使用 Shell？

（5）说明以下各条指令是特权指令还是非特权指令。

① 启动打印机；　　② 结束进程；

③ 计算 e 的 n 次方；　　④ 清内存；

⑤ 读时钟；　　　　　　⑥ 修改指令地址寄存器内容。

用户与操作系统的接口

第3章 进程的描述与控制

进程是操作系统的核心,所以基于多道程序设计的操作系统都建立在进程(process)的概念上,因此,对操作系统的理解应该从进程开始。进程的概念是本书的重点。目前计算机系统均提供多任务并行环境,无论是应用程序还是系统程序,都需要创建相应的进程(或线程),分析进程间的同步方式,并利用操作系统提供的同步工具正确地实现进程之间的并行。本章讨论进程的定义、进程状态变迁和进程控制等有关内容,最后介绍线程(thread)和基于Linux的进程管理。

3.1 程序执行方式与进程的引入

现代操作系统最主要的特点在于实现多道程序并发执行,并由此引发资源共享。为了对并发执行的程序进行动态描述而引入了进程的概念,它是操作系统最核心的概念,因为操作系统对于资源的分配和管理都是围绕进程进行的。

3.1.1 程序顺序执行

多道程序设计技术的出现,打破了以往程序单道执行的特征,出现了一系列的特点,下面分别就程序单道顺序执行与多道并发执行进行讨论。

例如,对于一批作业而言,逻辑上的执行顺序一般为先输入计算所需的数据,再在处理器上进行计算,最后打印输出。如果结点 I 代表输入操作、结点 C 代表计算操作、结点 P 代表打印操作,则程序执行的流程可用图 3.1 加以描述。

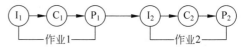

图 3.1 程序的单道顺序执行

很明显,程序在顺序执行时具有如下特征。

1. 顺序性

程序的执行总是按照程序结构所指定的次序顺序连续进行。只有前一个操作结束才能执行后继操作。除非人为干预造成机器暂停;否则,前一个操作的结束就意味着后一个操作的开始。

2. 封闭性

封闭性包含两方面的含义。

(1)资源封闭性:程序在执行期间,全部系统资源为该程序所独占,除了资源的初始状态由操作系统设定之外,一旦程序进入系统,资源的状态就不受外界因素影响,完全由该程序所控制,只有该程序才能改变它。

（2）结果封闭性：程序的执行结果与执行速度无关。换言之，程序无论是从头到尾不停顿地执行，还是断断续续地间断执行，其最终结果都是唯一确定的。

3. 可再现性

只要程序执行时的环境和初始条件相同，当程序多次重复执行时，无论它是从头到尾不停顿地执行，还是"停停走走"地执行，都将获得相同的结果。如程序中存在错误，则错误也能够再现。

程序顺序执行时的特性，为程序员检测和校正程序中的错误带来极大的方便。

3.1.2 程序并发执行

1. 程序的并发执行及其"与时间相关的错误"

程序的并发执行是指：若干个程序段同时在系统中运行，这些程序的执行在时间上是重叠的：一个程序段的执行尚未结束，另一个程序段的执行已经开始，即使这种重叠很细微，也称这几个程序段是并发执行的。

例如，有 P1、P2 两个程序，其投入系统中执行的时间如图 3.2 所示，图中阴影部分是两个程序并发执行的部分。

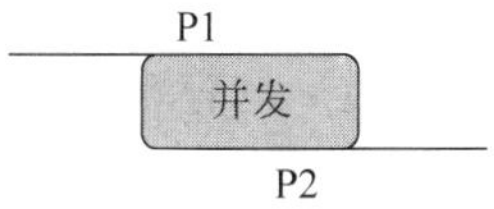

图 3.2　程序的并发执行

在多道运行环境下，当多个程序对同一个资源同时提出使用请求时，假设资源是独占资源，即一次只能给一个进程使用的资源，如果操作系统资源分配不当，那么这些多道程序就可能出现运行结果出错，甚至发生死锁。究其原因是由于多个程序共享系统资源，多个程序对系统资源的使用不再是独占的方式，而是与其他程序共享。这种资源共享打破了程序的封闭性，使得多个程序并发执行时，如果不加以有效的控制就会因共享失控而互相干扰，从而导致程序的运行不确定性：有时对，有时错，有时甚至发生死锁。

举例说明，假设某飞机订票系统在 t_0 时刻 A、B、C、D 共 4 个终端程序同时对机票库中的某个航班当前剩余票数 x 进行操作，如果每个终端申请 n 张票数，对共享变量 x 进行如下操作：

在机票数据库中取出当前剩余的票数 x;
判断 x > 0?(有票吗?)
如果有票，判断 x >= n?(票够吗?)
如果够，则出票(打印票据);
x = x - n(修改余票数);
将 x 写回到数据库中;

不妨假设程序 A 抢先进入系统执行上述程序，假设此时 x 的值是 10，程序 A 当前需要的票 n 也是 10，那么它可以出票，出票后剩余票为 x＝0。

但是，如果程序 A 在执行完出票操作后正在打印票据时(此时尚未来得及修改 x 的值写回数据库，所以 x 还是 10)，系统调度响应程序 B 的请求，则程序 B 所取出的当前剩余票数还是 10(因为 A 还没来得及修改 x 的值)，如果 B 的当前需求 n 在 10 以内，那么 B 也可以出票了，这样就会导致同一张票重复卖给多个人的情况。

上面例题说明，在多道程序并发执行中，由于并发执行的程序共享资源或者互相协作，因其执行速度的不确定性及多道程序之间缺乏控制所带来的错误称为"与时间相关的错

误",经分析,导致这种"与时间相关的错误"的原因是:

(1) 与众多程序执行的速度有关。

(2) 由于多个程序都共享了同一个变量或者互相需要协调同步。

(3) 对于变量的共享或者相互协作的过程没有进行有效的控制。

在上面的例子中,如果按照以下方法执行的话,就不会出现"与时间相关的错误"。

(1) 如果 A 能执行得快点,或者时间片长点,使得 x 能及时写回数据库中;或者 A 执行速度再慢点,使得票还没出,都不会发生错误。

(2) 如果程序并发执行中不是都操作共享变量 x,也不会发生错误。

(3) 如果能够对共享变量 x 进行合理的控制,实现当一个程序没有使用完毕之前,其他程序不能使用该共享变量的效果,也不会发生错误。

在这 3 种避免发生"与时间相关的错误"的方法中,操作系统无法使用前两种。第一种方法不可行,是因为并发程序执行时所具有的不确定性或异步性是操作系统的特征,操作系统无法控制每个程序的执行速度;第二种方法不可行在于操作系统的共享性的特点,是其提高资源利用率的宗旨所在。因此,操作系统只能采用第三种解决方法,在资源分配和使用的过程中通过采取有效的措施来避免发生"与时间相关的错误",保证程序并发执行的正确性。

因此,研究程序并发执行的特点,对程序的并发执行过程进行描述以及提供对并发执行过程的控制机制,是操作系统在多道程序并发执行后保证其结果完整性的唯一解决办法。

2. 程序并发执行的特点

多道程序并发执行的特点表现为以下几个方面:

(1) 失去了程序的封闭性和可再现性。

多道程序并发执行以后,由于资源共享以及相互协作,打破了程序单道执行时所具有的封闭性,因此也不具有可再现性。上例中的飞机订票系统说明了多个程序之间如果存在共享一个公共变量 x,则各程序对该公共变量执行的结果不仅依赖于其初始条件,还依赖于各程序执行时的速度及该程序对于公共变量的执行结果。这说明程序并发执行的时候不再具有封闭性了。

(2) 程序与任务不再一一对应。

程序并发执行时,多个任务可以共享于一个程序之中,从而使得一个程序对应多个任务,比如多个终端用户都对服务器提出某个相同的服务请求,服务器则需要针对每个用户创建一个任务去分别完成,这些针对不同用户的不同任务执行的却是相同的服务程序;另外,一个任务中也可能涉及多个程序调用或转移,从而打破了一对一的关系。

(3) 程序并发执行中存在相互制约的关系。

多道程序在并发执行时它们之间存在着相互制约的关系,这种关系分两种:

• 一种制约关系是因为多道并发而导致的对于资源的竞争和共享引起的。例如上例中的多个订票终端程序,它们必须满足一次只能一个终端对共享变量 x 的修改,使用完毕后其他终端程序才能使用,否则会产生"与时间相关的错误"。这种制约被称为间接制约。

• 另一种制约关系是多道并发的程序相互协作共同完成某个任务引起的。例如两个进程,它们之间必须满足一个进程写了内容后另一个进程才能读,只有当进程读完内容后另一个进程才能写的制约,这种制约称为直接制约。

总的来说,多道程序由于并发执行和共享资源,打破了单道程序由于独占资源所具有的执行过程的封闭性;并发程序在并发执行过程中互相之间会有干扰或制约,而这些干扰和制约的不可预知性和随机性给操作系统实现多道程序并发的管理和控制带来了一系列需要解决的问题。

3.2 进 程 描 述

由于程序的并发执行,仅用程序的概念来描述程序的执行是不准确的。为此,人们引入了"进程"的概念。

3.2.1 进程的定义

在多道程序系统中,由于程序的并发执行,使其运行环境失去了封闭性,并具有间断性及不可再现性等特征,这决定了通常意义上的程序是不能参与并发执行的,程序这一概念已不能准确描述程序的并发执行。为此,人们引入了"进程"的概念。20世纪60年代初期,首先在MIT的Multics系统和IBM的CTSS/360系统中引用进程这一概念来描述程序的并发执行过程。

什么是进程呢?长期以来,人们对进程给出过各式各样的定义。目前,国内对进程的较权威的定义是:"进程是一个具有一定独立功能的程序关于某个数据集合的一次运行活动,进程是系统进行资源分配和调度的一个独立单位。"(源自1978年全国操作系统会议)

古希腊哲学家赫拉克利特曾经说过:人不能两次踏进同一条河流。从哲学的辩证思维上看,今天你走进的河流,明天你再走进去就不是同一条河流了。因为首先时间变化了,其次水分子也在不停地运动,今天你踏入的水和明天的水已经不是同样的水。这句话用在程序和进程的区分上非常合适。同样的程序,今天运行和明天运行就不是同一个进程了,对应的是两次不同的运行活动。时间不同,程序运行时所占用的存储空间也可能不同,所以静态不变的程序不能反映动态变化的程序执行过程,因此引入了进程的概念。

3.2.2 进程的特性

在引入进程概念后,系统对程序的管理和控制就转换成了对进程的管理和控制。要对进程进行有效的管理,必须了解进程有哪些特征。进程的特征主要有以下几点。

1. 动态性

进程本质上是用以刻画程序的执行过程的,因此,动态性是进程的最基本特性。具体表现为:"进程由创建而产生,由调度而执行,因得不到所需资源而阻塞,最后由撤销而消亡。"可见,进程有一定的生命期。而程序只是一组有序指令的集合,并存放在某种介质上,本身并无运行的含义,因此程序是个静态实体。

2. 并发性

并发性是指多个进程实体同时存在于内存之中,能在一段时间内并发运行。并发性是进程的重要特性,同时也是操作系统的重要特性。引入进程的目的也正是为了使其程序能和其他程序并发执行。而程序不反映执行过程,因此程序不具有并发性。

3. 独立性

进程的独立性体现在两个方面,即进程既是一个能独立运行的单位,又是一个系统进行资源分配和调度的独立单位。例如,进程可以向系统提出资源请求,系统可以将资源分配给进程,也允许进程自行使用如变量、文件等类型的软件资源。凡未建立进程的程序都不能作为一个独立的单位参与运行。

4. 异步性

所谓异步性,是指进程按照各自独立的、不可预知的速度异步地向前推进。也就是说,在不考虑资源共享的情况下,各进程的执行是独立的,执行速度是异步的。正是这一特性,导致了并发程序执行的不可再现性。因此,在操作系统中必须建立相应的同步措施以确保各进程能协调运行。

5. 结构性

为方便操作系统对进程的管理和控制,操作系统必须为每个进程建立一个进程控制块(Process Control Block,PCB),用来描述进程的控制和管理信息。这样,从结构上看,进程实体由程序、数据及进程控制块 3 部分组成。其中,进程的程序部分描述进程所要完成的功能,而数据集是进程在执行时必不可少的工作区和操作对象,这两部分是进程完成所需功能的物质基础。进程控制块是系统为实施对进程的有效管理和控制所创建的系统数据结构。

3.2.3 进程与程序的区别

进程源于程序,但又不同于程序,它有着自己鲜明的特征。通过分析进程与程序的实质,将它们之间存在的区别(见表 3.1)与联系归纳如下。

表 3.1 进程与程序的区别

项 目	程 序	进 程
性质	静态实体、指令集合	动态实体、执行过程
生命周期	无	有
可否长期保存	可以	不可以
系统调度与分配资源的单位	不是	是

1. 进程的动态性

进程是动态的,而程序是静态的。程序是代码的集合,进程是程序的执行过程,即使对于同一段程序来讲,由于执行环境的改变、执行参数的调整,都会产生不同的进程。

2. 进程的暂时性

进程是暂时的,而程序是永久的。进程是一个程序执行中状态变化的过程,它会随着系统需要而生成,也会随着任务完成而结束,但程序是可以长久保存下来的。

3. 进程的结构性

进程与程序的组成结构不同。进程的组成包含程序、数据和进程控制块,这些不仅记录了进程的执行内容,同时也包含了进程的执行状态信息。而程序是由算法策略、指令语句及执行数据构成,其中主要描述的是执行逻辑问题,并不包含程序执行中的过程问题。

3.2.4 进程控制块

进程控制块(PCB)是操作系统所维护的用来记录进程相关信息的数据结构。每个进程在操作系统中都有对应的PCB。在PCB中包含了进程的描述信息、控制信息以及资源信息,它是进程动态特征的集中反映。操作系统依据PCB对进程进行控制和管理,PCB中的内容也会随着进程的推进而动态改变,因此PCB也被称为进程运行的动态档案,是我们感知进程存在的唯一实体。在多道操作系统中,一个进程的PCB是全部或部分常驻于内存的。

一般来说,根据操作系统的要求不同,PCB所包含的内容也会有所不同。但下述4方面对于描述和控制进程运行的信息是必需的。

1. 进程标识符信息

进程标识符用于唯一地标识一个进程。一个进程通常有以下两种标识符。

(1)外部标识符:由创建者提供,通常由字母、数字组成,往往是由用户(进程)命名并在访问该进程时使用。外部标识符便于记忆,如计算进程、打印进程、发送进程、接收进程等。

(2)内部标识符:是为了方便系统使用而设置的。在所有操作系统中,都为每一个进程赋予一个唯一的整数,作为其内部标识符。它通常就是一个进程的序号。

为了描述进程的家族关系,还应设置父进程标识符及子进程标识符。此外,还可设置用户标识符,以指示拥有该进程的用户。

2. 处理器状态信息

处理器状态信息主要由处理器的各种寄存器中的内容组成。处理器在运行时,许多信息都放在寄存器中。当处理器被中断时,所有信息都应该保存在被中断进程的PCB中,以便该进程能从断点处开始重新执行。

(1)通用寄存器:这里指用户可以使用的数据或地址寄存器,一般有几十个甚至上百个。

(2)指令计数器:其中存放要访问的下一条指令地址。

(3)程序状态字PSW:存放进程执行时所需的状态信息,如条件码、执行方式、中断屏蔽标志等。

(4)栈指针:每个用户进程有一个或若干个与之相关的系统栈,栈中保存了过程调用、系统调用的参数、调用地址以及中断时的现场信息。栈指针指向该栈的栈顶。

3. 进程调度信息

在PCB中还存放了一些与进程调度和进程对换有关的信息,包括以下内容。

(1)进程状态:指明进程当前所处的状态,是进程调度和对换时的依据。

(2)进程优先级:是选取进程占有处理器的重要依据,优先级高的进程应优先获得处理器。

(3)事件:指进程因为等待某种事件而由运行状态转变为阻塞状态,即阻塞原因。

(4)其他信息:这些信息与所采用的进程调度算法有关。例如,进程已等待CPU的时间总和、进程已执行的时间总和等。

4. 进程控制信息

进程控制信息包括以下方面。

(1) 程序和数据的起始地址：指明该进程的程序和数据在内存和外存中的地址,以便调度该进程时能从中找到其程序和数据。

(2) 进程间通信信息：指实现进程同步和进程通信所必需的机制,如消息队列的队首指针、信号量等。

(3) 资源列表：也称资源清单,列出了除 CPU 外进程所需的全部资源及已经分配给该进程的资源,如进程打开的文件、有关存储器的信息、使用输入/输出设备的信息等。

(4) 链接信息：进程可以链接到一个进程队列中或相关的其他进程中。例如,同一状态的进程被链接成一个队列、一个进程可以链接它的父子进程。PCB 中需要有这样一些指针域,以满足操作系统对同类、同簇进程的访问要求。

总之,进程控制块 PCB 是操作系统感知进程存在的唯一实体。在创建一个进程时,应首先创建其 PCB,并通过对 PCB 的操作实现对进程的有效管理和控制。当进程执行结束后,通过释放 PCB 来释放进程所占有的各种资源,进程也随之消亡。

操作系统要将系统中进程的 PCB 组织起来以便进行管理,常用的组织方式有链表和索引表两种。链表方式是将同一状态进程的 PCB 组成一个链表,多个状态对应多个不同链表,如就绪链表和阻塞链表等。索引表方式是将同一状态的进程归入一个索引表中,再由索引指向相应的 PCB,由此形成就绪索引表和阻塞索引表等。

5. UNIX 中进程控制块的数据结构定义

1) 进程基本控制块

```
struct proc
{
char p_star;              / * 进程状态 * /
char p_flag;              / * 进程特征 * /
char p_pri;               / * 进程优先数 * /
char p_sig;               / * 软中断号 * /
char p_uid;               / * 用户号 * /
char p_time;              / * 驻留时间 * /
char p_cpu;               / * 占用 CPU 的时间 * /
char p_nice;              / * 计算优先数时用 * /
int  p_ttype;             / * 控制终端 tty 结构的地址 * /
int  p_pid;               / * 进程号 * /
int  p_ppid;              / * 父进程号 * /
int  p_addr;              / * 数据段地址,可以找到 user 结构 * /
int  p_size;              / * 数据段大小 * /
int  p_wchan;             / * 等待原因 * /
int  p_textp;             / * 正文段所在的 text 表项的地址 * /
}proc[nproc];
```

nproc 是数组的下标,所以决定了进程的个数,是个常数。

p_star 的取值和对应的含义如下：

0——此 proc 结构为空。

1——高优先睡眠。

2——低优先睡眠。

3——运行或就绪状态,仅当运行态时其 user 结构在内存。

4——创建进程时的过渡状态。

5——僵尸状态。

6——被跟踪。

p_flag 的八进制数取值及该位为 1 时对应的含义如下:

01——在内存。

02——0♯进程。

04——被锁,不能换出。

010——正在换出。

020——被跟踪。

040——跟踪标志。

2) 进程扩充控制块——user 结构

```
struct user
{
    int u_rsav[2];          /* 保留现场保护区指针 */
    char u_segflag;         /* 用户核心空间标志 */
    char u_error            /* 返回出错代码 */
    char u_id;              /* 有效用户号 */
    char u_gid;             /* 有效组号 */
    char u_procp;           /* proc 结构地址,与 proc 结构链接 */
    char u_base;            /* 内存地址 */
    char u_count;           /* 传送字节数 */
    char u_offset[2];       /* 文件读写位移 */
    int  * u_cdir;          /* 当前目录 i 结点地址 */
    int  u_dirp;            /* i 结点当前指针 */
struct
{
    int   u_ino;
    char u_name[dirsiz];
}u_dent;                    /* 当前目录项 */
 int  u_nofile[size];       /* 用户打开文件表,nofile 默认为 15 */
 int  u_arg[5];             /* 保存系统调用的自变量 */
 int  u_tsize;              /* 正文段大小 */
 int  u_dsize;              /* 用户数据区大小 */
 int  u_ssize;              /* 用户栈大小 */
 int  u_utime;              /* 用户态执行时间 */
 int  u_stime;              /* 核心态执行时间 */
 int  u_cutime;             /* 子进程用户态执行时间 */
 int  u_cstime;             /* 子进程核心态执行时间 */
 int  u_ar0;                /* 当前中断保护区内 r0 的地址 */
}u;
```

u 总是指向当前的进程的 user 结构。

3) 共享正文段和共享正文表 text

操作系统为了实现正文段的共享,建立一个系统用的正文表 text,对所有进程正文段进行单独管理,正文表中存放所有正文段的内存地址指针或外存地址指针及其他信息,其数据结构定义为：

```
struct text
{
    int   x_daddr;          /* 磁盘地址 */
    int   x_caddr;          /* 内存地址 */
    int   x_size;           /* 内存块数 */
    int   x_iptr;           /* 文件内存 i 结点地址 */
    int   x_count;          /* 共享进程数 */
    int   x_ccount;         /* 内存副本的共享进程数 */
} text [ntext];
```

图 3.3 描述了 UNIX 中一个进程映像各个部分之间的链接关系。系统拥有一张 proc 表和一张 text 表,分别存放所有进程的 proc 结构和各进程正文段在 text 表中的表项。

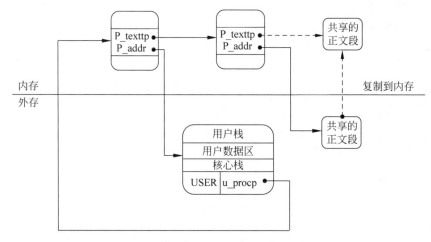

图 3.3   UNIX 的进程映像结构

每个进程的 proc 结构与 user 结构通过指针链接。当进程处于运行态时,可以根据指针将其数据段及其 user 结构调入内存。

处于运行态进程的正文段需要操作系统查 text 表,看其是否在内存:如果在内存,则内存地址 x_caddr 不为空;如果不在内存,则需要通过其外存地址 x_daddr 在磁盘上找到正文段,将它复制到内存,同时将其内存地址送到 x_caddr 中。这样就能保证当前运行进程映像的所有部分在内存中的逻辑完整性。

3.3   进 程 状 态

进程从创建直到终止,在其生命期中一直处于不断变化的过程中。为了刻画进程的这一状态变迁,操作系统常将进程的活动分成若干种稳定的离散状态加以描述,并约定各种状态间的转换条件。对进程状态的刻画也经历了一个不断精确细化的过程。

3.3.1   进程执行

首先从程序处理角度看进程的执行状况：

在可执行程序中包含着由一系列的指令构成的进程,进程功能的完成是通过指令执行实现的。在多道并行处理环境中,每一时刻系统中都会有若干个进程交替执行。

例如,目前在存储器中有 3 个进程,分别为 PA、PB、PC,要使这 3 个进程可以轮流使用处理器,内存中还必须保留一个调度程序,假定该调度程序为 P。每当一个正在执行的进程由于某种原因而让出处理器时,进程调度程序 P 都要按某种算法,从具备执行条件的进程中挑选一个进程占据处理器而被执行。系统首先调度进程 PA,当其时间片到后,经过调度程序切换,进程 PB 开始运行,进程 PB 执行了 5 条指令后发出了一个 I/O 请求,这时系统调度进程 PC 运行,PC 运行了一个时间片后又重新调度了进程 PA,这次 PA 被调度后会接着上次的中断点继续运行,以此类推,直到 3 个进程结束,并释放内存地址空间。

从这个例子可以看出,进程在多道环境中运行时,其活动状态会表现出多样性。操作系统所完成的不同并发需求会产生不同的进程状态模型,根据进程的状态模型,操作系统会形成不同的并发管理方式。下面讨论几种典型的进程状态模型。

3.3.2 进程的基本状态

进程在其生命期中的并发活动至少可分成 3 种基本状态,即就绪态、执行态和阻塞态。

1. 就绪态

就绪态(ready)是指进程已经分配到除 CPU 之外的一切所需资源,一旦获得 CPU 便可立即投入运行的状态。在一个系统中,可以有多个进程同时处于就绪状态,通常把这些进程排成一个或多个队列,即就绪队列(ready list)。

2. 执行态

执行态(running)特指进程正占据着 CPU 并向前推进的状态。就绪进程只有经过进程调度获得 CPU 后方可转入执行态。在单 CPU 系统中,任一时刻处于执行态的进程最多只能有一个。在没有其他进程可以运行时(如所有进程都处于阻塞态),通常会自动执行系统的空闲进程。

3. 阻塞态

阻塞态(blocked)是指进程因等待某事件(如请求 I/O、请求调页、申请缓冲区等)的发生而暂停执行的状态。进程在等待该事件发生的过程中自动放弃 CPU 而进入等待状态,因此也将阻塞态称为等待状态或睡眠状态。一旦进程等待的事件发生,导致进程等待的原因即消失,该进程将由阻塞态转变为就绪态。某一时刻,系统中可能会有多个进程因为不同的阻塞原因而陷入等待,为便于管理,通常将这些进程按照不同的阻塞原因链接成多个队列,即阻塞队列。

进程 3 种状态之间的转换如图 3.4 所示。

进程在运行期间,不断地从一个状态转换到另一个状态,它可以多次处于就绪态或执行态,也可多次处于阻塞态。进程的状态如何转换呢?

1)就绪态→执行态

处于就绪态的进程,当进程调度程序为之分配了处理器后,该进程便由就绪态转换成执行态。

2)执行态→就绪态

处于执行态的进程在其执行过程中,因分配给它

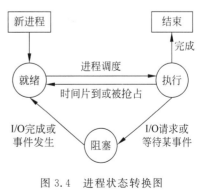

图 3.4　进程状态转换图

进程的描述与控制

的一个时间片已用完或被更高优先级的进程抢占而不得不让出处理器时,就从执行态转换成就绪态。这时,原来占有处理器的进程将被中断。

3)执行态→阻塞态

正在执行的进程因等待某种事件发生但尚未发生,或等待某个 I/O 完成但尚未完成而无法继续执行时,便从执行态变成阻塞态。进程由执行态转换为阻塞态是进程自行启动的。

4)阻塞态→就绪态

处于阻塞态的进程,若其等待的事件已经发生或 I/O 已经完成,则由阻塞态变为就绪态,称为"唤醒"。处于阻塞态的进程是不能自己唤醒自己的,一定是由其他进程启动的。

3.3.3 进程的挂起

进程的就绪、执行和阻塞态可以反映进程的基本变化。实际上,为了更好地管理进程以及获得更好的系统功能目标,需要解决以下问题:

(1)系统有时可能出现故障或某些功能受到破坏。这时需要暂时挂起系统中的一些较为重要的进程,以便故障消除后再将它们恢复到原来的状态。

(2)一个交互式用户对其进程的中间结果产生怀疑。这时用户可挂起进程,以便进行检查和改正,或用户为协调各子进程的活动而挂起某些子进程。

(3)系统中有时负荷过重,进程数量过多,资源数量相对不足。此时需要挂起一部分不太紧迫的进程以便调整系统负荷,待系统中负荷减轻后再恢复被挂起进程的运行。

(4)为支持进程对换、缓解内存紧张状况,可挂起一些暂不具备运行条件的进程并将它们对换至外存。

为此,提出一个新的进程管理概念——进程挂起。挂起(suspend)是指使被挂起进程暂停活动的过程。因此若对一个当前进程实施挂起,则该进程将释放出 CPU 而暂停执行,若对一个未执行进程实施挂起,则该进程将不能参与争夺 CPU。由此可见,被挂起的进程处于静止状态,相应地,未挂起的进程处于活跃状态。进程一旦被挂起,一切活动都将暂停,直到另一进程将其激活(active),该进程才能重新处于活跃状态。

在具有挂起功能的系统中,进程的就绪态分为活动就绪(readya)和静止就绪(readys)两种情形。同样,阻塞态也分为活动阻塞(blockeda)和静止阻塞(blockeds)两种情形。相应的进程状态转换图如图 3.5 所示。

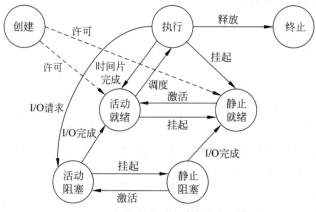

图 3.5 具有挂起功能的进程状态转换

挂起命令可由进程自己或其他进程发出,而激活命令只能由其他进程发出。

3.4　进　程　控　制

进程控制的主要任务是对进程生命周期全过程进行控制,实现进程状态的转换。进程控制由操作系统内核中的相应程序来实现。下面首先介绍操作系统内核,然后介绍操作系统内核为进程控制提供的原语。

3.4.1　内核

在现代操作系统中,通常将与硬件紧密相关的功能模块(如中断处理程序、各种常用设备的驱动程序等)、运行频率高的功能模块(诸如时钟管理、进程调度等)以及许多模块公用的一些基本操作(如进/出队列操作、进/出栈操作等)安排在靠近硬件的低层次中,使它们常驻内存以便提高操作系统的运行效率,并对它们加以特殊保护。通常将操作系统的这一常驻内存部分称为操作系统内核(kernel)。

操作系统内核通常运行在处理器执行的核心态,并具有较高的特权级别,避免用户程序有意或无意地破坏。操作系统内核功能比较多,除中断处理、时钟管理、存储管理和设备管理外,还有与进程控制和管理有关的其他支撑功能。

支撑功能是操作系统内核为操作系统其他功能模块提供的一些基本功能,如中断处理、时钟管理、原语操作等。

1. 中断处理

中断处理是操作系统内核提供的最基本的支撑功能。从根本上说,中断是操作系统运行的基础,操作系统的一切活动最终都要依赖于中断处理的支撑,如进程调度、设备驱动、I/O过程控制、文件控制等都将基于中断处理才能实现。

2. 时钟管理

操作系统的许多活动都需要提供准确的时间,因此时钟管理也是必要的,它是操作系统内核提供的另一个支撑功能。例如,在典型的分时系统中,需要把握精确的时间;一个进程在执行时,每用完一个时间片,时钟管理模块便产生一个中断信号,重新启动进程调度。

3. 原语操作

内核在执行某些基本操作时,为保证操作的效率和可靠性,往往利用原语操作来实现。一般地,把在核心态下执行的某些具有特定功能的程序段称为原语,其与一般过程的区别在于:原语是原子操作(atomic operation),即原语中的所有动作,要么全做,要么全不做,也即原语的执行具有不可分割性,作为原语的程序段不允许并发执行。

显然,系统在创建、撤销进程以及要改变进程的状态时,都要调用相应的程序段来完成这些功能。那么,这些程序段是不是原语呢?如果它们不是原语,则由上述原语的定义可知,这些程序段是允许并发执行的。然而,如果不加管理地让这些控制进程状态转换以及创建和撤销进程的程序段并发执行,则会使其执行结果失去封闭性和可再现性,从而达不到进程控制的目的。反过来,如果对这些程序段采用控制方法,使其在并发执行的过程中也能完成进程控制的任务,则会大大增加系统的开销和复杂度。因此,在操作系统中通常把进程控制用程序段做成原语。用于进程控制的原语有创建原语、撤销原语、阻塞原语、唤醒原语、挂起原语和激活原语等。

3.4.2　微内核

操作系统内核是基于硬件的第一层软件。在传统的操作系统结构中,通常把操作系统的全部或者大多数功能都作为操作系统的内核,因此其内核是相当大的。这种内核中既有并发执行的程序模块,又有顺序执行的程序模块,其功能模块之间的复杂关系令人困惑。更为严重的是,这种笨重的内核很难移植到不同的硬件平台上。

现代操作系统设计中的一个突出思想是把操作系统中更多的代码放到更高层次——用户层中。通过对传统的内核模块进行分析,从中剥离出与硬件无关的代码,将大部分操作系统成分和功能放到用户模式中运行,只留下完成操作系统最基本功能的小的内核,其他功能均放到核外,通过调用小内核来实现,这种技术称为微内核(microkernel)技术。一般地,微内核只提供 4 类小型服务:中断和异常处理机制、进程间通信机制、处理器调度机制和有关服务功能的基本机制。至于多大的内核才可称为微内核,并没有定论。第一代微内核约300KB 和 140 个系统调用接口,第二代微内核约 12KB 和 7 个系统调用接口。

微内核是对传统内核含义的回归和进一步提炼,它主要具有如下优点。

1. 简化了代码维护工作

大的内核内部关系相互牵连,局部代码的变动往往会影响其他表面看来是无关操作的部分。所以,如果试图确定错误或扩大功能,设计人员必须十分仔细且要反复测试。相比之下,微内核代码量少且容易维护。

2. 降低了系统崩溃的风险

操作系统作为一个大型软件系统,其生存周期一般较长。在其生命周期中可能出现新的硬件和软件技术,因此用户常要求操作系统能不断升级,把新的软件、硬件技术和功能扩充进来。在微内核结构下,当增加操作系统功能时,只在核外调试和运行,即使出错也不会危及内核,整个系统的安全系数较高。

3. 具有良好的兼容性

由于新的计算机芯片不断涌现,许多系统希望能运行在若干个不同的处理器平台上,因此操作系统的移植性问题一直困扰着人们。这在微内核结构下是比较容易实现的,因为所有与处理器相关的代码都在微内核之中,只要修改这部分代码就能适应不同的硬件平台。修改工作可以通过类似于交叉汇编的工具自动完成。

4. 系统灵活性较好

基于微内核可以提供多种类型的操作系统以满足用户的要求。例如,在微内核上提供一组 UNIX 服务程序,系统对用户就好像是 UNIX 机器;如果提供一组 Windows 服务程序,系统对用户就好像是 Windows 机器。

内核和微内核提供给核外调用的过程或函数如 3.4.1 节所述,被称为原语。原语和系统调用(system call)在调用形式上相同,但系统调用在执行期间允许中断而原语不允许;系统调用的实现过程可能使用了原语,但原语的实现绝不会使用系统调用,系统调用是用户级编程接口,而原语是操作系统核外程序的接口。

3.4.3　进程控制

进程控制作为进程管理的一个组成部分,其功能是由操作系统内核程序实现的。操作系统内核为实现进程控制,一方面提供了一系列的控制原语,以实现进程从一种状态到另一状态转换的过程控制;另一方面,用进程家族树将多个进程组织在一起。因此,进程控制包括进程控制原语和进程家族树两部分。

1. 进程家族树

进程家族树是一种用于描述进程家族关系的有向树,也称进程图(process graph),如图3.6所示。

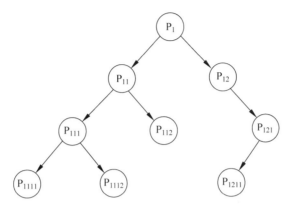

图3.6　进程家族树

在图3.6中,结点代表进程,圆圈中的符号是进程名称,箭头表示创建关系。若进程 P_i 创建了进程 $P_j(i,j=1,2,\cdots,12)$,则称 P_i 是 P_j 的父进程,而 P_j 是 P_i 的子进程。由于内存中的进程之间一般都存在一定的家族关系,因此,作为一种描述进程家族关系的有向树,进程家族树在进程控制时是必要的。例如,子进程在创建后可以直接继承父进程的一部分资源,如父进程的优先级、分配的缓冲区、打开的文件等,这样就可以提高进程控制的效率。

2. 进程控制原语

进程控制原语是对进程生命期和进程状态转换控制的原语。进程控制原语包括创建原语、撤销原语、阻塞原语、唤醒原语、挂起原语和激活原语等,它们控制进程从一种状态到另一种状态的转换。

1)创建原语

一个进程在需要时可以建立一个新的进程。被创建的进程称为子进程,而建立者称为父进程。进程只能由其父进程建立,因此系统中所有进程就形成了进程间的层次(家族)体系,即进程树或称进程族系。

创建原语的主要功能是为被创建进程创建一个PCB,并填入相应的初始值。其主要操作过程是先向系统申请一个空闲PCB,根据父进程所提供的参数将子进程PCB初始化,再将此PCB插入就绪队列,最后返回一个进程内部标识号。通常,父进程调用该原语时应提供以下参数:进程外部标识符 n、处理器初始状态(或进程运行现场的初始值,主要指各种寄存器和PSW的初始值)S_0、优先数 k_0、父进程分给子进程的初始内存区 M_0 和其他资源清单(多种资源表)R_0 等。

2)撤销原语

当一个进程完成任务后,应将其撤销,以便及时释放它所占用的资源。撤销原语是由其父进程发出的,用来撤销它的一个子进程及该子进程的所有子孙进程。一个进程不会自己撤销自己。在撤销过程中,被撤销进程的所有系统资源(内存、外设)应全部释放出来归还给系统,并将它们从所有队列中移出。如果被撤销进程正在处理器上运行,则要调用进程调度程序将 CPU 分配给其他进程。

3)阻塞原语

当前进程因请求某事件而不能继续运行时,该进程将调用阻塞原语阻塞自己,暂时放弃 CPU。进程阻塞是进程的自身行为。阻塞过程首先立即停止原来程序的执行,把 PCB 的现行状态由执行态改为活动阻塞态,并将 PCB 插入到等待某事件的阻塞队列中,最后调用进程调度程序进行 CPU 的重新分配。

4)唤醒原语

当被阻塞进程所期待的事件发生时,则由相关进程调用唤醒原语,将等待该事件的进程唤醒。唤醒原语执行的过程是:首先把被阻塞进程从等待该事件的阻塞队列中移出,将其 PCB 的状态由阻塞态改为就绪态,然后再将该进程插入到就绪队列中。

5)挂起原语

当需要把某种进程置于挂起状态时可调用挂起原语。调用挂起原语的进程只能挂起它自己或它的子孙进程,而不能挂起其他族系的进程。挂起原语的执行过程是:检查要挂起进程的现行状态,若为活动就绪态,则改为静止就绪态;若为活动阻塞态,则改为静止阻塞态;若为执行态,则改为静止就绪态,并调用进程调度程序重新分配 CPU。为了方便用户或父进程考查该进程的运行情况,需把该进程的 PCB 复制到内存指定区域。

6)激活原语

调用激活原语来恢复一个进程的活动状态是比较简单的。一个进程只能激活自己的子孙进程,而不能激活其他族系的进程。

3.5 线 程

线程(thread)是近年来在操作系统领域出现的一个非常重要的技术,其重要性一点也不亚于进程。线程机制带来了提高系统执行效率、改善并发度、减少处理器空转时间等诸多好处,所以当代操作系统,如 Windows、Machintosh、Linux、UNIX、Sun OS 4.x 等,均支持线程机制。

3.5.1 线程引入

如果说在操作系统中引入进程的目的,是为了使多个程序并发执行,以改善系统资源利用率、加大系统吞吐能力,那么在操作系统中引入线程,则是为了减少程序并发执行所付出的时空开销、提高程序并发执行的程度。由进程的定义可知,进程具有两个不可分割的基本属性。

1. 进程是一个拥有资源的独立单位

这导致在创建、撤销进程时,需要花费大量的 CPU 时间为其分配和回收资源,系统需为之付出较大的时空开销。

2. 进程同时又是一个可以独立调度和分派的基本单位

每个进程都拥有自己私有的虚地址空间和大量的 CPU 现场,不但寄存器和堆栈是独有的,静态数据区和程序代码也相互独立。这不仅使得进程间的耦合关系差、并发粒度过于粗糙,也导致进程切换时为保存这些运行环境而花费大量的时空开销。

由上述两点分析可知,系统管理和控制进程的开销较大。也正因为如此,在系统中设置的进程数目不宜过多,进程切换的频率也不宜过高,但这也就限制了系统并发程度的进一步提高。

如何获得更好的并发度,同时又尽量减少系统的开销,已成为近年来设计操作系统时所追求的重要目标。研发者设想,能否将进程的上述两个属性分开,分别交由不同的实体来完成。即对作为调度的基本单位,不同时作为独立分配资源的单位,以使之轻装上阵;而对拥有资源的基本单位,不频繁地对其进行切换。这促使线程机制的引出。如果说,在 OS 中引入进程的目的是为了使多个程序能并发执行,以提高资源利用率和系统吞吐量,那么,在操作系统中再引入线程,则是为了减少程序在并发执行时所付出的时空开销,使 OS 具有更好的并发性。

3.5.2　线程的定义

什么是线程?较能反映线程实质的定义有以下方面:

(1) 线程是进程内的一个执行单元。

(2) 线程是进程内的一个可调度实体。

(3) 线程是程序(或进程)中一个相对独立的控制流线索。

(4) 线程是执行的上下文(context of execution),其含义是执行的现场数据和其他调度所需的信息(这种观点来自 Linux 系统)。

综上所述,可以把线程定义为:线程是进程内一个相对独立、可调度的执行单位,是进程中一个单一的控制线索。

在传统的进程中,每个进程中只存在一条控制线索和一个程序计数器。而线程的引入,提供了对单个进程中多条控制线索的支持,这些控制线索即线程。线程基本上不拥有系统资源,只拥有少量在运行中必不可少的资源(如程序计数器、一组寄存器和栈),但它可与同属一个进程的其他线程共享该进程所拥有的全部资源。一个线程可以创建和撤销另一个线程;同一进程中的多个线程之间可以并发执行。当多线程程序执行时,该程序对应的进程中就有多个控制流在同时运行,即具有并发执行的多个线程。使单个程序中包含并发执行的多个线程,即多线程程序设计。在一个进程中包含并发执行的多个控制流,而不是把多个控制流分散在多个进程中,这是多线程设计和多进程设计的不同之处。

3.5.3　线程的状态

由于线程是调度和执行的基本单位,因此,与进程一样,线程在其生命期中有着状态变化。所谓状态,是指线程当前正在干什么和它能干什么? 实际上状态的划分和设计与系统设计目标以及调度方法紧密相关。因此,各系统的状态设计不完全相同,但几个关键状态则是共有的。

1. 就绪状态

线程已具备执行条件,等待调度程序分配一个 CPU 运行。

2. 运行状态

调度程序选择该线程并为其分配一个 CPU,线程正在 CPU 上运行。

3. 阻塞(等待)状态

线程正等待某个事件发生。

针对线程的 3 种基本状态,存在以下 5 种基本操作来转换线程的状态。

(1) 派生(spawn):线程在进程内派生出来,它既可由进程派生也可由线程派生。一个新派生的线程具有程序计数器、其他现场信息、系统和用户堆栈等,此时线程具备了运行条件,被放入就绪队列中进入就绪状态。

(2) 阻塞(block):如果一个线程在执行过程中需要等待某个事件发生,则被阻塞。阻塞时,寄存器上下文、程序计数器以及堆栈指针都会得到保证。

(3) 激活(unlock):如果阻塞线程的事件发生,则该线程被激活并进入就绪队列。

(4) 调度(schedule):选择一个就绪线程进入执行状态。

(5) 结束(finish):线程自行结束或被其他线程结束,其寄存器上下文、程序计数器以及堆栈内容等被释放。

线程的状态和操作关系如图 3.7 所示。

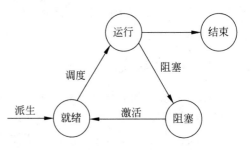

图 3.7 线程状态与操作

3.5.4 线程和进程的比较

在传统操作系统中,进程既是拥有资源的基本单位又是独立调度运行的基本单位。而在引入线程的操作系统中,线程是调度运行的基本单位,而进程是拥有资源的基本单位,从而将传统进程的两个属性分开。这样,线程便能轻装上阵,使系统获得更好的并发度,故又称线程为轻型进程(light-weight process)。由于进程和线程密切相关,因此有必要了解一下进程和线程的差异。

1. 地址空间资源

不同进程的地址空间是相互独立的,而同一进程的各线程共享同一地址空间。一个进程中的线程在另一个进程中是不可见的。

2. 并发性

在引入线程的操作系统中,不仅进程之间可以并发执行,而且一个进程的多个线程之间亦可并发执行。故线程的引入有利于提高系统的并发度。许多操作系统都限制进程总数,如不少 UNIX 版本的典型值为 40~100,这对许多并发应用来说远远不够。在多线程系统中,虽存在线程总额限制,但个数要比进程多得多(OS/2 支持 4096 个线程)。

3. 通信关系

进程间的通信必须使用操作系统提供的进程间通信机制,而同一进程的各线程间可以通过直接读写进程数据段(如全局变量)来进行通信。当然,线程间的通信也需要同步和互斥手段的辅助,以保证数据的一致性。

4. 切换速度

由于操作系统级的进程独占自己的虚地址空间,调度进程时,系统必须交换地址空间,因而进程切换时间长。同一进程中的多个线程共享同一地址空间,因而线程之间的切换要比进程之间快得多。

这里可以用表 3.2 从不同的方面来分析进程和线程的区别。

表 3.2 进程和线程的区别

比较项目	进 程	线 程
资源分配	进程是资源分配和拥有的基本单位	线程自己基本不拥有系统资源,但它可访问所属进程所拥有的全部资源
调度	在没有引入线程的操作系统中,进程是独立调度和分派的基本单位	引入线程后的操作系统中,线程是独立调度和分派的基本单位
地址空间	进程的地址空间之间互相独立	同一进程的各线程间共享进程的地址空间

3.5.5 线程分类

对进程来说,无论是系统进程还是用户进程,在进行切换时都要依赖于内核的进程调度。而对于线程而言,则可分成两个基本类型,即用户级线程和系统级线程(核心级线程)。在同一个操作系统中,有的使用纯用户级线程,如 Windows 和 OS/2;有的则混合使用用户级线程和核心级线程,如 Solaris。

用户级线程(user level threads)的管理过程全部由用户程序完成,在这样的系统中,操作系统核心只对进程进行管理。

为了对用户级线程进行管理,操作系统提供一个在用户空间执行的线程库。该线程库提供创建、调度、撤销线程的功能。同时,也提供线程间的通信、线程执行以及存储线程上下文的功能。用户级线程只存在于用户级中,与操作系统核心无关。相应地,内核也不知道用户级线程的存在。当一个线程被派生时,线程库为其生成相应的线程控制块(Thread Control Block,TCB)等数据结构,并为 TCB 中的参数赋值且把该线程置于就绪状态。其处理过程与创建进程类似,不同的是:

(1)用户级线程的调度算法和调度过程全部由用户自行选择和确定,与操作系统内核无关。在用户级线程系统中,操作系统内核的调度单位仍是进程。如果进程的调度区间为 T,则在 T 区间内,用户可根据自己的需要设置不同的线程调度算法。

(2)用户级线程的调度算法只进行线程上下文切换而不进行处理器切换,且线程上下文的切换是在内核不参与的情况下进行的,即线程上下文切换只是在用户栈、用户寄存器等之间进行切换,不涉及处理器状态。新线程通过程序计数器的变化而得以运行。

(3)因为用户级线程上下文的切换与内核无关,所以可能出现如下情况:当一个进程由于 I/O 中断等原因而阻塞时,属于该进程的运行线程仍处于执行状态。也就是说,尽管相关进程的状态是阻塞的,但所属线程的状态却是运行的。

核心级线程(kernel-level thread)由操作系统内核进行管理。操作系统内核为应用程序提供相应的系统调用和应用程序接口 API,供用户程序创建、执行、撤销线程。对于核心级线程系统,无论是用户进程中的线程,还是系统进程中的线程,均依赖于内核。在内核中保留一张线程控制块 TCB,内核根据 TCB 感知线程的存在并对线程进行控制。

与用户级线程相比,核心级线程的切换速度较慢。表 3.3 是在 VAX 机的单处理器系统上,使用 UNIX 系列操作系统测试所得的结果。测试时使用了两个基本点过程,即 Null Fork 和信号等待。用户级线程、核心级线程和进程都可用来完成上述功能。由表 3.3 可知,用户级线程所占系统开销最小,核心级线程的开销较进程小,但要大于用户级线程的开销。

表 3.3　线程和进程的切换开销实例　　　　　　　　　　　(单位: μs)

操　　作	用户级线程	核心级线程	进　　程
Null Fork	34	948	11 300
信号等待	37	441	1840

用户级线程的另一个优点是实现用户级线程不需要操作系统内核的特殊支持,只要有一个能提供线程创建、调度、执行、撤销以及通信功能的线程库即可。

有些操作系统,如 Linux 或 Solaris 2.x,提供用户级线程和核心级线程两种功能。在这些操作系统中,线程的创建、调度和同步等仍在用户空间完成,但这些线程也可被映射到系统空间并转化为核心级线程运行。有兴趣的读者可参阅相关资料。

3.5.6　线程的模型

线程模型指的是操作系统内线程的实现策略,一般有如下 3 种,如图 3.8 所示。

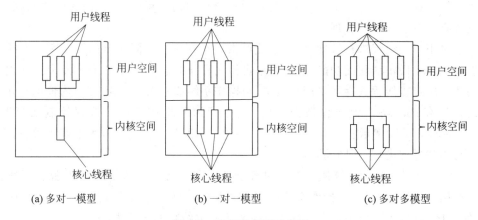

图 3.8　多线程模型示意图

1. 多对一模型

操作系统在实现线程时,多对一模型是将多个用户级线程映射到一个核心级线程,这样任何时候都只有一个线程能访问内核。线程管理是在用户空间内进行的,效率比较高。当然,如果有一个线程执行了阻塞系统调用,则整个进程将会被阻塞。

2. 一对一模型

一对一模型将每个用户级线程映射到一个核心级线程。这样做的优点是一个线程被阻塞后,其他线程仍然可以继续执行。其缺点是创建一个用户级线程的同时就需要跟着创建一个对应的核心级线程,而核心级线程的创建是需要花费较大的系统开销的,并且对应用程序的执行有一定的影响。正因如此,采用这种模型实现线程的系统对能支持的线程总数有一定的限制,如 Windows NT/2000 就是这种模型。

3. 多对多模型

多对多模型将多个用户级线程映射到同样数量或较少数量的核心级线程。这种模型兼具前两种线程模型的优点，因而许多操作系统，如 UNIX，都支持这种模型。

本 章 小 结

进程是操作系统最重要的概念之一，操作系统对处理器的管理，归根到底是对进程的管理。通过本章的学习，掌握进程的描述、进程的状态、进程的控制，并在进程的基础上引入了线程的概念。

程序的并发执行导致了程序执行时的间断性、失去封闭性以及不可再现性，为此引入了进程的概念。

进程的定义是：进程是一个具有一定独立功能的程序关于某个数据集合的一次运行活动，进程是系统进行资源分配和调度的一个独立单位。

进程控制块是进程实体的一部分，是对进程当前情况的静态描述，是进程存在的唯一标志。

执行态、就绪态和阻塞态是进程的 3 种基本状态。在有些操作系统中，增加了进程的挂起功能，演变为 5 种状态，即执行态、活动就绪态、静止就绪态、活动阻塞态和静止阻塞态。

进程 5 种状态的转换由 6 个进程控制原语组成，即创建原语、撤销原语、阻塞原语、唤醒原语、挂起原语和激活原语。

进程的创建和撤销会引起操作系统频繁地分配和回收资源，造成处理器的非生产性开销的增加，为此引入了线程的概念。进程是分配资源和执行的独立实体，而线程是一个执行的独立实体，而不是分配资源的实体，因此，线程实际上是一个轻型进程。

习 题

1. 单项选择题

(1) 多道程序设计系统中，让多个计算问题同时装入计算机系统的主存储器(   )。

    A. 并发执行   B. 顺序执行   C. 并行执行   D. 同时执行

(2) 引入多道程序设计技术后，处理器的利用率(   )。

    A. 无改善   B. 极大地提高了

    C. 降低了   D. 无变化，仅使程序执行方便

(3) 下列选项中，导致创建新进程的操作是(   )。

    Ⅰ. 用户登录成功   Ⅱ. 设备分配   Ⅲ. 启动程序执行

    A. 仅Ⅰ和Ⅱ   B. 仅Ⅱ和Ⅲ   C. 仅Ⅰ和Ⅲ   D. Ⅰ、Ⅱ和Ⅲ

(4) 进程是(   )。

    A. 一个系统软件   B. 与程序概念等效

    C. 存放在内存中的程序   D. 执行中的程序

(5) 进程的(   )和并发性是两个很重要的属性。

    A. 动态性   B. 静态性   C. 易用性   D. 顺序性

(6) 已经获得除( )以外所有运行所需资源的进程处于就绪态。

    A. 主存储器   B. 打印机   C. CPU   D. 磁盘空间

(7) 在一个单处理器系统中,处于运行态的进程( )。

    A. 可以有多个   B. 不能被打断

    C. 只有一个   D. 不能请求系统调用

(8) 对于一个单处理器系统来说,允许若干进程同时执行,轮流占用处理器,称它们为( )的。

    A. 顺序执行   B. 同时执行   C. 并行执行   D. 并发执行

(9) 操作系统根据( )控制管理进程,它是进程存在的标志。

    A. 程序状态字   B. 进程控制块   C. 中断寄存器   D. 中断装置

(10) 若干个等待占有CPU并运行的进程按一定次序链接起来的队列为( )。

    A. 运行队列   B. 后备队列   C. 等待队列   D. 就绪队列

(11) 下列对线程的描述中,( )是错误的。

    A. 不同的线程可执行相同的程序

    B. 线程是资源分配单位

    C. 线程是调度和执行单位

    D. 同一进程中的线程可共享该进程的主存空间

(12) 在支持多线程的系统中,进程P创建的若干个线程不能共享的是( )。

    A. 进程P的代码段   B. 进程P中打开的文件

    C. 进程P的全局变量   D. 进程P中某线程的栈指针

2. 填空题

(1) 多道程序设计提高了系统的吞吐量,但可能会( )某些程序的执行时间。

(2) 把一个程序在一个数据集上的一次执行称为一个( )。

(3) 程序是静止的,进程是( )。

(4) 进程的3种基本状态为:阻塞态、( )和运行态。

(5) 进程状态变化时,运行态和( )都有可能变为( )。

(6) 每个进程都是有生命期的,即从( )到消亡。

(7) 操作系统依据( )对进程进行控制和管理。

(8) 进程有两种基本队列:( )和( )。

(9) 可再现性是指当进程再次重复执行时,必定获得( )的结果。

(10) 线程是处理器的独立( )单位,多个线程可以( )执行。

(11) 线程在生命周期内会经历( )、( )和( )之间各种状态变化。

(12) 在多线程操作系统中,线程与进程的根本区别在于进程作为( )单位,而线程是( )单位。

3. 基本概念的解释和辨析

(1) 进程和程序

(2) 进程和作业

(3) 进程和线程

(4) 原语和系统调用

(5) 内核和微内核

(6) 用户级线程和核心级线程

4. 综合题

(1) 某系统的进程状态转换图如图 3.9 所示,请说明:

① 引起各种状态转换的典型原因有哪些?

② 当观察系统中某些进程时,能够看到某一进程的一次状态转换能引起另一个进程的一次状态转换。在什么情况下,当一个进程发生转换 3 时能立即引起另一个进程发生转换 2?

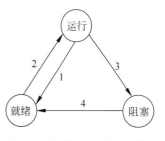

图 3.9 某系统进程状态转换图

③ 如图 3.9 所示,试探讨以下情况,前一个条件与后一个事件的发生是否有因果关系:

1→2

3→2

4→1

(2) 有一个单向链接的进程 PCB 队列,它的队首由系统指针指出,队尾进程链接指针为 0。分别画出一个进程从队首入队和从队尾入队的流程图。

(3) 挂起状态和阻塞状态有何区别? 在具有挂起操作的系统中,进程的状态有哪些? 如何变迁?

(4) 在创建一个进程时需要完成的主要工作是什么? 在撤销一个进程时需要完成的主要工作又是什么?

(5) 线程通常有哪些状态? 为了管理线程,操作系统一般提供哪些原语?

第4章 进程通信

现代操作系统均是基于进程管理的操作系统,是通过对进程的管理与控制实现多道程序并发执行的。但进程在异步并发时,或是由于彼此合作或是由于竞争资源,使得进程在保留异步特征的同时,在特定点上产生速度上的相互制约。若不对这种速率协调关系加以保证,则进程在并发过程中可能产生与时间有关的错误。

为了保证进程有序正确地执行,系统必须提供必要的通信机制,以保证进程间的同步。本章将讨论实现这一目的的不同方案。

4.1 进程的同步与互斥

在多道程序设计环境下,任务被分解成了多个进程,而一个进程可能只完成某个任务中的一部分,多个进程的共同执行才可以使一项任务顺利完成。这就提出了以下问题:进程在执行中有哪些约束和限制,进程在执行中需要采用什么方式彼此交互信息,以保证共享信息的正确使用和进程并发的正确执行。由于这些进程共存于同一系统,它们有些是彼此无关的,但有些却并不是彼此孤立的,必须协调运行。这样,在进程间就产生出某种彼此依赖或相互制约的关系。进程间的这种相互制约关系又分为同步与互斥两种情形。

4.1.1 进程合作

引起进程相互制约的第一个原因是系统中存在着一些合作进程,它们相互配合完成同一任务。因此,它们之间必然存在着逻辑上的联系,譬如它们要互通消息、交换数据和某些结果等。下面通过一个简单的例子加以说明。

【例4-1】 计算 $X=fun1(y) \times fun2(z)$ 之值。其中,$fun1(y)$ 和 $fun2(z)$ 都是较为复杂的函数。

【分析】 考虑创建进程 P_1 来完成 X 的计算。为减轻 P_1 的任务,创建一个与 P_1 异步并发的进程 P_2 完成 $fun2(z)$ 的计算。显然,P_1、P_2 既是一对父子进程,又是两个合作者进程,由于两者之间的直接联系,使它们在异步并发的同时在关键点上产生了某些相互制约,这种相互制约关系如图 4.1 所示。

从图 4.1 可知,进程 P_1 在完成 $fun1(y)$ 的计算之后,需在 L_1 点处检测进程 P_2 是否计算完 $fun2(z)$。若未算完,则必须反复检测等待;若计算完,则取用进程 P_2 的计算结果,然后进行乘法运算。相应地,进程 P_2 在完成 $fun2(z)$ 的计算后,应该在 L_2 点处设置"计算完成"标志供进程 P_1 检测。因此,进程 P_1、P_2 之间的协同关系可描述为:P_1、P_2 异步并发,但必须

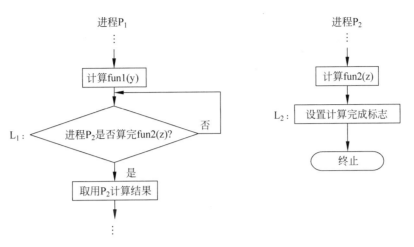

图 4.1　两个伙伴进程间的同步

在某些特定的点上协调它们推进的速率,体现为当 P_1 推进至 L_1 点时,除非 P_2 已推进至 L_2 点,否则 P_1 就不得不在 L_1 点处等待,直至 P_2 到达 L_2 点后才能继续向前推进。

这种合作进程之间在执行次序上的协调关系称为同步关系。

4.1.2　共享资源

直接制约发生在彼此间有着逻辑联系的进程之间。然而,更一般地,并发进程间没有逻辑上的关联,但由于它们竞争独占性资源,获得资源的进程可以继续运行,未获得资源的进程则只能暂停等待,直至其他进程释放资源后才能继续运行。这样,对同类资源的使用就使得这些进程间产生了相互制约关系,这是一种由于使用资源而导致的间接方式的制约关系。

4.1.3　与时间有关的错误

在多道程序设计环境中,由于并发进程执行的相对速度无法相互控制,则进程在共享相同资源时,伴随进程间不同的相对速率,就会对同类资源产生出不同的操作序列,各种与时间有关的错误就可能出现。可以通过两个实例来说明这种错误的两种不同表示形式。

【例 4-2】　进程 P_1、P_2 共享一台打印机。

【分析】　显然,打印机自身的特点决定了不能让 P_1、P_2 随便使用,这样最可能发生的情况是进程 P_1、P_2 的输出结果交织在一起而难以区分。因此,需要在 P_1、P_2 的并发程序中控制对打印机的使用,使得在同一段时间内,P_1、P_2 中最多只有一个进程使用打印机。相应地,P_1、P_2 的并发程序可表示如下:

```
int x;                          /* x 为空闲打印机台数 */
x = 1;
void P1()
{   while (1)
    {   x = x - 1;              /* 进程 P1 意欲使用打印机 */
        if (x < 0) 等待打印机    /* P1 因得不到打印机而阻塞 */
        使用打印机;
        x = x + 1;              /* 进程 P1 释放出打印机 */
        remainder section
```

```
        }
    }
    void P2( )
    {
        while(1)
        {   x = x - 1;                      /* 进程 P2 意欲使用打印机 */
            If(x < 0) 等待打印机             /* P2 因得不到打印机而阻塞 */
            使用打印机;
            x = x + 1;
            remainder section;
        }
    }
    void main( )
    {
        cobegin
            P1( );P2( );                     /* cobegin 表示以下进程并发执行,至 coend 结束 */
        coend
    }
```

上述程序意图控制在任何一段时间内只有一个进程使用打印机,那么该算法能否实现这一功能呢? 对此进行具体分析。

假设:某时刻打印机空闲,则 $x=1$。

P_1 提出使用打印机,依据上述程序,P_1 执行 $x=x-1$ 操作,将打印机空闲数由 1 变为 0(即表示 P_1 占据这台打印机),其后,在 if 语句中,由于 $x<0$ 不成立,故 P_1 不会被阻塞而顺利进入对打印机的使用,使用完毕,通过 $x=x+1$ 将 x 由 0 变为 1,表示释放一台打印机;此后,若 P_2 申请打印机,同理也可获得。因此,在这种并发执行的情况下,该算法可达到正确使用打印机的目的。

但若某时刻打印机空闲,P_1 和 P_2 同时提出使用打印机,则它们都执行 $x=x-1$ 操作,x 之值变为 -1;此后,P_1、P_2 两个进程都由于在 if 语句的判断中得出 $x<0$ 成立的结论,而阻塞在得不到打印机这一事件上,导致谁都无法使用空闲的打印机而陷入永远等待。显然,这是一个与时间有关的错误。不难看出,这一错误的发生是由进程 P_1、P_2 对共享变量 x 无控制的存取访问所导致的。即当 P_1 尚未结束对 x 的访问时,P_2 又进入了对 x 的访问。

【例 4-3】 假设一个飞机订票系统有两台终端,分别运行进程 T_1 和 T_2。若用公共变量 x 代表某次航班的订票数,则每台终端在订票后,需对 x 进行加 1 操作。相应的并发程序如下:

```
    int x;                                  /* 某航班飞机订票数 */
    x = 0;
    void T1(x)
    {   while(1)
        {   read(x);
            x = x + 1;
            write(x);
        }
    }
    void T2(x)
    {   while(1)
```

```
    {   read(x);
        x = x + 1;
        write(x);
    }
}
void main()
{   cobegin
        T1();T2();
    coend
}
```

进程 T_1、T_2 共享软件变量资源 x,并分别对 x 做加 1 操作。这两个操作用机器语言实现时常可用下面形式描述:

T_1: register1 = x; T_2: register2 = x;
    register1 = register1 + 1;   register2 = register2 + 1;
    x = register1;   x = register2;

假设:x 当前值为 5,表示某航班已订出 5 张机票。在这种情况下,如果进程 T_1 先执行左列 3 条机器指令,然后进程 T_2 再执行右列的 3 条指令,则最后共享变量 x 的值为 7,表示 T_1、T_2 终端分别订出一张机票后,现订出机票数变为 7,这一运行结果是正确的。但是,如果按照下述顺序执行:

T_1: register1 = x;   (register1 = 5)
T_2: register2 = x;   (register2 = 5)
T_1: register1 = register1 + 1;   (register1 = 6)
T_2: register2 = register2 + 1;   (register2 = 6)
T_1: x = register1;   (x = 6)
T_2: x = register2;   (x = 6)

正确结果应为 x＝7,但现在 x 的值是 6。这表示程序的执行不具有可再现性而产生了与时间有关的错误。这一错误的表现形式是结果不正确。为预防这种错误的发生,必须保证在任何一段时间内,T_1、T_2 两个进程只能有一个访问共享资源 x,只有当其中一个结束对 x 的访问后,另一个才能进入对 x 的访问。

从例 4-2 和例 4-3 可见:由于并发进程执行序列的随机性,会引起与时间有关的错误,这种错误表现为结果不唯一和永远等待两种情况。

4.1.4 临界资源与临界区

由 4.1.3 节的分析可知,并发进程共享的某些资源,无论是硬件资源(如打印机)还是软件资源(如飞机订票数 x),都有一个共同特点,即在任何一段时间内,只能有一个进程访问这种资源。换言之,诸进程在共享这类资源时必须互斥地对其进行访问。

1. 临界资源

一次仅允许一个进程使用的资源称为临界资源(Critical Resource,CR)。许多物理设备都属于临界资源,如打印机、绘图仪等。除物理设备外,还有许多变量、数据、文件等都可由若干进程所共享,它们也属于临界资源。

2. 临界区

每个进程中访问临界资源的那段程序代码称为临界区(Critical Section,CS)。显然,进程异步并发,但为了避免发生与时间有关的错误,诸进程必须互斥地进入自己的临界区,互斥地访问临界资源。即当一个进程进入临界区使用临界资源时,另外的进程必须等待;当占有临界资源的进程退出临界区后,另一个进程才被允许进入其临界区。此即进程之间的互斥关系。

为避免两个进程同时进入临界区,可以采用软件解决方法,也可在系统中设置专门的同步机构来协调进程。

为此,针对每个进程的程序,从概念上将其分为两部分:一部分是涉及临界资源的临界区;另一部分是其余的不涉及临界资源的非临界区部分。

显然,为保证临界资源的互斥使用,每个进程在进入其临界区前,应对欲访问的临界资源进行检查,只有当临界资源未被访问时,该进程方可进入临界区,并设置临界资源正被访问的标志;如果此刻临界资源正被其他进程访问,则该进程不能进入临界区。因此,必须在临界区前面增加一段用于进行上述检查的代码,把这段代码称为进入区(entry section)代码。相应地,在临界区后面也要加上一段称为退出区(exit section)的代码,用于表明进程已释放相应临界资源。这样,一个访问临界资源的循环进程可描述如下:

```
while(1)
    {   entry section
        critical section;
        exit section
        remainder section;
    }
```

4.1.5 同步机构设计准则

对于保证进程互斥与同步的同步机构而言,无论其采用何种技术实现,均应遵循以下 4 条设计准则。

1. 空闲让进

当有进程要求进入临界区,而此刻无其他进程处于临界区内,即相应的临界资源处于空闲状态,则应该允许请求者立即进入临界区,以有效地利用临界资源。

2. 忙则等待

当已有进程进入了临界区,意味着临界资源正被访问,则所有其他试图进入临界区的进程必须等待,这是为了保证诸进程互斥地访问临界资源。

3. 有限等待

对要求访问临界资源的进程,应保证该进程能在有限的时间内进入自己的临界区。换言之,进程之间不应因为争夺临界资源而相互阻塞,陷入"死等"状态。

4. 让权等待

当一进程不能进入临界区时,应立即释放处理器,以避免进程陷入"忙等待"状态。这一准则的设立是为了提高处理器的有效利用率。

这 4 条准则非常实用好记。举个例子,大家都用过 ATM 取款机,每个 ATM 取款机的小房间都是临界资源。只有当此处无人使用时你才可以进去,这叫"空闲让进";如果门锁着,有人使用,那么你会排队等待在外,这就是"忙则等待";当然你会根据情况有限地等待,如果里面的人长时间不出来,你就要灵活机动地换台 ATM 取款机,不会一直死等,这是"有限等待";而如果当你终于排队等到了 ATM 取款机时,却发现忘记带银行卡了,你只好马上出来,将这台空闲资源让权给其他人使用。这就是"让权等待"。通过这个例子,可以看到进程的同步与互斥问题,在生活中的很多地方都存在,后面介绍的"信号量机制"在日常生活的交通管理中也会遇到。

4.2 互斥的软件方法

对临界区互斥访问技术的研究始于 20 世纪 60 年代。早期的解决方法用软件方法实现。这些软件方法有的是正确的,有的是不正确的。之所以介绍它们,是因为它们显示出在开发并发程序时存在的通病,同时也表现出用软件方法解决互斥和同步问题的困难和逻辑上的复杂性。

为方便讨论,首先考虑解决两个进程之间的互斥问题(算法 1 至算法 4),然后再推广到 n 个进程(算法 5)。

【例 4-4】 有两个并发进程 P_0 和 P_1,互斥地共享单个临界资源(如磁带机或某共享数据)。P_0 和 P_1 是循环进程(指进程执行一个无限循环程序),每次只使用资源为一个有限的时间间隔。

【分析】 由题意,并发程序的结构为:

```
void main()
{       common variable declaration;
        cobegin
            p1(); p2();
        coend
}
```

算法 1:可以在两个进程之间设置一个共享的整型变量(令牌)turn,令其取值为 0 或 1。若 turn=0,表示进程 P_0 进入临界区,当 P_0 退出临界区时,令 turn=1,则进程 P_1 可以进入临界区。算法 1 对 P_i 进程的描述如下:

```
while(1)
{   while(turn!= i) skip;
    {   critical section
        turn = j;
        remainder section;
    }
}
```

该算法能保证任何时刻只允许一个进程进入临界区,但是却不能满足空闲让进的准则。例如,若某时刻令牌 turn=0,且 P_0 不在临界区内,但试图进入临界区的进程 P_1 仍然会因为得不到令牌而无法进入。

算法 2:算法 1 的问题在于它采取了强制方法让 P_i 和 P_j 轮流访问临界资源,而没有考虑进程的实际需要。为弥补这种不足,可将变量 turn 替换为如下数组:

```
int flag[2];
```

数组元素的初值均为 0。如果 flag[i]＝1,则表示进程 P_i 正在执行临界区。算法 2 对 P_i 进程的描述如下:

```
while(1)
{       while(flag[j]) skip;
        flag[i] = 1;
        critical section
        flag[i] = 0;
        remainder section;
}
```

该算法虽然解决了空闲让进问题,但却不能保证互斥。例如,某一时刻临界资源空闲,而 P_0 和 P_1 同时要求进入临界区,并按下列次序执行:

S_0:P_0 执行 while 语句且发现 flag[1]＝0;

S_1:P_1 执行 while 语句且发现 flag[0]＝0;

S_2:P_0 置 flag[0]＝1 并进入临界区;

S_3:P_1 置 flag[1]＝1 并进入临界区。

这样,P_0 和 P_1 同时进入各自的临界区,违背了该资源只能互斥地使用的要求。故该算法的正确性与进程的执行速度有关。

算法 3:算法 2 的问题在于在测试语句 while 和设置语句 flag[i]＝1 之间为另一进程留有可乘之机。于是可以设想在算法 2 的基础上对调这两个语句的顺序,并且将 flag[i]＝1 看作进程 P_i 欲进入临界区,或者正在临界区内执行的标志。算法 3 对 P_i 进程的描述如下:

```
while(1)
{    flag[i] = 1;
     while(flag[j]) skip;
     critical section;
     flag[i] = 0;
}
```

算法 3 可以有效地防止两个进程同时进入临界区,但又违背了有限等待原则。例如,考虑下列执行序列:

S_0:P_0 置 flag[0]＝1;

S_1:P_1 置 flag[1]＝1。

此时两个进程均无法进入临界区,无休止地循环等待对方(执行 while 语句)。

算法 4:以上介绍的几种算法均不能正确解决临界区问题,它们揭示出解决互斥问题的困难及解决方法的不断完善而至正确的过程。下面介绍的正确解法是由荷兰数学家 T. Dekker 提出的,也称为 Dekker 算法。

此方法是为每个进程设置一个标志位 flag[i],当该位为 1 时,表示进程 P_i 要求进入临界区或已在临界区中执行。另外还设置了一个共享变量 turn,用来指出应该由哪一个进程进入临界区,若 turn＝i,则应该由 P_i 进入临界区。其程序如下:

```
int flag[2];
int turn;
```

```
flag[0] = flag[1] = 0;
turn = k                                        /* k 为 0 或 1 */
while(1)
{   flag[i] = 1;
    while(flag[j])
    {   if(turn == j)
        {   flag[i] = 0;
            while(turn == j) skip;
            flag[i] = 1;
        }
    }
    critical section;
    turn = j;
    flag[i] = 0;
    remainder section;
}
```

可以证明 Dekker 算法的正确性(证明略)。

算法 5:可把 Dekker 算法扩充到解决 n 个进程的临界区问题,这一算法是由 Dijkstra 于 1965 年提出的,故称为 Dijkstra 算法。该算法使用的公共数据结构是:

```
int flag[n];
int turn;
flag[0] = flag[1] = … = flag[n-1] = 0;
turn = k;
```

flag 数组所有元素的初值均为 0,1 表示相应进程处于申请进入临界区的状态,2 表示相应进程正在临界区中执行。turn 的初值 k 可为 0～n−1 的任意值。

进程 P_i(i=0,1,2,…,n−1)的结构如下:

```
int j;
while(1)
{   do
    {   flag[i] = 1;
        while(turn!= i) if(flag[turn] == 0) turn = i;
        flag[i] = 2;
        j = 0;
        while(j < n && (j == i or flag[j]!= 2) j++;
    }while(j < n)
    critical section;
    flag[i] = 0;
    remainder section;
}
```

可以证明,这个算法也是正确的。

首先它保证了进程互斥地进入临界区,因为仅当 flag[j]!=2 对所有 j≠i 都成立时,进程 P_i 进入临界区。因此,只有 P_i 的 flag[i]=2,也就是说只有 P_i 在临界区内。

这个算法也不会造成进程间相互阻塞,这是因为:

(1)任何进程,只要正在执行临界区代码,它的状态就不会是 0,即 flag[i]≠0。

(2) 若某个进程 P_i 的状态是 flag[i]=2,这并不意味着 turn=i,因为几个进程可能同时进入 do 循环,并且都发现 flag[turn]=0,于是这些进程都相继把 turn 指针改为指向自己。

(3) 第一个进程首先把 turn 指针改为指向自己以后,那些尚未查询过 flag[turn]=0 是否成立的进程再也不可能把 turn 指针指向自己,即不可能执行 turn=i 语句。

(4) 若{P_1,P_2,…,P_m}是同时进入 do 循环的一批进程的集合,由于它们都发现 flag[turn]=0,从而把指针都指向了自己,并将自己的状态改为了 flag[i]=2。但 turn 指针最终是指向最后一个改变 turn 指针值的进程 P_k 的($1 \leqslant k \leqslant m$)。对于所有属于这一集合的进程 $P_i \in \{P_1,P_2,…,P_m\}$,由于在执行第 3 个 while 语句时,发现除自己外还有其他进程的状态也是 flag[j]=2,而被迫返回 do 循环语句执行,于是只有 P_k 顺利进入临界区,所以进程间不会互相阻塞,并且是在有限的时间内就进入了临界区。

从以上算法不难看出,软件解决方法不仅复杂而且难以理解。下面介绍临界区问题的硬件解决方法。

4.3 硬件指令机制

完全利用软件方法来解决各进程互斥进入临界区的问题,有一定难度且有很大局限性。实际上,现代计算机提供了一些特殊的硬件指令,这些指令允许对一个字中的内容进行检测与修正,或交换两个字的内容等。这些特殊指令也可以用来解决临界区问题。

实现进程互斥的硬件方法的优点是可以保证共享变量的完整性和正确性,并且简单、有效。但是这种方法不能满足让权等待准则,仍然存在“忙等待”的不足,这将造成处理器时间的浪费,也很难将它应用于解决较复杂的进程同步问题。

4.3.1 测试与设置技术

在测试与设置方法中,针对一个临界资源,设置一个变量 lock 来代表该临界资源的状态,用 lock 为“假”表示资源可用;用 lock 为“真”表示资源已被占用。变量 lock 也被形象地称为“锁”。据此,进程使用临界资源的操作应按如下 3 步进行:

(1) 测试 lock 之值,若 lock 为“真”,表示资源已被占用,则不断测试等待;若 lock 为“假”,表示资源可用,则置 lock 为“真”,以排斥其他进程进入临界区。这一过程可形象地称为“关锁”。

(2) 进入临界区,访问临界资源。

(3) 退出临界区,置 lock 为“假”,以便其他进程能使用临界资源。这一过程称为“开锁”。

在早期同步机制中,测试与设置技术通过操作系统内核提供的开/关锁原语来实现。为提高系统运行效率,依据软件固化的思想,现代操作系统中广泛采用硬件测试与设置指令即 TS 指令来实现这一功能。

4.3.2 TS 指令

TS 指令的功能描述为:

```
int TS(int lock)
{   TS = lock;
```

```
    lock = 1;
    return(TS);
}
```

必须注意的是，以上是 TS 指令的功能描述，并非软件实现定义。事实上，TS 指令的实现是由硬件系统直接完成的，并由硬件保证其原子操作性能。

4.3.3 利用 TS 实现进程互斥

如果机器支持 TS 指令，则互斥问题可以通过设置一个整型变量 lock(初值为 0)，用下列方法解决：

```
while(1)
{   while(TS(lock)) skip;
    critical section
    lock = 0;
    remainder section;
}
```

上面描述的是利用 TS 指令实现互斥的通用模型，借助这一模型可以方便地编写出实现进程互斥的程序。

【例 4-5】 进程 P_1、P_2 共享一台打印机，试用硬件指令机制编写其进程互斥的程序。

【分析】 对于这一互斥问题，可使用上述互斥模板编写出 P_1、P_2 的并发程序：

```
int lock;
lock = 0;
void P1()
{       while(1)
        {   while(TS(lock)) skip;          /* 进程 P1 试图进入临界区 */
            使用打印机;                      /* 进程 P1 进入临界区 */
            lock = 0;
            remainder section;
        }
}
void P2()
{       while(1)
        {   while(TS(lock)) skip;          /* 进程 P2 试图进入临界区 */
            使用打印机;                      /* 进程 P2 进入临界区 */
            lock = 0;
            remainder section;
        }
}
void main()
{   cobegin
        P1();P2();
    coend
}
```

用硬件指令方法实现进程互斥有着明显优点：
(1) 方法简单、行之有效。

(2) 可以使用于多重临界区情况。每个临界区可以定义自己的共享变量。

但是也有明显的缺点,那就是硬件方法一般采取"忙等待"的简单方法。如果在单处理器系统中,一个进程试图进入处于"忙"状态的临界区,则该进程只能不断测试临界区的状态,这将浪费大量的处理器时间。此外,硬件指令机制难以解决较为复杂的进程同步问题。

4.4 信号量机制

1965 年,荷兰著名的计算机科学家 Dijkstra 提出了一种称为信号量的同步机制。其基本原理是在多个进程间使用简单的信号来实现同步。一个进程被强制停止在一个特定的地方,直到收到一个专门的信号。这个信号就是"信号量(semaphore)",其工作方式类似于铁路交通管理中的信号灯。

在操作系统中,信号量是联系某类临界资源的数据结构,信号量的不同取值表示临界资源的不同状态。进程通过对信号量实施合法操作,实现交换彼此的控制信息、协调彼此的执行顺序或互斥使用临界资源的目的。

作为一种卓有成效的进程同步工具,在长期且广泛的应用中,信号量机制得到了很大的发展,它从整型信号量经记录型信号量,发展为信号量集机制,现在已被广泛地应用于单处理器、多处理器系统以及网络操作系统中。

Dijkstra 将操作信号量的两个原语命名为 P 操作和 V 操作(因为在荷兰语中,"通过"为 passeren,相当于英语中的 pass。而"增加"为 verhoog,相当于英语中的 increment。P、V 即来源于这两个单词的第一个字母,P、V 操作因此得名),本书为与现代操作系统教材的称谓保持一致,把 P 操作称作 wait 操作,V 操作称作 signal 操作。

按照信号量的用途的不同,可把信号量分为两类。

1. 公用信号量

其初值仅允许取值为 0 或 1,主要用于控制进程互斥地进入临界区,也称互斥信号量。

2. 私有信号量

其初值为初始资源数,主要用于控制进程间的同步运行,也称同步信号量。

4.4.1 整型信号量

整型信号量是 Dijkstra 最初定义的信号量形式,它将信号量 s 定义为一个整型变量,除初始化外,该信号量 s 的值仅能通过两个标准的原子操作(automatic operation)wait(s)和 signal(s)加以访问。

wait(s)和 signal(s)操作可描述为:

```
void wait(s)
{   while(s<=0);              /* do no operation 什么都不做 */;
    s--;
}
void signal(s)
{   s++;
}
```

整型信号量的不足之处在于,当一个进程执行 wait(s)操作时,若发生 s≤0 的情况,则该进程必将不断循环测试,陷入"忙等待"。因此,用整型信号量作为同步机制的实现技术不符合让权等待的设计准则。

4.4.2 结构型信号量

结构型信号量是一种不存在"忙等待"问题的进程同步机制。当一个进程对信号量进行wait操作而不能通过时,该机制便使其让权等待。因而在采用这一策略后,会出现多个进程同时等待访问同一临界资源的情况。为此,在结构型信号量中,除需要一个表示资源数量的整型变量value外,还需为每个信号量增加一个进程链表指针L,用来链接所有等待该信号量的进程的PCB。

一个结构型信号量可定义如下:

```
struct semaphore
{   int value;
    list of process  * L;
};
```

wait(s)和signal(s)原语可描述为:

```
void wait(struct semaphore s)
{   s.value -- ;
    if(s.value < 0) block(s.L);
}
void signal(struct semaphore s)
{   s.value++;
    if(s.value <= 0) wakeup(s.L);
}
```

结合信号量s的含义,分析wait(s)和signal(s)操作,可得如下结论:

(1)从物理概念上,作为联系某类临界资源的物理实体,信号量的值s.value与相应临界资源的数量有关。其中,s.value的初值表示系统中该类资源的可用数量;当s.value≥0时,表示某时刻资源的空闲数量;当s.value<0时,|s.value|表示因为得不到资源而被阻塞的进程数量。

(2)执行一次wait操作,意味着进程请求一个单位的资源,因此描述为s.value--。当s.value<0时,进程由于得不到资源自行阻塞,此时将引起进程重新调度。

(3)执行一次signal操作,意味着进程释放一个单位的资源,因此描述为s.value++。若s.value≤0,表示链表s.L中仍有因请求该资源而阻塞的进程,此时把s.L中的第一个进程唤醒并将其转移到就绪队列中去。

(4)必须指出,在信号量机制的实现中,一个重要的问题是要保证对信号量操作的原子性。若这种原子性得不到保证,会引起与时间有关的错误。

4.4.3 AND型信号量集

在记录型信号量机制中,wait(s)操作只能申请一个单位的某种资源;signal操作也只能释放一个单位的某种资源。而在有些应用场合,一个进程需要同时获得多种临界资源后方能执行其任务。若要通过一个原子操作来获得或释放多种临界资源,则需要使用AND

同步机制。它联系着两个原语：swait 和 ssignal，其定义如下：

```
swait(S₁,S₂,…,Sₙ)
{   if(S₁ >= 1&& S₂ >= 1 … && Sₙ >= 1)
            for(i = 1;i <= n;i++) Sᵢ: = Sᵢ - 1;
    else
        Place the process in the waiting queue associated with the first Sᵢ found with Sᵢ < 1,and
        set the program count of this process to the beginning of swait operation;
}
ssignal(S₁,S₂,…,Sₙ)
{   for(i = 1;i <= n;i++)
  {Sᵢ: = Sᵢ + 1;
    Remove all the process waiting in the queue associated with Sᵢ into the ready queue.
  }
}
```

4.4.4 管程机制

信号量机制虽然可以解决进程的同步与互斥问题，但是由于每个要访问临界资源的进程都必须自备同步操作 wait(s)和 signal(s)，因此使得大量的同步操作散布在各个进程中。这不仅使系统不易管理，更容易由于同步操作使用不当造成死锁。因此，在 1974 年和 1977 年，Hore 和 Hansen 提出了新的进程同步工具——管程(monitors)。

引入管程机制的目的如下：

(1) 把分散在各进程中的临界区集中起来进行管理；

(2) 防止进程有意或无意的违法同步操作；

(3) 便于用高级语言来书写程序，也便于程序正确性验证。

那么什么是管程呢？由于系统中的各种硬件资源和软件资源均可用数据结构抽象地描述其资源特性，即用少量信息和对该资源所执行的操作来表征该资源，而忽略它们的内部结构和实现细节。因此，可以利用公共数据结构来抽象地表示系统中的共享资源，并将对该公共数据结构实施的特定操作定义为一组过程。管程就是由局部于自己的若干公共变量及其说明和所有访问这些公共变量的过程所组成的软件模块。进程对共享资源的申请、释放以及其他操作都必须通过管程来实现。对于多个请求访问同一资源的并发进程，根据资源的情况接受或阻塞，确保每次只有一个进程进入管程，从而有效地实现进程互斥。

管程的语法描述如下：

```
Monitor monitor_name               / * 管程名 * /
{
    Share variable declarations;    / * 共享变量说明 * /
    Condition declarations;         / * 条件变量说明 * /
    Public:                         / * 能被进程调用的过程 * /
        void P1(…)                  / * 对数据结构操作的过程 * /
        {…}
        void P2(…)
        {…}
        …
        void Pn(…)
```

```
        {...}
        ...
        {                                    /* 管程主体 */
            Initialization code;             /* 初始化代码 */
            ...
        }
    }
```

可以看出,管程中包含了面向对象的思想,它将表达共享资源的数据结构及其对数据结构操作的过程,都封装在一个对象内部,并封装了同步操作,对进程隐蔽了同步细节,简化了同步功能的调用界面。用户编写并发程序如同编写顺序执行的程序。

从以上管程的语法定义中可以看出,管程是由 4 个部分组成的:

(1) 管程的名称;

(2) 局部于管程的共享数据结构;

(3) 对该数据结构进行操作的一组过程;

(4) 对局部于管程的共享数据进行初始化的语句。

管程是一种程序设计语言的结构成分,它和信号量具有同等的表达能力。从语言角度看,管程具有以下特性:

- 共享性。管程可被系统范围内的进程互斥访问,属于共享资源。
- 安全性。管程的局部变量只能由管程的过程访问,不允许进程或其他管程直接访问,管程也不能访问其局部变量以外的变量。
- 互斥性。多个进程对管程的访问是互斥的。任一时刻,管程中只能有一个活跃进程。
- 封装性。管程内的数据结构是私有的,只能在管程内使用,管程内的过程也只能使用管程内的数据结构。进程通过调用管程的过程使用临界资源。管程在 Java 中已实现,有兴趣的读者可以自行扩展阅读。

4.5 用信号量机制实现互斥与同步

利用信号量机制可以实现进程的互斥与同步。下面分别论述。

4.5.1 用信号量实现互斥

信号量机制能用于解决进程之间的互斥问题。n 个进程共享一个用于互斥的信号量 mutex,将其初值置为 1,表明任何时刻只能有一个进程获得临界资源。然后将各进程的临界区 CS 置于 wait(s) 和 signal(s) 操作之间即可。

利用信号量实现互斥的一般形式可描述如下:

```
while(1)
{   wait(mutex);
    critical section;
    signal(mutex);
}
```

【例 4-6】 进程 P₁、P₂ 共享一台打印机,试使用信号量机制编写 P₁、P₂ 并发执行的程序。

【分析】 设置一个互斥信号量 mutex 以控制打印机的互斥使用,程序如下:

```
struct semaphore mutex;              /* 定义一个信号量 mutex */
mutex. value = 1;                    /* 表示初始时系统有一台打印机 */
void P1()
{  while(1)
   {  wait(mutex);                   /* P₁ 请求使用打印机 */
      使用打印机;                     /* P₁ 进入临界区 */
      signal(mutex);                 /* P₁ 释放打印机 */
      remainder section;
   }
void P2()
{  while(1)
   {  wait(mutex);                   /* P₂ 请求使用打印机 */
      使用打印机;                     /* P₂ 进入临界区 */
      signal(mutex);                 /* P₂ 释放打印机 */
      remainder section;
   }
void main()
{  cobegin
      P1(); P2();
   coend
}
```

4.5.2 用信号量实现同步

信号量机制也能用于解决进程间的各种同步问题。但只有分析出合作进程间具体的同步关系,才能编写出正确的同步程序。

【例 4-7】 苹果、橘子问题:桌上有一空盘,可放一个水果。爸爸削好苹果后,可向盘中放入苹果,妈妈剥好橘子后,可向盘中放入橘子。儿子专等吃盘中的橘子,女儿专等吃盘中的苹果。规定一次只能放一种水果,试用信号量机制写出爸爸、妈妈、儿子、女儿正确同步的程序。

【分析】 在整个过程中,爸爸、妈妈、儿子、女儿间的同步关系为:

(1) 只有盘中空时,爸爸、妈妈才可分别向盘中放入苹果或橘子。

(2) 只有盘中有苹果时,女儿才可取出苹果。

(3) 只有盘中有橘子时,儿子才可取出橘子。

扫描二维码,
观看视频

因此,在本例中,应该设置 3 个信号量,plate 表示盘子是否为空,其初值为 1;apple 表示盘中是否有苹果,其初值为 0;orange 表示盘中是否有橘子,其初值为 0。则爸爸、妈妈、儿子、女儿的并发程序为:

```
/* 请注意,为了编写方便,在信号量定义的同时赋予初值,简写为以下形式。后续例题中类似。 */
struct semaphore plate = 1, apple = 0, orange = 0;
void father()
{  while(1)
```

```
        { prepare an apple;
            wait(plate);                              /* 申请向盘中放入苹果 */
            put an apple in the plate;
            signal(apple);                            /* 向女儿发出可以取苹果的信号 */
        }
    }
    void mother()
    { while(1)
        { prepare an orange;
            wait(plate);                              /* 申请向盘中放入橘子 */
            put an orange in the plate;
            signal(orange);                           /* 向儿子发出可以取橘子的信号 */
        }
    }
    void son()
    { while(1)
        { wait(orange);                               /* 申请取出橘子 */
            get an orange from the plate;
            signal(plate);                            /* 向爸爸、妈妈发出盘子空的信号 */
            eat…;
        }
    }
    void daughter()
    { while(1)
        { wait(apple);                                /* 申请取出苹果 */
            get an apple from the plate;
            signal(plate);                            /* 向爸爸、妈妈发出盘子空的信号 */
            eat…;
        }
    }
    void main()
    { cobegin
            father();mother();son();daughter();
        coend
    }
```

【例 4-8】 公共汽车上的司机和售票员各司其职，为完成运送乘客的任务而相互配合。
他们的活动如图 4.2 所示。试用信号量机制编写司机和售票员同步的程序。

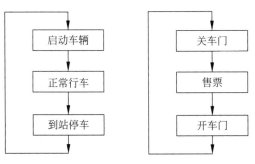

图 4.2　司机与售票员同步关系

扫描二维码，观看视频

第 4 章

进程通信

【分析】 在汽车行驶过程中,司机和售票员之间的同步关系为:

(1) 只有等售票员关好车门后,向司机发出开车信号,司机方可启动车辆。

(2) 只有等司机到站停车后,售票员方可打开车门。

因此,在本例中,应设置两个信号量:s1 和 s2。s1 表示是否允许司机启动汽车,其初值为 0;s2 表示是否允许售票员打开车门,其初值也为 0,则司机和售票员的并发程序为:

```
struct semaphore s1 = 0, s2 = 0;
void driver()
{   while(1)
    {   wait(s1);                    /*司机申请启动汽车*/
        启动车辆;
        正常行车;
        到站停车;
        signal(s2);                  /*向售票员发出可以打开车门信号*/
    }
}
void busman()
{   while(1)
    {   关车门;
        signal(s1);                  /*向司机发出可以开车的信号*/
        售票;
        wait(s2);                    /*售票员申请打开车门*/
        开车门;
        上下乘客;
    }
}
void main()
{   cobegin
        driver();busman();
    coend
}
```

4.6 经典进程同步问题

信号量机制可以方便地建立起进程互斥的通用模型。但使用信号量实现进程同步时,由于合作进程内在同步关系的不同及其共享资源的差异,很难找到一个统一的通用模型来描述所有的同步问题,这也使得进程同步成为多道程序环境下一个重要而相当有趣的问题,吸引了众多学者进行研究,由此产生了一系列经典的同步问题。本节将对几个较为著名的同步问题加以讨论。

4.6.1 生产者-消费者问题

生产者-消费者问题是对合作进程内在关系的一种抽象。例如,输入进程与计算进程在合作时,输入进程可比作生产者,计算进程可比作消费者;而对计算与打印进程而言,计算进程显然是生产者进程,而负责打印计算结果的打印进程则是消费者进程。因此,生产者-消费者问题是同步问题中最具有代表性和实用价值的一类问题。

生产者-消费者问题可描述为：一组生产者(producer)和一组消费者(consumer)通过一个容量为 n 的有界缓冲区(buffer)共同完成生产和消费任务。每个缓冲区可存放一个产品，生产者负责向其中投放产品(product)，而消费者负责消费其中的产品。其合作关系如图 4.3 所示。灰色部分表示已投放产品的缓冲区，其余为未投放产品的缓冲区。in 为生产者投放产品的位置，out 为消费者取出产品的位置。

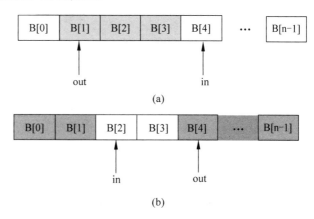

(a)

(b)

扫描二维码，观看视频

图 4.3 生产者-消费者问题

由于生产者与消费者共享的缓冲区容量为 n，最多只可存放 n 个产品。因此，生产者进程与消费者进程在运行过程中，必须遵循两条限制：

(1) 生产者进程生产产品的速度不能超过缓冲区的有限容量，否则会造成产品溢出。

(2) 消费者进程消费产品的速度不能快于生产者进程的生产速度，否则会造成向空的缓冲区中提取产品。

由此得出，生产者与消费者进程应满足以下同步规则：

(1) 若生产者企图把产品放入已满的缓冲区则必须阻塞等待，直到消费者从缓冲区中取走一个产品后将其唤醒。

(2) 若消费者企图从空缓冲区取走产品则必须阻塞等待，直到生产者放入一个产品后将其唤醒。

为实现上述同步关系，可设立两个信号量：empty，表示某时刻空缓冲区的数目，其初值为缓冲区数量 n；full，表示某时刻放有产品的缓冲区数，初值为 0。

此外，对生产者和消费者进程来说，缓冲区是临界资源，任何一个进程对某个缓冲区的存或取必须和其他进程互斥执行。可利用互斥信号量 mutex 实现对缓冲区的互斥访问。为保证产品依次存入和取走，还应为缓冲区设置一对读写指针 in 和 out。

生产者-消费者问题的同步模型描述如下：

```
Struct semaphore mutex1 = 1, mutex2 = 1, empty = n, full = 0;
product buffer[n];              /* 假设缓冲区是 product 型数组 */
int in = 0, out = 0;           /* in 为放置产品位置指针，out 为取出产品位置指针 */
void producer()
{
    message m;
    while (1)
```

```
        {
            produce a new product in m;
            wait(empty);                    /*申请空缓冲区,若无则等待*/
            wait(mutex1);                   /*有空缓冲区,诸生产者进程互斥使用缓冲区*/
            buffer[in] = m;                 /*把一个产品送入缓冲区*/
            in = (in + 1) % n;              /*把放入产品的指针移向下一个位置*/
            singal(mutex1);                 /*唤醒正在等待放入产品的其他生产者*/
            singal(full);                   /*唤醒消费者*/
        }
    }
    void consumer(void)
    {   message m;
        while(1)
        {
            wait(full);                     /*申请一个产品,若无则等待*/
            wait(mutex2);                   /*有产品,诸消费者进程互斥使用缓冲区*/
            m = buffer[out];                /*从缓冲区取出一个产品*/
            out = (out + 1) % n;            /*把消费产品的指针移向下一个位置*/
            signal(mutex2);                 /*唤醒正在等待消费的其他消费者*/
            signal(empty);                  /*唤醒生产者*/
            consume product in m;
        }
    }
    void main()
    {   cobegin
            Producer(); consumer();
        coend
    }
```

应当注意,无论在生产者进程中还是在消费者进程中,signal 操作的次序都无关紧要。在以上程序中使用了两个信号量 mutex1 和 mutex2,说明有两个信号量分别控制生产者和消费者指针的移动,也就是可以同时执行放入产品和取走产品的操作。而如果只定义一个信号量 mutex,控制同一时刻只能执行放入产品或者取走产品的一个操作,那么 wait 操作的次序却不能颠倒,否则将可能造成死锁。这一点留待读者自己分析。

4.6.2 哲学家就餐问题

1965 年,Dijkstra 提出并解决了一个哲学家就餐的同步问题。从那时起,每个发明新同步原语的人都希望通过解决哲学家就餐问题来展示其同步原语的精妙之处。这个问题可简单描述如下:5 个哲学家一起思考并用餐。他们共享一张放有 5 把椅子的圆桌,每人占用 1 把椅子。圆桌上有 5 盘通心粉,相邻两只盘子间有 1 把叉子。哲学家思考(think)问题时并不影响他人。当他感到饥饿时便去吃通心粉,吃通心粉时需要同时使用两把叉子,规定哲学家只能取用其左边和右边的叉子,进餐完毕,放下叉子继续思考,如图 4.4 所示。

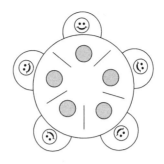

扫描二维码,观看视频

图 4.4　哲学家就餐问题

哲学家就餐问题的一个最浅显的解法是:为每把叉子单独设一个信号量,哲学家取叉子时执行 wait 操作,放叉子时执行 signal 操作。

```
struct semaphore fork[5] = {1,1,1,1,1};
void philosopher()
{   while(1)
    {   wait(fork[i]);                    /* 取左边的叉子 */
        wait(fork[i + 1] mod 5);          /* 取右边叉子 */
        eat;
        signal(fork[i]);                  /* 放左边叉子 */
        signal(fork[i + 1] mod 5);        /* 放右边叉子 */
        think;
    }
}
void main()
{   cobegin
        Philosopher();
    coend
}
```

这个算法可以保证任何时刻都不会有两个相邻的哲学家同时用餐,但这一解法可能使得每个哲学家都只拿到其左边的叉子,都得不到右边的叉子而陷入死锁。

对于这样的死锁问题有多种避免的方法,以下列出其中的一些方法:

算法 1:至多只允许 4 个哲学家同时就餐,以此保证至少有一个哲学家能够就餐,程序描述如下:

```
struct semaphore fork[5] = {1,1,1,1,1};
struct semaphore count = 4;
void philosopher()
{
    while(1)
    {
        wait(count);                      /* 申请就餐 */
        wait(fork[i]);                    /* 取左边的叉子 */
        wait(fork[(i + 1) % 5]);          /* 取右边的叉子 */
        eat;
        signal(fork[i]);                  /* 放下左边的叉子 */
        signal(fork[(i + 1) % 5]);        /* 放下右边的叉子 */
```

```
            signal(count);                    /*唤醒其他就餐者*/
            think;
        }
    }
    void main()
    {   cobegin
            Philosopher();
        coend
    }
```

算法 2：规定奇数号哲学家先拿左边的叉子，然后再拿右边的叉子；而偶数号哲学家则相反。按此规定，0、1 号哲学家将竞争 1 号叉子；2、3 号哲学家竞争 3 号叉子。即 5 位哲学家都先竞争奇数号叉子，获得后，再去竞争偶数号叉子，最后总会有一个哲学家能获得两把叉子。

```
struct semaphore fork[5] = {1,1,1,1,1};
void philosopher(int i)                    /*i=0,1,2,3,4,为就餐哲学家的序号*/
{
    while(1)
    {   if(i%2==0)                         /*偶数哲学家*/
        {
            wait(fork[(i+1)%5]);           /*先取右边的叉子*/
            wait(fork[i]);                 /*再取左边的叉子*/
            eat;
            signal(fork[(i+1)%5]);         /*放下右边的叉子*/
            signal(fork[i]);               /*放下左边的叉子*/
        }
        else                               /*奇数哲学家*/
        {
            wait(fork[i]);                 /*先取左边的叉子*/
            wait(fork[(i+1)%5]);           /*再取右边的叉子*/
            eat;
            signal(fork[(i+1)%5]);         /*放下右边的叉子*/
            signal(fork[i]);               /*放下左边的叉子*/
        }
        think;
    }
}
void main()
{   cobegin
        Philosopher(i);
    coend
}
```

4.6.3 读者-写者问题

哲学家就餐问题对于多个进程互斥访问有限资源(如 I/O 设备)这类问题的建模十分有用。另一个著名的同步问题是读者-写者问题，是 Courtois 等人于 1971 年提出并解决的，它为数据对象(数据文

扫描二维码，观看视频

件或记录)的访问建立了一个模型。所谓的读者—写者问题可描述为:有一共享文件 L,允许多个进程(读者 reader)同时读 L 中的信息,但任何时刻最多只能有一个进程(写者 writer)写或修改 L 中的信息。当有进程读时不允许其他进程写;当有进程写时不允许其他进程读或写。如何使读者和写者的行为同步呢?

读者-写者问题有两种算法,即读者优先算法和写者优先算法,下面分别论述。

算法 1:读者优先。

该算法描述如下:

(1) 当有读进程在读文件时,写进程必须等待。

(2) 当写进程在等待时,后来的读进程可以进入读取。

(3) 只有当没有读进程在读取时,写进程才可写入。

首先,为实现读、写互斥设置一个互斥信号量 wmutex,其初值为 1。第一个要进入的读者和所有要进入的写者,在对共享文件 L 操作之前,应执行 wait(wmutex)操作;而在退出对 L 的操作后,应执行 signal(wmutex)操作。另外,设置一个整型变量 readcount,用来表示某时刻正在读 L 的进程数目。任一读者在读 L 前,必须执行 readcount 加 1 操作;而在结束读 L 之后,必须执行 readcount 减 1 操作。因此,readcount 变量是读者进程都要访问的临界资源,为它设置一个信号量 rmutex 以保证互斥访问。

读者-写者同步(读者优先)的程序可描述如下:

```
struct semaphore rmutex = 1, wmutex = 1;
int readcount = 0;
void reader()
{   while(1)
    {   wait(rmutex);                        / * 保证读者间对 readcount 变量的互斥访问 * /
        if(readcount == 0) wait(wmutex);     / * 互斥写者 * /
        readcount++;
        signal(rmutex);
        perform read operation;
        wait(rmutex);
        readcount -- ;
        if(readcount == 0) signal(wmutex);   / * 开放写操作 * /
        signal(rmutex);
    }
}
void writer()
{   while(1)
    {   wait(wmutex);
        perform write operation;
        signal(wmutex);
    }
}
void main()
{   cobegin
        reader(), writer();
    coend
}
```

算法 2：写者优先。

在算法 1 中，当有写者欲写入时，并不能阻止后来的读者进入，因此，写进程可能会处于饥饿状态。下面给出写者优先算法，算法描述如下：

(1) 当有读进程在读时，写进程不得进入。

(2) 当写进程声明欲写入时，后来的读进程不得进入读取。

(3) 只有当所有写进程都离开时，读进程才可进入。

首先，为实现读、写互斥设置两个信号量 read_write 和 write_read，其初值均为 1。所有要进入的读者和第一个要进入的写者，在对共享文件 L 操作之前，应执行 wait(write_read) 操作；读者在进入临界区后以及最后一个写者在退出临界区时，应执行 signal(write_read) 操作。第一个要进入的读者和所有要进入的写者，在对共享文件 L 操作之前，应执行 wait(read_write)操作；最后一个读者和所有写者在退出临界区时，应执行 signal(read_write)操作。另外，设置两个整型变量 readcount 和 writecount，用来表示某时刻正在读 L 和向 L 写入的进程数目。任一读者在读 L 前，必须执行 readcount 加 1 操作；而在结束读 L 之后，必须执行 readcount 减 1 操作。因此，readcount 变量是读者进程都要访问的临界资源，为它设置一个信号量 rmutex 以保证互斥访问；同理，任一写者在写 L 时，必须执行 writecount 加 1 操作，而在结束写 L 之后，必须执行 writecount 减 1 操作。因此，writecount 变量是写者进程都要访问的临界资源，为它设置一个信号量 wmutex 以保证互斥访问。

读者-写者同步(写者优先)的程序可描述如下：

```
struct semaphore rmutex = 1, wmutex = 1, write_read = 1, read_write = 1;
int readcount = 1, writecount = 1;
void reader()
{   while(1)
    {   wait(write_read);                     /* 如有写者进入临界区或等待,则阻塞自己 */
        wait(rmutex);                         /* 保证读者间对 readcount 变量的互斥访问 */
        readcount++;
        if(readcount == 1) wait(read_write);  /* 互斥写者 */
        signal(rmutex);
        signal(write_read);                   /* 向写者发信号,允许写者阻塞后来的读者 */
        perform read operation;
        wait(rmutex);
        readcount -- ;
        if(readcount == 0) signal(read_write); /* 开放写操作 */
        signal(rmutex);
    }
}
void writer()
{   while(1)
    {   wait(wmutex);                          /* 保证写者间对 writecount 变量的互斥访问 */
        writecount++;
        if(writecount == 1) wait(write_read);  /* 互斥读者 */
        signal(wmutex);
        wait(read_write);                      /* 如无读者,则可进行写操作 */
        perform write operation;
        signal(read_write);
        wait(wmutex);
```

```
            writecount -- ;
            if(writecount == 0) signal(write_read);   /* 开放读操作 */
            signal(wmutex);
        }
}
void main()
{   cobegin
        reader(), writer();
    coend
}
```

4.6.4 睡眠的理发师问题

扫描二维码,观看视频

如图 4.5 所示,一个理发店有等待室和理发室两个房间,等待室有 n 个座位,理发室有一个理发师,理发师同时只能为一位顾客服务。如果没有顾客则睡觉;如果有顾客在等待,则让顾客进入理发室理发。顾客到来时,如果等待室有空座位,则从门 A 进入等待室,如没有空座位则在门外等待。顾客进入等待室后,拉铃通知理发师有顾客到来,如理发师空闲则进入理发室理发,理完发后从门 C 离开理发店,否则在等待室等待。门 A 和门 B 共用一个日本式推拉门,即如果有顾客正从门 A 进入等待室,其他顾客就不能从门 B 进入理发室,反之亦然。试用信号量机制写出诸顾客与理发师之间的同步程序。

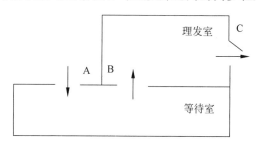

图 4.5 睡眠的理发师问题

设置一个互斥信号量 mutex,其初值为 1,控制门 A 和门 B 的互斥使用;设置一个信号量 seat,其初值为 n,其值表示等待室的空座位资源;再设置一个信号量 count,其初值为 0,其值为等待的顾客数;最后设置一个信号量 barber,其初值为 1,表示只有一个理发师资源。

睡眠的理发师问题的程序描述如下:

```
struct semaphore mutex = 1, seat = n, barber = 1, count = 0;
void Customer(void)
{
    while(1)
    {   wait(seat);                          /* 申请进入等待室 */
        wait(mutex);                         /* 申请使用推拉门 */
        enter the waiting room;              /* 进入等待室 */
        signal(mutex);
        wait(barber);                        /* 申请理发 */
        wait(mutex);                         /* 申请使用推拉门 */
        enter the barbershop;                /* 进入理发室 */
```

```
                signal(mutex);
                signal(seat);                          /* 释放座位资源 */
                signal(count);                         /* 顾客数加 1,唤醒理发师 */
                haircut;
                go out;
            }
    }
    void HairDresser(void)
    {
        while(1)
        {
            wait(count);                                /* 申请给顾客理发 */
            cutting…;
            signal(barber);                             /* 通知顾客理发师空闲 */
        }
    }
    void main()
    {   cobegin
            Customer(),HairDresser();
        coend
    }
```

4.7　进　程　通　信

进程通信是指进程之间的信息交换。交换的信息量可多可少,少则交换一个状态、数值或少量控制信息,多则需要交换大量的字节。在进程互斥中,通过对信号量的 wait、signal 操作,一个进程可以修改信号量,并向其他进程表明资源是否可用的状态信息。类似地,在生产者-消费者问题中,生产者可借助于对信号量的 wait、signal 操作实现与消费者的同步,从而将生产者的消息通过缓冲区传送给消费者。因此,信号量技术可归结为进程通信的一种方式。

信号量机制是一种卓有成效的同步机制,但却不是理想的通信工具。主要表现在两个方面:

(1) 通信效率低。借助于信号量只能在进程之间传递少量信息,如果要交换大量的信息,使用同步机制难以获得令人满意的效果。

(2) 通信过程对用户不透明。使用信号量实施进程通信,通信中数据结构的设置及其管理、通信过程中进程的互斥和同步等通信细节问题都必须由通信程序自行负责,这不仅增加了用户编制程序的负担,而且使用不当还会导致通信中的错误,甚至造成死锁。因此,信号量机制也称为进程的低级通信机制。

为在进程间快速、方便、安全地进行信息交互,应在操作系统中设置一种专门的通信机制,相对于低级通信方式,它应该具有以下特点。

(1) 高效性:用户可直接利用通信命令传送大量数据。

(2) 透明性:通信细节由操作系统实现并隐藏,当进程的执行依赖一个未到的消息或等待其他进程对信件的答复时,通信机制能自行控制进程的阻塞与唤醒。这将大大降低程序编制上的复杂性。

本节所要介绍的就是具有这两大通信特点的进程高级通信机制。

随着操作系统的发展,进程通信技术也在不断发展。目前,进程高级通信方式可归结为 4 大类,即共享存储区系统、管道通信系统、消息传递系统和客户/服务器系统。

4.7.1 共享存储区系统

所谓共享存储区(Shared-Memory)方式,是指在内存中开辟一块共享存储区域作为进程通信区。发送进程把需要交换的信息写入这一区域,而接收进程从该区域中读取信息,以此方式来实现进程间的信息交互。基于共享存储区进行通信的过程可用图 4.6 表示。共享存储区通信分为建立、附接、读写、断接几个步骤。

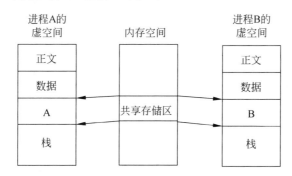

图 4.6　利用共享存储区进行通信

1. 建立共享存储区

建立一个共享存储分区,是基于共享存储区通信的前提,通过创建共享分区的系统调用来完成。该系统调用申请建立关键字为 key 的共享存储分区。若系统中没有名为 key 的共享分区,则在共享存储区中创建该分区,并返回该分区的描述符;若该分区已由其他进程建立,则只返回分区描述符。

2. 共享存储区的附接

进程可使用共享存储分区附接的系统调用,将一个共享存储分区附接到自己的虚地址空间上,如图 4.6 所示,进程 A 将共享存储分区附接到自己的 A 区域,进程 B 将其附接到自己的 B 区域。利用这一方式,一个共享存储区可以附接到多个进程的虚地址空间上,而同一进程也可附接多个共享存储分区。

3. 共享存储区的读写

共享分区一旦附接到进程的虚地址空间,即成为进程虚地址空间的一部分。进程读写这部分空间,并由内存管理的地址变换机制将这一虚空间映射到指定的共享存储分区中,从而实现进程间通信。显然,共享存储区附接到虚地址空间之后,信息的发送与接收就像读、写普通内存一样。

4. 共享存储区的断接

当进程不再需要共享存储分区时,可利用共享存储分区断接的系统调用断开与指定分区的　连接。与共享分区的连接一旦断开,该分区便不再对进程有效,不能再作为进程通信的载体。

共享存储区通信的优点在于通信的效率高,常用于对通信速度有较高要求的场合。如

UNIX、Linux、Windows 9x 及更高版本、OS/2 等现代操作系统均支持这种通信方式。

4.7.2　管道通信系统

这是在文件系统基础上形成的,利用共享文件实现进程通信的一种方式。所谓管道 (pipe),是指用于连接多个读写进程,以实现它们之间通信的共享文件。这一文件可被几个进程以不同的使用方式打开。发送者进程以写方式打开管道文件,以字符流的形式将大量数据送入管道,而接收进程则以读方式取得文件中的信息。如图 4.7 所示是管道通信方式的示意图。这种方式首创于 UNIX 系统,现已被引入许多其他操作系统中。

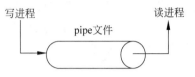

图 4.7　利用管道文件通信

在这一通信方式中,管道文件的建立、打开、读写以及关闭等操作可借用文件系统原有机制来实现。但通信进程在通信过程中的相互协调仅靠文件系统无法解决,只要在文件系统的基础上,引入通信协调机制即可。这里的相互协调有 3 方面的含义。

(1) 互斥:进程应互斥使用通信管道,即当一个进程正在使用管道进行读或写时,其他试图使用管道的进程必须等待。

(2) 同步:读和写进程要相互协调对管道数据的读取速率。当写进程试图向已经写入但尚未读出数据的管道写入时,应阻塞自己,睡眠等待,直至读进程从管道中读取数据后将其唤醒;当读进程试图从空管道中读取数据时,也应睡眠等待,直到写进程将消息写入管道后,再将其唤醒。这样可循环利用有限管道来传送大量的信息。

(3) 对方是否存在:读和写进程都能以一定方式了解对方是否存在,若写进程了解到读进程已关闭,则不必继续发送信息。

管道通信开销小、交换的信息量大且信息保存期长。但在通信过程中 I/O 操作的次数较多,同步和控制也较为复杂。

4.7.3　消息传递系统

在单机系统、多机系统和网络环境下,进程的高级通信广泛采用消息传递方式。在这种通信方式中,进程间的数据交换以消息(message)为单位,在计算机网络中,消息也称为报文。发送进程可以直接地或间接地将消息传送给目标进程,因此可将这种通信方式分为直接通信和间接通信两种。

1. 直接通信方式

所谓直接通信,是指发送进程利用 OS 所提供的发送命令(原语),直接把消息发送给目标进程。通常,系统提供两条通信原语,分别用于发送和接收消息。

send(Receiver,message):表示将消息 message 发送给接收进程 Receiver。

receive(Sender,message):表示接收由进程 Sender 发来的消息 message。

基于消息直接通信方式的一个成功实例是消息缓冲通信,由美国的 Hansan 提出,并在 RC4000 系统中实现。后来,这种通信方式被广泛地应用于本地进程之间的通信中。

1) 消息缓冲通信机制中的数据结构

在这种通信方式中,操作系统管理着由若干缓冲区构成的通信缓冲池,其中每个缓冲区

可放入一个完整的消息,故该缓冲区也称为消息缓冲区,是消息缓冲通信机制中主要利用的数据结构。可描述为:

```
struct message buffer
{ sender;                              /*消息发送者进程标识符*/
  size;                               /*消息长度*/
  text;                               /*消息正文*/
  next;                               /*指向下一个消息缓冲区的指针*/
}
```

为完成通信,还需要在 PCB 中增加有关通信的数据项。

```
struct process control block
{ mq;                                 /*消息队列队首指针*/
  mutex;                              /*消息队列互斥信号量*/
  sm;                                 /*消息队列资源信号量,即消息数目*/
}
```

2) 消息发送

为更有效地利用消息缓冲区资源,发送进程在发送消息之前,应先在自己的内存空间中设置一个发送区,并在其中组织好欲发送的消息(由发送进程标识符、消息长度和消息正文组成),如图 4.8 所示。

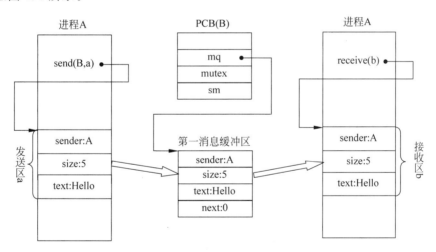

图 4.8 消息缓冲通信

再调用发送原语 send 发送已组织好的消息。其过程是:首先申请一个消息缓冲区,再将发送区中的消息复制到消息缓冲区中,最后将消息缓冲区链接至接收进程消息队列链尾。发送原语描述如下:

```
void send(receiver,a)
{ getbuf(a.size,i);                    /*根据消息长度 a.size 申请一个消息缓冲区 i*/
  i.sender = a.sender;
  i.size = a.size;
  i.text = a.text;
  i.next = 0;                          /*以上是向缓冲区 i 中复制消息*/
```

```
        getid(PCB set,receiver,j);              /*获得接收进程的内部标识符 j*/
        wait(j.mutex);                          /*消息队列是临界资源,必须互斥*/
        insert(j.mq, i);                        /*将 i 插入消息队列链尾*/
        signal(j.mutex);
        signal(j.sm);                           /*消息队列长度增1*/
}
```

3) 消息接收

接收进程调用接收原语 receive(b),获得消息队列 mq 中的第一个消息缓冲区,将其中的消息复制到消息接收区 b 中。接收原语描述如下:

```
void receive(b)
{   j = internal name;                          /*获得接收进程内部名*/
    wait(j.sm);                                 /*申请一个消息*/
    wait(j.mutex);                              /*对消息队列互斥操作*/
    remove(j.mq,I)                              /*从消息队列中移出消息 i*/
    signal(j.mutex);
    b.sender = i.sender;
    b.size = i.size;
    b.text = i.text;
}
```

2. 间接通信方式

间接通信方式是指进程之间需要通过某种中间实体来暂存消息。这一中间实体被形象地称为信箱(mailbox)。当两个进程有一个共享信箱时,它们就能进行通信。一个进程也可以分别与多个进程共享多个不同的信箱,这样,一个进程可以同时和多个进程进行通信。信箱的结构从逻辑上可以分为信箱头和信箱体。信箱头用来存放有关信箱的描述信息,如信箱标识符、信箱的拥有者、信箱口令、信箱的空格数等。信箱体由若干个可以存放消息的信箱格组成,信箱格的数目以及每格大小在创建信箱时确定。信箱中的消息传递可以是单向的,也可以是双向的。图 4.9 为双向信箱通信链路示意图。

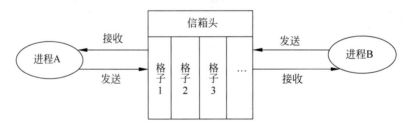

图 4.9 双向信箱通信示意图

为支持信箱通信,操作系统提供了若干原语,用于创建和撤销信箱、发送和接收消息等。

1) 信箱的创建和撤销

进程可利用信箱创建原语创建一个新信箱,创建者进程是信箱的拥有者,它应该给出所创建的信箱名以及信箱属性。一个被创建的信箱描述如下:

```
struct mailbox
{   int size;                                   /*信箱大小,即信箱体中信格数*/
    int count;                                  /*信箱中现有信件数*/
```

```
    struct semaphore S1,S2;                    /* S1 为等待信箱信号量,S2 为等待信件信号量 */
    struct semaphore mutex;                     /* 信箱互斥访问信号量 */
    mail letter [size];                         /* 信箱体 */
}
```

当进程不再需要信箱时,拥有者可使用撤销原语撤销信箱,但应将这一情况及时通知该信箱的共享者。

2) 消息的发送和接收

在间接通信方式中,有发送原语和接收原语两个原语。

* send(struct mailbox B,mail M):将一封信件 M 发送到信箱 B 指定位置。
* receive(struct mailbox B,mail M):从信箱 B 中例行取出第一封信件。

send 原语描述如下:

```
void send(struct mailbox B,mail M)
{   int i;
    wait(B.S1);                                 /* 申请信箱中的一个空信格 */
    wait(B.mutex);                              /* 申请信箱的互斥访问权 */
     i = B.count + 1;                           /* 信箱中信件数加 1 */
    B.letter[i] = M;                            /* 把信件放入第 i 信格 */
    B.count = i;                                /* 设置新的信件数 */
    signal(B.S2);                               /* 信箱中信件数增 1 */
    signal(B.mutex);
}
```

receive 原语描述如下:

```
void receive(struct mailbox B,message X)
{   int i;
    i = 1;
    wait(B.S2);                                 /* 申请收信件 */
    wait(B.mutex);                              /* 申请信箱的互斥访问权 */
    B.count = B.count - 1;                      /* 信箱中信件数减 1 */
    X = B.letter[1];                            /* 取信中的第 1 封信件 */
    if(B.count!= 0)
    for(i=1; i< = B.count; i++)
    B.letter[i]: = B.letter[i+1];               /* 信箱中的所有信件前移 */
    signal(B.S1);                               /* 空信格数加 1 */
    signal(B.mutex);
}
```

利用信箱通信,发送者不必写出接收者,从而可向不知名的进程发送消息,由系统选择接收者。因此,这一通信方式也广泛用于多机系统及计算机网络系统中。它的另外一个优点是,消息可以完好地保存在信箱中,只允许核准的目标用户读取。因此,利用信箱通信方式,既可实现实时通信,也可实现非实时通信。

4.7.4 客户/服务器系统

客户/服务器系统(client-server system)在当前网络环境下的各种应用领域已成为主流的通信实现机制,它的主要实现方法有两类:套接字(socket)和远程过程调用(Remote

Procedure Call，RPC)。

1. 套接字

套接字起源于 20 世纪 70 年代加州大学伯克利分校版本的 UNIX(即 BSD UNIX)，是 UNIX 操作系统下的网络通信接口。一开始，套接字被设计用于同一台主机上多个应用程序之间的通信(即进程间的通信)，主要是为了解决多对进程同时通信时端口和物理线路的多路复用问题。随着计算机网络技术的发展以及 UNIX 操作系统的广泛使用，套接字已逐渐成为最流行的网络通信程序接口之一。

一个套接字就是一个通信标识类型的数据结构，包含了通信目的地址、通信使用的端口号、通信网络的传输层协议、进程所在的网络地址，以及针对客户或服务器程序提供的不同系统调用(或 API 函数)等，是进程通信和网络通信的基本构件。套接字是为客户/服务器(C/S 模式)设计的，不仅适用于同一台计算机内部的进程通信，也适用于网络环境中不同计算机间的进程通信。由于每个套接字拥有唯一的套接字标识符(也称为套接字号)，因此对于来自不同进程或网络连接的通信，都能够加以区分，确保通信双方的通信链路唯一，便于实现数据传输的并发服务。下面介绍常见的套接字工作过程。

发送方提供接收方名称，通信双方的进程被分配了一对套接字：一个属于接收进程(或服务器端)，一个属于发送进程(或客户端)。一般情况下，发送进程(或客户端)发出连接请求时，随机申请一个套接字，主机为之分配一个端口，与该套接字绑定，不再分配给其他进程。接收进程(或服务器端)拥有全局公认的套接字和指定的端口(例如 ftp 服务器监听端口为 21，Web 或 http 服务器监听端口为 80)，并通过监听端口等待客户请求。因此，任何进程都可以向它发出连接请求。接收进程一旦收到请求，就接受来自发送进程的连接，完成连接即可实现进程间的通信。当通信结束时，系统通过关闭接收进程的套接字来撤销连接。

2. 远程过程调用

远程过程(函数)调用是一个通信协议，用于通过网络连接的系统。该协议允许运行于一台主机(本地)系统上的进程调用另一台主机(远程)系统上的进程，而对程序员表现为常规的过程调用，无须额外为此编程。如果涉及的软件采用面向对象编程，那么远程过程调用亦可称作远程方法调用。负责处理远程过程调用的进程有两个：本地客户进程和远程服务器进程。这两个进程负责在网络间的消息传递，平时处于阻塞状态，等待消息。

为了使远程过程调用看上去与本地过程调用一样，即希望实现 RPC 的透明性，使得调用者感觉不到此次调用的过程是在其他主机(远程)上执行，RPC 引入一个存根(stub)的概念。在本地客户端，每个能独立运行的远程过程都拥有一个客户存根(client stub)，本地进程调用远程过程实际上是调用该过程关联的存根；与此类似，在每个远程进程所在的服务器端，其所对应的实际可执行进程也存在一个服务器存根(server stub)与其关联。本地客户存根与对应的远程服务器存根一般也处于阻塞状态，等待消息。

远程过程调用的主要步骤是：

(1) 本地过程调用者以一般方式调用远程过程在本地关联的客户存根，传递相应的参数，然后将控制权转移给客户存根；

(2) 客户存根执行，完成包括过程名和调用参数等信息的消息建立，将控制权转移给本地客户进程；

（3）本地客户进程完成与服务器的消息传递，将消息发送到远程服务器进程；

（4）远程服务器进程接收消息后转入执行，并根据其中的远程过程名找到对应的服务器存根，将消息转给该存根；

（5）该服务器存根接到消息后，由阻塞状态转入执行状态，拆开消息从中取出过程调用的参数，然后以一般方式调用服务器上关联的过程；

（6）在服务器端的远程过程运行完毕后，将结果返回给与之关联的服务器存根；

（7）该服务器存根获得控制权运行，将结果打包为消息，并将控制权转移给远程服务器进程；

（8）远程服务器进程将消息发送回客户端；

（9）本地客户进程接收到消息后，根据其中的过程名将消息存入关联的客户存根，再将控制权转移给客户存根；

（10）客户存根从消息中取出结果，返回给本地调用者进程，并完成控制权的转移。

本 章 小 结

在多道程序系统中，进程是异步并发的。为保证进程能有序正确地执行，系统必须提供必要的通信机制。通过本章的学习，掌握进程同步与互斥的概念；了解互斥的软件方法及硬件指令机制；重点掌握利用结构型信号量实现进程的同步与互斥，并能写出利用信号量解决实际问题的程序；掌握进程通信的基本方法。

进程同步与互斥的原因是因为有些进程需要彼此合作，有些进程则需要竞争资源，进程之间的这些关系如果处理不当，就会产生与时间有关的错误。

临界资源是一次仅允许一个进程所使用的资源，临界区是进程中访问临界资源的那段程序代码。

空闲让进、忙则等待、有限等待、让权等待是所有同步机制都必须要遵循的准则。

了解同步机制的软件方法和硬件指令机制。

信号量机制是解决进程同步与互斥的有效方法，了解信号量的物理意义，重点掌握利用结构型信号量解决进程的同步与互斥问题。

通过学习几个经典的进程同步问题的解决方法，学会使用信号量机制解决实际问题。

在使用信号量机制解决进程的同步与互斥问题时，首先要对问题进行仔细的分析，找出进程间互斥使用临界资源和同步协调的关系，为每一个互斥与同步关系设置相应的信号量，并赋初值。其次要确定有几个进程，其中使用到哪些信号量。用于互斥的信号量的 wait 操作和 signal 操作，在同一个进程的程序段中必须成对出现；而用于同步的信号量的 wait 操作和 signal 操作，一般应在需要同步协作的两个进程中交替出现，即一个进程中进行 wait 操作，另一个进程进行 signal 操作。最后在编写好进程的临界区后，按照各种可能的进程执行次序进行演练推导，确保进程能够正常运行，不会产生所有进程都被阻塞无法推进的情况。

信号量是进程间实现通信的低级方法，只能传递少量信息。进程间的高级通信方式有共享存储区系统、管道通信系统、消息传递系统和客户/服务器系统。

习　题

1. 单项选择题

(1) 有 3 个进程 P_1、P_2、P_3 共享同一个程序段,而每次最多允许两个进程进入该程序段,则信号量 S 的初值为(　　)。

  A. 0   B. 1   C. 2   D. 3

(2) 在操作系统中,wait、signal 操作是一种(　　)。

  A. 机器指令   B. 系统调用命令

  C. 作业控制命令   D. 低级进程通信

(3) 用 signal 操作唤醒一个进程时,被唤醒进程的状态应变成(　　)状态。

  A. 等待   B. 运行   C. 就绪   D. 完成

(4) 用信箱实现并发进程间的通信需要两个基本的通信原语,它们是(　　)。

  A. wait 原语和 signal 原语   B. send 原语和 receive 原语

  C. R(S) 和 W(S)   D. 以上都不是

(5) 设与某资源关联的信号量初值为 3,当前值为 1。若 M 表示当前该资源的可用个数,N 表示当前等待该资源的进程数,则 M、N 分别是(　　)。

  A. 0、1   B. 1、0   C. 1、2   D. 2、0

(6) 用来实现进程同步与互斥的 wait 操作和 signal 操作,实际上是(　　)的过程。

  A. 一个可被中断   B. 一个不可被中断

  C. 两个可被中断   D. 两个不可被中断

2. 填空题

(1) 临界资源是(　　)的资源,临界区是(　　)。

(2) 信号量 s>0 时,表示(　　);当 s=0 时,表示(　　);若 s<0,则表示(　　)。

(3) 设计进程同步机制的准则有(　　)、(　　)、(　　)和(　　)。

3. 基本概念解释和辨析

(1) 同步与互斥

(2) 临界资源与临界区

(3) 高级通信与低级通信

(4) 直接通信与间接通信

4. 论述题

(1) 什么是"忙等待"? 如何克服"忙等待"?

(2) 在解决进程互斥时,如果 TS 指令的执行可以中断,会出现什么情况? 而如果 wait、signal 操作的执行可分割,又会出现什么情况?

(3) 设有 n 个进程共享一互斥段,对于如下两种情况:

① 每次只允许一个进程进入临界区;

② 最多允许 m 个进程(m<n)同时进入临界区。

所采用的信号量是否相同? 信号量值的变化范围如何?

(4) 下面是两个并发执行的进程,它们能正确执行吗? 若不能正确执行,请举例说明,

并改正。（x 是公共变量）

```
void P1()
{   int y, z;
    x = 1;
    y = 0;
    if(x >= 1) y = y + 1;
    z = y;
    }
    void P2()
    {   int t, u;
        x = 0;
        t = 0;
        if(x < 1) t = t + u;
        u = t;
        }

void main()
{   cobegin
        P1(),P2();
    coend
}
```

（5）共享存储区通信是如何实现的？

（6）假设某系统未直接提供信号量机制，但提供了进程通信工具。如果某程序希望使用关于信号量的 wait、signal 操作，那么该程序应如何利用通信工具模拟信号量机制？要求说明如何用 send、receive 操作及消息表示 wait、signal 操作及信号量。

5. 应用题

（1）有 3 个并发进程 R、W_1 和 W_2，共享两个各可存放一个数字的缓冲区 B_1、B_2。进程 R 每次从输入设备读入一个数字，若读入的是奇数，则将它存入 B_1 中；若读入的是偶数，则将它存入 B_2 中。若 B_1 中有数，由进程 W_1 将其打印输出；若 B_2 中有数，由进程 W_2 将其打印输出。试编写保证三者正确工作的程序。

（2）8 个协作的任务 A、B、C、D、E、F、G、H 分别完成各自的工作。它们满足下列条件：任务 A 必须领先于任务 B、C 和 E；任务 E 和 D 必须领先于任务 F；任务 B 和 C 必须领先与任务 D；而任务 F 必须领先于任务 G 和 H。试写出并发程序，使得在任何情况下它们均能正确工作。

（3）多个进程共享一个文件，其中只读文件的称为读者，只写文件的称为写者。读者可以同时读，但写者只能独立写。问：

① 为说明进程间的制约关系，应设置哪些信号量？

② 用 wait、signal 操作写出其同步程序。

③ 修改上述算法，使得它对写者优先，即无论是否有读者在读文件，一旦有写者到达，后续的读者必须等待。

（4）桌上有一个空盘，可放一只水果。爸爸可向盘中放苹果，也可向盘中放橘子；儿子专等吃盘中的橘子；女儿专等吃盘中的苹果。规定一次只能放一只水果，试写出爸爸、儿子、女儿正确同步的程序。

90

(5) 3 个进程 P_1、P_2、P_3 互斥使用一个包含 N(N＞0)个单元的缓冲区。P_1 每次用 produce()生成一个正整数并用 put()送入缓冲区某一空单元中；P_2 每次用 getodd()从该缓冲区中取出一个奇数并用 countodd()统计奇数个数；P_3 每次用 geteven()从该缓冲区中取出一个偶数并用 counteven()统计偶数个数。请用信号量机制实现这 3 个进程的同步与互斥活动,并说明所定义的信号量的含义。要求用伪代码描述。(2009 年全国硕士研究生入学考试题)

(6) 某银行提供 1 个服务窗口和 10 个供顾客等待的座位。顾客到达银行时,若有空座位,则到取号机上领取一个号,等待叫号。取号机每次仅允许一位顾客使用。当营业员空闲时,通过叫号选取一位顾客,并为其服务。顾客和营业员的活动过程描述如下：

```
cobegin
{
    process 顾客 1
    {
        从取号机上获取一个号码;
        等待叫号;
        获取服务;
    }
    process 营业员
    {
        while(1)
        {
            叫号;
            为顾客服务;
        }
    }
}coend
```

请添加必要的信号量和 wait()、signal()操作,实现上述过程中的互斥与同步。要求写出完整的过程,说明信号量的含义并赋初值。(2011 年全国硕士研究生入学考试题)

(7) 放小球问题：一个箱子里只有白色和黑色两种小球,且数量足够多。现在需要从中取出一些小球放入一个袋子中。约定：

① 一次只能放入一个小球；

② 白球的数量至多只能比黑球少 N 个,至多只能比黑球多 M 个(M,N 为正整数)。

请用信号量机制实现进程的同步与互斥。

第5章 处理器调度

处理器是计算机系统中一个十分重要的资源。随着多道程序设计技术的出现,处理器的管理也日趋复杂。对于不同类型的操作系统,处理器的管理方法各不相同。不同的处理器管理方法将为用户提供不同性能的操作系统。因此,根据操作系统目标的不同,处理器的管理策略也不尽相同。

本章将以处理器管理为核心,讨论与处理器调度有关的概念,并介绍常用的调度算法。

5.1 三级调度的概念

在多道程序系统中,一个作业被提交后,并不一定能立即执行,必须经过处理器调度,才可为其创建进程、分配内存,从而进入执行状态,这个过程被称为作业调度或高级调度。而作业的执行归结为进程的调度,又称为低级调度。在比较完善的系统中,为了提高内存的利用率,往往还设置了对换调度,即中级调度。本节将详细介绍处理器的三级调度。

5.1.1 作业的状态及其转换

作业是用户在一次解题或一个事务处理过程中要求计算机系统所做的工作的集合。通常情况下,作业由用户程序、所需的数据及作业说明书3部分组成。程序是问题求解的算法描述;数据是程序加工的对象,但有些程序未必使用数据;作业说明书是要求操作系统对作业的程序和数据进行何种控制进行说明的程序。

计算机系统在完成一个作业的过程中所做的一项相对独立的工作称为一个作业步。因此,也可以说,一个作业是由一系列有序的作业步组成的。例如,在编制程序的过程中,通常要进行编辑输入、编译、链接、运行等几个步骤,其中的每一个步骤都可以作为一个作业步。

在多道程序系统中,一个作业在它的生命期内要经历提交、后备、运行和完成4个主要阶段,一般要由系统经过多级调度才能实现,故相应地,作业就有4种状态。

1. 提交状态

当用户将自己的作业提交给操作员,操作员通过某种输入方式将用户提交的作业输入到外存上时,称作业处于提交状态。作业输入方式通常有5种。

(1) 联机输入方式:该方式大多用在交互式系统中,用户和系统通过交互式会话来输入作业。在联机输入方式中,外围设备直接和主机相连,一台主机可连接一台或多台外围设备。

(2) 脱机输入方式:该方式又称预输入方式。主要是为了解决单台设备联机输入时的处理器浪费问题。脱机输入方式利用低档I/O处理器作为外围处理器进行输入处理,提高了主机的资源利用率。脱机输入方式的缺点是灵活性差,当遇到紧急任务需要处理时,无法直接交给主机优先处理。

(3) 直接耦合方式:该方式是把主机和外围低档机通过一个公用的大容量外存直接耦合起来,从而省去了在脱机输入时依靠人工干预来传递给后援存储器的过程。在该方式中,慢速的输入过程仍由外围机管理,而对公用存储器的高速读写则由主机完成。

(4) SPOOLing 系统:在 SPOOLing 系统中,多台外围设备通过通道或 DMA 器件将主机与外存连接起来,作业的输入过程由主机中的操作系统控制。在系统输入模块收到作业输入请求信号后,输入管理模块中的读进程负责将信息从输入装置读入缓冲区。当缓冲区满时,由写过程将信息从缓冲区写到外存输入井中。读、写过程反复循环,直到一个作业输入完毕。当读进程读到一个结束标志之后,系统再次驱动写进程把最后一批信息写入外存并调用中断处理程序结束该次输入。SPOOLing 系统的有关概念详见第 9 章。

(5) 网络输入方式:该方式以上述几种输入方式为基础。当用户需要把在网络中某一台主机上输入的信息传递到同一网络中的另一台主机上进行操作或执行时,就构成了网络输入方式。

2. 后备状态

后备状态也称收容状态。输入管理系统不断地将作业输入到外存中相应的部分(或称输入井,即专门用来存放待处理作业信息的一组外存分区)。当操作系统为输入并存放在外存输入井上的作业建立一个作业控制块(Job Control Block,JCB)之后,作业就进入了后备状态。也就是说,作业从建立 JCB 到被作业调度程序选中运行所处的状态称为后备状态。

3. 运行状态

作业调度程序从处于后备状态的作业队列中,按一定的算法选中一个作业调入内存,并为之建立相应的进程后,由于此时的作业已具有独立运行的资格,如果处理器空闲,便可立即开始执行,称此时的作业进入了运行状态。处于运行状态的作业在系统中可以从事各种活动。它可能被进程调度程序选中而在处理器上执行;也可能在等待某种事件或信息;还有可能在等待进程调度程序为其分配处理器。因此,从宏观上看,作业一旦由作业调度程序选中进入内存就开始了运行,但从微观上讲,内存中的作业并不一定正在处理器上运行。为了便于对运行状态的作业进行管理,根据进程的活动又把进程分成就绪、执行和阻塞 3 个基本状态。

4. 完成状态

当作业(进程)运行正常完成或异常结束时,便自我终止(正常完成),或被迫终止(异常结束),此时作业便进入完成状态。处于完成状态的作业被作业终止程序回收其作业控制块及已分配给它的所有资源,然后作业随之消亡。

图 5.1 表示作业在整个生命活动期间的状态及其转换。作业由提交状态到后备状态的转换,是由作业建立程序完成的;从后备状态转变为运行状态是由调度程序所引起的;而作业由运行状态自愿或被迫地转变为完成状态,则是在有关作业终止的系统调用的作用下完成的。

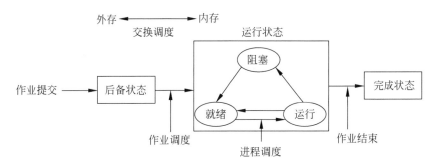

图 5.1　作业的状态及其转换

5.1.2　调度的层次

处理器的调度问题实际上也是处理器的分配问题。显然,只有那些参与竞争处理器所必需的资源都已得到满足的进程才享有竞争处理器的资格。这时,它们处于就绪状态。这些必要的资源包括内存、外设及有关数据结构(如 PCB)等。在进程有资格竞争处理器之前,作业调度程序必须先调用存储管理、外设管理程序,并按一定的选择顺序和策略选择出若干个处于后备状态的作业,为它们分配内存等资源并创建进程,使它们获得竞争处理器的资格。

另外,由于处于运行状态的作业一般包含有多个进程,而在单处理器系统中,每一时刻只能有一个进程占用处理器。那么,其他进程就只能处于准备抢占处理器的就绪状态或等待得到某种新资源的阻塞状态。为了提高资源的利用率,有些操作系统把一部分在内存中处于就绪状态或阻塞状态而在短时期内又得不到执行的进程换出内存,以让其他作业的进程竞争处理器。故一般地,按调度的层次,可将调度分为 3 级。

1. 高级调度

高级调度又称作业调度。作业调度程序决定把哪些后备队列中的作业调入内存,并为其创建进程,分配必要的资源,最后将所创建的进程插入就绪队列,以使该作业的进程获得竞争处理器的权利。在批处理系统中或者是操作系统中的批处理部分都配有作业调度。作业调度的运行频率较低,如几分钟才调度一次,且调度算法复杂。

2. 中级调度

中级调度又称交换调度,主要功能是按一定的算法在内存和外存之间进行进程对换,其目的是缓解内存紧张的情况。交换调度的主要工作是将内存中处于阻塞状态的某些进程换至外存,腾出内存空间以便将外存上已具备运行条件的进程换入内存,准备运行。进程在其整个生命期间可能要经历多次换入换出,在分时系统中常采用交换调度。

3. 低级调度

低级调度又称进程调度。其主要任务是按照某种策略和方法选取一个处于就绪状态的进程占用处理器。它决定就绪队列中哪个进程先获得处理器,然后再由分派程序执行将处理器分配给进程的操作。进程调度的运行频率很高,典型情况是几十毫秒一次。进程调度是最基本的调度,在 3 种类型的操作系统中都必须配置它。图 5.2 所示是一种简单的调度模型。

处理器调度

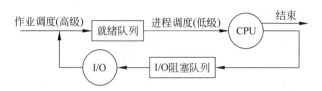

图 5.2 简单的排队调度模型

5.1.3 调度模型

从上述操作系统的调度类型可知,虽然操作系统的调度机制不尽相同,有的操作系统仅设有低级调度,有的操作系统则拥有高级调度和低级调度,有的操作系统三级调度一应俱全。但是操作系统中的任何一种调度都涉及进程队列,因此模拟操作系统的不同性能,一般有 3 种相应的调度队列模型。

1. 一级调度队列模型

一级调度模型仅设置了进程调度。在这种调度模型中,用户输入的命令和数据都直接送入内存。操作系统会为每一个作业建立一个或多个进程,并将它们插入就绪队列,然后按照时间片轮转方式进行调度。一级调度队列模型如图 5.3 所示。

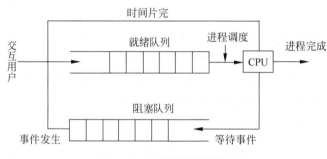

图 5.3 一级调度队列模型

2. 二级调度队列模型

在二级调度队列中不仅有进程调度,而且还有作业调度。作业调度从外存中选择一批作业调入内存,为其创建进程并送入就绪队列。同时,当操作系统任务较多时,阻塞队列有可能很长。为了提高执行效率,通常设置若干个阻塞队列,不同队列对应于引起进程阻塞的不同原因。二级调度队列模型如图 5.4 所示。

3. 三级调度队列模型

三级调度队列模型同时拥有作业调度、交换调度和进程调度。在引入交换调度后,可以把处于静止就绪和静止阻塞状态的进程从内存交换到外存上,以使内存紧张的状况得以缓解。三级调度队列模型如图 5.5 所示。

5.1.4 作业和进程的关系

一个作业可被看作是用户向计算机提交的一个任务实体,如一次计算、一个控制过程等。而进程则是计算机为完成用户所提交的任务实体而设置的执行实体,是系统分配资源的基本单位。显然,计算机要完成一个任务实体,必须要有一个以上的执行实体。一个作业

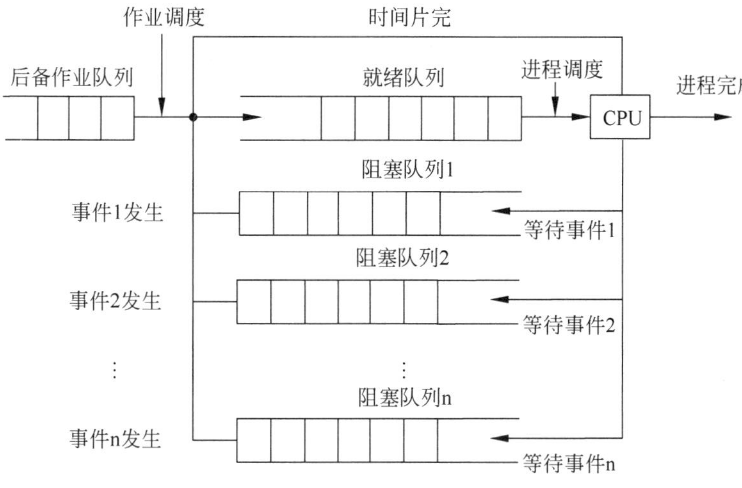

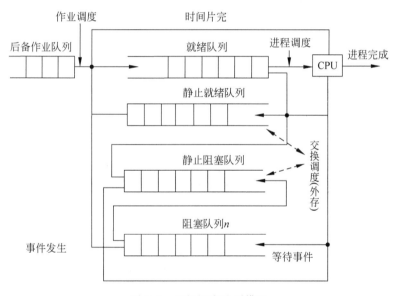

图 5.4   二级调度队列模型

图 5.5   三级调度队列模型

被调度运行之后,系统便要为它创建进程。一般来说,为一个作业创建一个进程,该进程也称为根进程,然后,在执行作业控制语句时,根据任务要求,系统或根进程为作业创建相应的子进程,并为各子进程分配资源和调度各子进程运行以完成作业所要求的任务。

5.2   作 业 调 度

只有批处理系统才必须具有作业调度,在分时系统和实时系统中都没有作业调度的概念。由于在分时系统中要进行人机交互,系统必须能及时响应,为此应把用户从终端输入的作业直接送入内存而不是建立在外存上,因此,不再需要专门用于把作业从外存调入内存的作业调度过程。对于实时系统中的实时任务,因为通常对其响应的时间要求更为严格,故不需要作业调度。

5.2.1　作业调度的功能

作业调度主要是完成作业从后备状态到运行状态的转变,以及从运行状态到完成状态的转变。其主要功能如下。

1. 记录系统中各作业的状况

作业调度程序要能挑选出一个作业投入运行,并且在运行中对其进行管理。它必须掌握作业在各个状态,包括运行阶段的有关情况。通常,系统为每个作业建立一个作业控制块 JCB 来记录这些相关信息。与系统感知进程存在时要通过进程控制块一样,系统通过 JCB 来感知作业的存在。作业在各阶段所要求和分配的资源以及作业的状态都记录在它的 JCB 中后,作业调度程序根据 JCB 中的有关信息,对作业进行调度和管理。

对于不同的批处理系统,其 JCB 的内容也有所不同。JCB 的主要内容包括作业名、作业类型、资源要求、当前状态、资源使用情况以及该作业的优先级等。

其中,作业名由用户提供并由系统将其转换为系统可识别的作业标识符。作业类型指该作业属于计算型(要求 CPU 时间多)还是 I/O 型(要求输入/输出量大),或图形设计型(要求高速图形显示)等。而资源要求则包括该作业估计执行时间、要求最迟完成时间、要求的内存量和外存量、要求的外设类型及台数以及要求的软件支持工具库函数等,资源要求均由用户提供。资源使用情况包括作业进入系统的时间、开始运行时间、已运行时间、内存地址、外设台数等。作业进入系统的时间是指作业的全部信息进入输入井,作业的状态成为后备状态的时间。开始运行时间指该作业被调度程序选中,其状态由后备状态变为运行状态的时间。内存地址指分配给该作业的内存区起始地址。外设台数指分配给该作业的外设实际台数,优先级则被用来决定该作业的调度次序。优先级既可以由用户给定,也可以由系统动态计算产生。状态是指作业当前所处的状态。显然,只有当作业处于后备状态时才可以被调度。

2. 从后备队列中挑选出一部分作业投入执行

一般来说,系统中处于后备状态的作业较多,大的系统可以达到几十个甚至几百个,这取决于输入井的空间大小。但是,处于运行状态的作业一般只有有限的几个。作业调度程序根据选定的调度算法,从后备作业队列中挑选出若干作业投入运行。

3. 为被选中的作业做好运行前的准备工作

作业调度程序为选中的作业建立相应的进程,并为这些进程分配所需要的全部资源,如为其分配内存、外存、外设等。

4. 在作业运行结束时做善后处理工作

善后处理工作主要是输出作业管理信息,例如执行时间等。另外还包括回收该作业所占用的资源,撤销与该作业有关的全部进程和该作业的作业控制块等。

5.2.2　作业调度的目标与性能衡量

操作系统对作业进行调度的目标是使系统获得尽可能高的效率,这就需要选择合适的调度方式和算法。但从系统的角度和从用户的角度出发,衡量操作系统好坏的准则是不一样的。因此,此准则分为面向系统的准则和面向用户的准则两类。

1. 面向系统的准则

对不同的操作系统有不同的要求,为了满足系统功能的要求,在设计操作系统时,应遵循一些准则,最重要的有以下几点。

1) 吞吐量大

这是用来评价批处理系统的重要指标。吞吐量是指单位时间内完成的作业数,与批处理作业的平均长度有着密切关系。但作业调度的方式和算法,也将对吞吐量的大小产生较大的影响。对于同一批作业,若选用好的调度方式和算法,可获得大得多的系统吞吐量。

2) CPU 利用率高

对于大中型多用户系统,由于 CPU 价格十分昂贵,所以 CPU 的利用率成为衡量大中型系统性能的一个十分重要的指标,而调度方式和算法,对 CPU 的利用率起着十分重要的作用。在实际计算机系统中,CPU 的利用率在 $40\% \sim 90\%$ 之间。该准则对于单用户微机或某些实时系统而言,就不那么重要。

3) 各类资源的平衡利用

在大中型系统中,有效地利用各类资源(如 CPU、内存、外存和 I/O 设备等),也是一个重要指标。对于微机和某些实时系统,该准则也不那么重要。

2. 面向用户的准则

为了满足用户对操作系统的要求,应遵循如下准则:

1) 周转时间短

周转时间是评价批处理系统的一个重要性能指标。作业周转时间是指从作业提交给系统开始,到作业完成为止的时间间隔。可以发现,作业提交后不一定能马上运行,从作业提交到作业开始运行的这段时间是等待时间。作业的等待时间越短,则周转时间越短。

2) 平均周转时间

计算机系统为使大多数用户对周转时间感到满意,引入了平均周转时间 T 的评价指标。对于有 n 个作业的系统,平均周转时间可描述为:

$$T = \frac{1}{n}\sum_{i=1}^{n}T_i = \frac{1}{n}\sum_{i=1}^{n}(Te_i - Ts_i)$$

式中,n 是系统中的作业个数,T_i 是第 i 个作业的周转时间,Te_i 是作业的完成时间,Ts_i 是作业的提交时间。

3) 平均带权周转时间

周转时间没有考虑作业的运行时间,不能准确反映作业周转时间与作业运行时间的关系,为此引入了平均带权周转时间。一个作业的带权周转时间定义为作业的周转时间与系统为它提供的实际服务时间之比,即 $W = T_i/Tr_i$。

n 个作业的平均带权周转时间为:

$$W = \frac{1}{n}\sum_{i=1}^{n}\frac{T_i}{Tr_i}$$

式中,Tr_i 是系统为作业 i 提供的实际服务时间。

4) 响应时间短

响应时间是评价分时系统的性能指标。它是指从用户通过键盘提交一个请求开始,直至系统首次产生响应为止的时间,或者说直到屏幕显示结果为止的时间。

5）截止时间的保证

在实时系统中,截止时间是衡量系统性能好坏的重要指标。截止时间是指某任务必须完成的最迟时间。对于严格的实时系统,其调度方式和调度算法必须保证这一点,否则可能引起难以预料的后果。

6）优先权准则

在批处理、分时、实时和多模式系统中,都可使用优先权准则,以便让那些紧急的作业得到及时处理。在要求较严格的场合,往往还需要选用抢占调度方式,才能保证紧急作业得到及时处理。

5.3 进程调度

进程调度的任务是控制、协调多个进程对处理器的竞争,即按照一定的调度算法从就绪队列中选中一个进程,并把处理器的使用权交给被选中的进程。操作系统为了对进程进行有效的监控,需要维护一些与进程相关的数据结构,记录所有进程的运行情况,并在进程让出处理器或调度程序剥夺运行状态进程占用处理器时,选择适当的进程分派处理器,完成上下文的切换。我们把操作系统内核中完成这些功能的部分称为进程调度程序（process scheduler）,它所使用的算法称为调度算法（scheduling algorithm）。

5.3.1 进程调度的功能

进程调度是操作系统的最基本功能之一,其具体功能可总结为如下几点。

1. 记录系统中所有进程的执行情况

作为进程调度的准备工作,进程管理模块必须将系统中各进程的执行情况和状态特征记录在各进程的 PCB 中,作为管理进程的依据。同时根据各进程的状态特征和资源需求等,将各进程的 PCB 表排成相应的队列并进行动态队列转接。进程调度模块通过 PCB 的变化来掌握系统中所有进程的执行情况和状态特征,并在适当的时机从就绪队列中选择一个进程占有处理器。

2. 选择占有处理器的进程

进程调度的主要功能是按照一定的策略选择一个处于就绪状态的进程,使其获得处理器运行。根据不同的系统设计目标,有各种各样的选择策略,例如系统开销较少的静态优先数调度法、适合于分时系统的时间片轮转法和多级反馈队列法等。这些选择策略决定了算法的性能。

3. 进行进程上下文的切换

进程的上下文是进程执行活动全过程的静态描述。一个进程的上下文包括进程的状态、有关变量和数据结构的值、机器寄存器的值以及有关程序等。一个进程的执行是在进程的上下文中进行的。当正在运行的进程由于某种原因要让出处理器时,系统要做进程上下文切换,以使另一个进程得以运行。当进行上下文切换时,系统首先要检查是否允许做上下文切换(在有些情况下,上下文切换是不允许的,例如系统正在执行某个不允许中断的原语时)。然后,要保留有关被切换进程的足够信息,以便以后切换回该进程时,可以顺利恢复该进程的执行。在系统保留了 CPU 现场之后,调度程序选择一个新的处于就绪状态的进程,并切换该进程的上下文,使 CPU 的控制权掌握在被选中的进程手中。

5.3.2 进程调度方式

根据进程所要完成任务的不同,进程的类型也各不相同。输入/输出型进程往往要花费很多时间等待 I/O,而计算型进程则在条件允许的情况下连续使用 CPU 很长时间。因此,进程调度程序所考虑的一个问题是:当调度程序启动运行某些进程时,根本不知道进程在阻塞前要运行多久,阻塞可能是因为 I/O、信号量或其他定期发出的中断,通常每秒 50～60次。但在许多计算机上,操作系统能根据需要将时钟频率设置成任意值。每发生一次时钟中断,操作系统都需决定当前进程是继续运行,还是它已经占用了足够长的 CPU 时间,应该暂停而让其他进程运行。进程调度的方式通常分为非剥夺调度方式和剥夺调度方式两种。

1. 非剥夺调度方式

调度程序一旦把处理器分配给某进程,该进程就将一直运行下去,只有当进程完成或发生其他事件而阻塞时,系统才把处理器分配给另一进程,这样的调度方式称为非剥夺调度方式,也称非抢占方式(nonpreemptive scheduling)。在此调度方式下,系统不得以任何理由剥夺现行进程所占用的处理器。该调度方式的优点是简单、系统开销小,但却可能导致系统性能的恶化,具体表现为:

(1) 当一个紧急任务到达时,不能立即投入运行,从而延误时机。

(2) 若干个后到的短进程,需要等待先到的长进程运行完毕后才能运行,致使短进程的周转时间较长。例如,有 3 个进程 P_1、P_2、P_3 先后(但又几乎同时)到达,它们分别需要 20、4 和 2 个单位时间运行完毕。若按它们到达的先后顺序执行,且不可剥夺,则 3 个进程的周转时间分别为 20、24 和 26 个单位时间,平均周转时间是 70/3 个单位时间。这种非剥夺调度方式对短进程 P_2、P_3 而言是不公平的,因为批处理系统的作业一般都不是十分紧急,且不与用户交互,故常采用非剥夺调度方式。

2. 剥夺调度方式

进程的另一种调度方式是剥夺调度方式,或称抢占方式(preemptive scheduling),是指进程正在运行时,系统可根据某种原则,剥夺已分配给它的处理器,并将处理器再分配给其他进程的一种调度方式。剥夺的原则有:

(1) 优先权原则。优先权高的进程可以剥夺优先权低的进程的运行。

(2) 短进程优先原则。短进程到达后可以剥夺长进程的运行。

(3) 时间片原则。一个时间片运行完后重新调度。

尽管非剥夺调度算法简单且易于实现,但它通常不适用于具有多个竞争的通用系统。但对于专用系统,如一个数据库服务器,主进程在收到请求时启动一个子进程并让其运行直到结束或阻塞则是很合理的。所以,系统目标不同,所采用的调度方式也可能不同。

5.3.3 进程调度的时机

进程调度发生的时机与引起进程调度的原因以及进程调度的方式有关。引起进程调度的原因有以下几类:

(1) 正在执行的进程执行完毕或由于某种错误而异常终止。

（2）执行中的进程自己调用阻塞原语将自己阻塞起来而进入等待状态（如等待某一事件而事件未发生或调用了 wait 原语而资源不足等）。

（3）分时系统中的时间片用完。

（4）在执行完系统调用等系统程序后返回用户进程时，可看作系统进程运行完毕，从而选择一个新的用户进程执行。

（5）在基于优先级调度的策略时，就绪队列中的某进程的优先级变得高于当前运行进程的优先级，也将引发进程调度。

以上（1）～（4）是在剥夺或非剥夺调度方式下引起进程调度的原因，而第（5）条是在剥夺调度方式下引起调度的原因。

操作系统将会在以上几种原因之一发生的情况下进行进程调度。由于进程调度的使用频率较高，其性能优劣直接影响进程和进程调度的性能，进而影响操作系统的性能。反映作业调度性能优劣的周转时间和平均周转时间在某种程度上反映了进程调度的性能。进程调度性能的衡量方法可分为定性和定量两种：

（1）在定性衡量方面，首先是调度的可靠性，包括一次进程调度是否可能引起数据结构的破坏等。这要求对调度时机的选择和保存 CPU 现场十分谨慎。另外，简洁性也是衡量进程调度性能的一个重要指标，由于调度程序的执行涉及多个进程并必须进行上下文切换，如果调度程序过于烦琐和复杂，则会付出较大的系统开销。这在用户进程进行系统调用较多的情况下，将会造成响应时间大幅度增加。

（2）进程调度的定量评价包括 CPU 的利用率评价、进程在就绪队列中的等待时间与运行时间之比等。实际上，由于进程进入就绪队列的随机模型很难确定，而且进程上下文切换等也将影响进程的执行效率，因而对进程调度性能进行分析是很困难的。一般情况下，大多利用模拟或测试系统响应时间的方法来评价进程调度的性能。

5.4　常用的调度算法

调度算法是指根据系统的资源分配策略所规定的资源分配算法。对于不同的系统和系统目标，通常采用不同的调度算法。目前存在多种调度算法，有的算法适用于作业调度，有的算法适用于进程调度，但也有些调度算法，既可用于作业调度，也可用于进程调度。

5.4.1　先来先服务调度算法

先来先服务（First Come First Serve，FCFS）调度算法是一种最简单的调度算法。其基本思想是将用户作业或就绪进程按提交或变为就绪状态的先后次序排成队列，调度时总是选择队首作业或进程投入运行。该算法既可用于作业调度，也可用于进程调度。

在作业调度中采用该算法时，从后备作业队列中选中一个或几个作业，把它们调入内存，为其分配资源，创建进程，并把进程插入就绪队列；在进程调度中采用该算法时，进程进入就绪队列时，总是排在队尾，每次调度时，选中队首进程，为其分配处理器，使之投入执行。

例如，有 3 个进程 A、B、C 先后（但几乎又是同时）进入就绪队列。它们的 CPU 执行时间分别是 21、6 和 3 个单位时间。在非剥夺调度方式下，按 FCFS 算法调度，它们的执行情况如图 5.6(a)所示。

在图 5.6(a)中,进程 A 的周转时间为 21 个单位时间,进程 B 的周转时间为 27 个单位时间,进程 C 的周转时间为 30 个单位时间,它们的平均周转时间为 26 个单位时间。若它们按 C、B、A 的次序到达,如图 5.6(b)所示,则周转时间分别为 30、9、3 个单位时间,平均周转时间为 14 个单位时间。

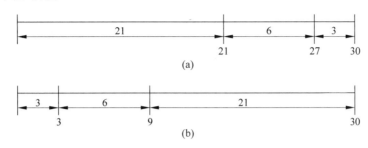

(a)

(b)

图 5.6   FCFS 调度示例

比较上述两种情况可以看出:虽然 FCFS 调度算法易于实现,表面上也公平,但服务质量不佳,对短作业用户不公平,因此 FCFS 算法很少作为进程调度的主调度算法,而常作为一种辅助调度算法。

扫描二维码,
观看视频

【例 5-1】   假设有 5 道作业,它们的进入时间和运行时间如表 5.1 所示。

在非剥夺调度方式的单道环境下,采用 FCFS 调度算法,试说明它们的调度顺序,并计算在该种调度算法下的平均周转时间和平均带权周转时间。

表 5.1   5 道作业的进入时间和运行时间

作 业 号	进入时间/h	运行时间/h
1	0	4
2	1	3
3	2	6
4	3	2
5	4	4

解:采用 FCFS 调度算法,调度顺序是 1、2、3、4、5。

5 道作业的执行时间、完成时间和周转时间如表 5.2 所示。

表 5.2   5 道作业的执行时间、完成时间和周转时间

作 业 号	进入时间/h	运行时间/h	开始执行时间/h	完成时间/h	周转时间/h
1	0	4	0	4	4
2	1	3	4	7	6
3	2	6	7	13	11
4	3	2	13	15	12
5	4	4	15	19	15

平均周转时间 T＝(4＋6＋11＋12＋15)/5＝9.6(h)

平均带权周转时间 W＝(4/4＋6/3＋11/6＋12/2＋15/4)/5＝2.92

5.4.2　短作业(进程)优先调度算法

短作业优先(Shortest Job First,SJF)或短进程优先(Shortest Process First,SPF)调度算法的设计目标是改进 FCFS 调度算法,减少作业(进程)平均周转时间。该算法要求作业(进程)在开始运行时预计运行时间,对预计运行时间短的作业(进程)优先分派处理器。

SJF 调度算法是从后备队列中选择一个或若干个估计运行时间最短的作业,将它们调入内存运行。该调度算法可以照顾到实际上在所有作业中占很大比例的短作业,使它们能比长作业优先执行。

SPF 调度算法是从就绪队列中选出一个估计运行时间最短的进程,将处理器分配给它,使它立即运行并一直运行到完成或发生某事件而被阻塞放弃处理器时为止,然后重新调度。

虽然这种算法能有效地降低作业(进程)的平均周转时间、提高系统的吞吐量,但是,它们存在着不容忽视的缺点:

(1) 该算法对长作业(进程)不利。由于系统状态是动态的,如果不断地有短作业(进程)进入,则可能导致长作业(进程)长时间得不到响应。这种情况称为"饥饿现象"。

(2) 该算法未考虑作业(进程)的紧迫程度。

(3) 由于作业(进程)的长短只是根据用户所提供的估计运行时间而定,而用户又可能会有意或无意地缩短其作业(进程)的估计执行时间,致使该算法不一定能真正做到短作业(进程)优先调度。

【例 5-2】　仍采用例 5-1 的题目,在非剥夺调度方式的单道环境下,采用 SJF 调度算法,试说明它们的调度顺序,并计算在该种调度算法下的平均周转时间和平均带权周转时间。

解:采用 SJF 调度算法,调度顺序是 1、4、2、5、3。

5 道作业的执行时间、完成时间和周转时间如表 5.3 所示。

表 5.3　5 道作业的执行时间、完成时间和周转时间

作 业 号	进入时间/h	运行时间/h	开始执行时间/h	完成时间/h	周转时间/h
1	0	4	0	4	4
2	1	3	6	9	8
3	2	6	13	19	17
4	3	2	4	6	3
5	4	4	9	13	9

平均周转时间 T=(4+3+8+9+17)/5=8.2(h)

平均带权周转时间 W=(4/4+3/2+8/3+9/4+17/6)/5=2.05

5.4.3　时间片轮转调度算法

在分时系统中采用时间片轮转法(Round Robin,RR),其基本思想是让每个进程在就绪队列中等待的时间与享受服务的时间成正比。轮转法的基本概念是将 CPU 的处理时间分成固定大小的时间片,且采用剥夺调度方式。在简单轮转法中,系统将所有就绪进程按先

进先出规则排成一个环形队列,把 CPU 分配给队首进程,并规定它执行一个时间片。当时间片用完时,系统剥夺该进程的运行并将它送到就绪队列末尾,重新把处理器分配给就绪队列中新的队首进程,同样也让它运行一个时间片。这样,就绪队列中的所有进程在一给定时间内,均可获得一个时间片的处理器运行时间。为了实现轮转调度,所有就绪进程的 PCB 排成环形队列并使用一个当前指针扫描它们。

在时间片轮转算法中,时间片 q 的大小对计算机的性能有很大的影响。如果时间片太大,大到每个进程都能在该时间片内执行完毕,则时间片轮转算法便退化为 FCFS 算法,因而无法获得令用户满意的响应时间。如果时间片过小,用户输入的常用命令都要花费几个时间片才能处理完毕,同样难以满足用户对响应时间的要求。因此,时间片的大小应选择适当,通常要考虑的因素如下:

1. 系统对响应时间的要求

作为分时系统,首先必须满足系统对响应时间的要求。由于响应时间 T 直接与用户(进程)数目 n 和时间片 q 成比例,即 T＝nq,因此在用户(进程)数一定时,时间片的长短将正比于系统所要求的响应时间。例如,T＝3s,n＝100 时,q＝30ms。

2. 就绪队列中进程的数目

在分时系统中,就绪队列中所有的进程数,是随着在终端上机的用户数目而改变的,但系统应保证当所有终端都有用户上机时,仍能获得较好的响应时间。因此,时间片的大小应反比于分时系统所配置的终端数目。

3. 系统的处理能力

系统的处理能力是指系统必须保证用户输入的常用命令能在一个时间片内处理完毕,否则将无法得到满意的响应时间,而且会增加平均周转时间及带权周转时间。

【例 5-3】 假设有 5 道作业,它们的进入时间和运行时间如表 5.4 所示。

表 5.4 5 道作业的进入时间和运行时间

作 业 名	进入时间/s	运行时间/s
A	0	4
B	1	2
C	2	5
D	3	3
E	4	3

给出时间片分别为 q＝1 和 q＝4 时的调度图,并计算 RR 调度算法下的平均周转时间和平均带权周转时间。

解：当时间片 q＝1 时,可以作出这样的思考:

当时间片处于 0～1s 时,只有作业 A 可以运行。

0～1s: | 作业 A |

CPU

当时间片处于 1～2s 时,由于作业 B 已到达,而且基于新进程优先的原则,此时作业 A 让出处理器,进入等待队列,作业 B 运行。

扫描二维码,
观看视频

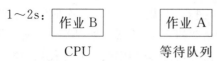

当时间一到 2s,作业 B 让出处理器,准备进入等待队列,此时的等待队列作业 A 居于队首,基于新进程优先的原则,新到达的作业 C 排在作业 A 之后,而刚刚结束时间片的作业 B 则排在作业 C 之后。这个过程的示意图如图 5.7 所示。

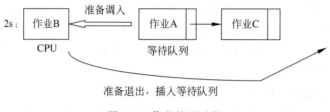

图 5.7　作业处理过程

因此时间片处于 2~3s 时,应该是作业 A 占用处理器,作业 C 和 B 处于等待队列中。

依次分析,用双下画线表示该作业占用 CPU,后面的作业处于等待状态,可以写出时间片 3~4(s):<u><u>C</u></u> BDA

时间片 4~5(s):<u><u>B</u></u> DAEC,剩余的时间片可以由读者自行分析写出。注意当某个作业运行的时间片合计已完成,该作业即结束。

综合以上分析,因此,当时间片 q=1 时,调度图如图 5.8 所示。

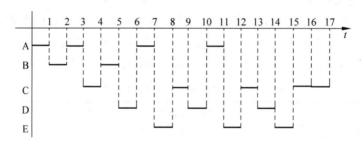

图 5.8　q=1 时的 RR 调度算法运行情况

从图 5.8 得出的 5 道作业的完成时间和周转时间如表 5.5 所示。

表 5.5　5 道作业的完成时间和周转时间

作 业 号	进入时间/s	运行时间/s	完成时间/s	周转时间/s
A	0	4	11	11
B	1	2	5	4
C	2	5	17	15
D	3	3	14	11
E	4	3	15	11

平均周转时间 T=(11+4+15+11+11)/5=10.4(s)

平均带权周转时间 W=(11/4+4/2+15/5+11/3+11/3)/5=3.01

当时间片 q=4 时,调度图如图 5.9 所示。

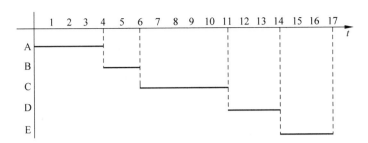

图 5.9 q=4 时的 RR 调度算法运行情况

作业 B 的时间片仅用了 2 个时间单位,剩余时间片可由下一个作业使用。从图 5.9 得出的 5 道作业的完成时间和周转时间如表 5.6 所示。

表 5.6 5 道作业的完成时间和周转时间

作 业 号	进入时间/s	运行时间/s	完成时间/s	周转时间/s
A	0	4	4	4
B	1	2	6	5
C	2	5	11	9
D	3	3	14	11
E	4	3	17	13

平均周转时间 T=(4+5+9+11+13)/5=8.4(s)

平均带权周转时间 W=(4/4+5/2+9/5+11/3+13/3)/5=3.08

可见,在时间片大到一定程度时,RR 调度算法退化成了 FCFS 调度算法。

5.4.4 高优先权优先调度算法

时间片轮转调度算法做了一个内在的假设,即所有的作业或进程同等重要。事实上,每个作业或进程的紧急程度是不相同的。为了使紧急的作业或进程得到优先调度,在许多系统中,每个作业或进程都被指定一个优先级,调度程序总是选择相应队列中具有最高优先权的作业或进程,这就是高优先权优先(First Priority First,FPF)调度算法。这是在批处理系统和实时系统中常用的一种调度算法。该算法的关键是如何确定进程的优先权,常用以下两种方法。

1. 静态优先权

静态优先权是在创建进程时确定的,在整个运行期间不再改变。影响进程静态优先权的主要因素包括进程类型(通常系统进程的优先权高于用户进程的优先权)、进程对资源的要求(如估计的运行时间、内存需要量等)、用户要求的优先级等。

基于静态优先权的调度算法实现简单、系统开销小。但由于静态优先权一旦确定之后,直到运行结束为止始终保持不变,从而使优先级低的进程长时间得不到调度。在现代操作系统中,若使用优先权调度算法,则大多采用动态优先权算法。

2. 动态优先权

动态优先权基于某种原则,使进程的优先权随时间而改变,例如在就绪队列中的进程,其优先权以速度 a 增加,若再令正在执行进程的优先权以速度 b 下降,便可防止一个长作业长期垄断处理器的情况的发生。

优先数通常为 0～4095 的整数,是数大的优先权高还是数小的优先权高取决于系统。在 UNIX 和许多其他的系统中,优先级数值越大,表示的进程优先权越低;而在某些系统中的用法则刚好相反,如 Windows 系统中,大数值表示高优先级。优先级调度算法通常情况下允许剥夺调度。

【例 5-4】 假设有 5 道作业,它们的进入时间、运行时间和静态优先数如表 5.7 所示。

表 5.7　5 道作业的进入时间、运行时间和静态优先数

作 业 号	进入时间/h	运行时间/h	静态优先数
1	0	4	6
2	1	3	4
3	2	6	2
4	3	2	5
5	4	4	3

假定优先数越大,优先级越低,系统采用静态 FPF 调度算法,分为:

(1) 不可剥夺的高优先权优先调度算法。

(2) 可剥夺的高优先权优先调度算法。

试计算采用该调度算法时的平均周转时间和平均带权周转时间。

扫描二维码,
观看视频

解:(1) 不可剥夺的静态 FPF 调度算法,调度顺序是 1、3、5、2、4。

5 道作业的执行时间、完成时间和周转时间如表 5.8 所示。

表 5.8　5 道作业的执行时间、完成时间和周转时间

作 业 号	进入时间/h	运行时间/h	开始执行时间/h	完成时间/h	周转时间/h
1	0	4	0	4	4
2	1	3	14	17	16
3	2	6	4	10	8
4	3	2	17	19	16
5	4	4	10	14	10

平均周转时间 $T=(4+8+10+16+16)/5=10.8(h)$

平均带权周转时间 $W=(4/4+8/6+10/4+16/3+16/2)/5=3.63$

(2) 如果采用可剥夺 FPF 调度算法,首先进入的是 1 号作业,当它运行 1 小时后,2 号作业到达,由于已知条件是假定优先数越大,优先级越低,所以 2 号作业会抢占处理器,2 号作业运行 1 小时后,由于更高优先级的 3 号作业到达,因此 3 号作业抢占处理器,而且由于没有其他作业的优先级高于 3 号作业,所以 3 号作业一直运行到结束。3 号作业运行结束后,由于所有作业均到达,因此按照优先级从高到低运行。注意 1 号和 2 号作业后续运行时间加上已占用的运行时间等于所需的运行时间即结束。

5 道作业的执行时间、完成时间和周转时间如表 5.9 所示。

表 5.9　5 道作业的执行时间、完成时间和周转时间

作 业 号	进入时间/h	运行时间/h	开始执行时间/h	占用处理器的过程	完成时间/h	周转时间/h
1	0	4	0	0～1,16～19	19	19
2	1	3	1	1～2,12～14	14	13
3	2	6	2	2～8	8	6
4	3	2	14	14～16	16	13
5	4	4	8	8～12	12	8

平均周转时间 T＝(19＋13＋6＋13＋8)/5＝11.8(h)

平均带权周转时间 W＝(19/4＋13/3＋6/6＋13/2＋8/4)/5＝3.72

5.4.5　最高响应比优先调度算法

最高响应比优先(Highest Response_ratio Next,HRN)调度算法是 FCFS 和 SJF 的一种折中。FCFS 算法只考虑了每个作业的等待时间而未考虑执行时间的长短,而 SJF 算法只考虑了执行时间而未考虑等待时间的长短。因此,这两种调度算法在某些极端情况下会带来某些不便。HRN 调度算法同时考虑每个作业的等待时间和估计的需要执行时间的长短。设响应比为 R,则一种常用的响应比的定义如下:

$$R_p = \frac{W + T}{T} = 1 + \frac{W}{T}$$

其中,W 为等待的时间;T 为该作业估计要执行的时间。

最高响应比优先调度算法的思想是在当前进程完成或被阻塞时,选择 R_p 值最大的就绪进程。这个方法非常具有吸引力,因为它说明了进程的年龄,当偏爱短进程时(因为小分母产生大比率值),长进程由于得不到服务而等待的时间增加,从而 W/T 增加,R_p 也就随之增加,最终在竞争中获胜。

【例 5-5】　假设有 5 道作业,它们的进入时间、运行时间如表 5.10 所示。

表 5.10　5 道作业的进入时间、运行时间

作 业 号	进入时间/h	运行时间/h
1	0	6
2	1	4
3	2	4
4	3	1
5	4	3

系统采用 HRN 调度算法,试计算采用该调度算法时的平均周转时间和平均带权周转时间。

解:采用 HRN 调度算法,应在每次调度时计算各作业的响应比,选择响应比高的作业进入运行状态。

在时刻 0,由于只有作业 1,因此调度作业 1 投入运行,作业 1 运行到时刻 6 结束,系统需在时刻 6 进行调度;

在时刻 6,计算各作业的响应比为:

扫描二维码,
观看视频

107

第 5 章

处理器调度

作业 2 的响应比：$R_2 = 1 + (6-1)/4 = 2.25$

作业 3 的响应比：$R_3 = 1 + (6-2)/4 = 2$

作业 4 的响应比：$R_4 = 1 + (6-3)/1 = 4$

作业 5 的响应比：$R_5 = 1 + (6-4)/3 = 1.67$

选择作业 4 投入运行,作业 4 运行到时刻 7 时结束,在时刻 7 时进行调度;

在时刻 7,计算各作业的响应比为:

作业 2 的响应比：$R_2 = 1 + (7-1)/4 = 2.5$

作业 3 的响应比：$R_3 = 1 + (7-2)/4 = 2.25$

作业 5 的响应比：$R_5 = 1 + (7-4)/3 = 2$

选择作业 2 投入运行,作业 2 运行到时刻 11 时结束,在时刻 11 时进行调度;

在时刻 11,计算各作业的响应比为:

作业 3 的响应比：$R_3 = 1 + (11-2)/4 = 3.25$

作业 5 的响应比：$R_5 = 1 + (11-4)/3 = 3.33$

选择作业 5 投入运行,作业 5 运行到时刻 14 时结束,在时刻 14 时进行调度;

在时刻 14,只有作业 3 等待运行,因此 5 道作业的调度顺序是 1、4、2、5、3。

5 道作业的运行时间、完成时间和周转时间如表 5.11 所示。

表 5.11　5 道作业的执行时间、完成时间和周转时间

作 业 号	进入时间/h	运行时间/h	开始执行时间/h	完成时间/h	周转时间/h
1	0	6	0	6	6
2	1	4	7	11	10
3	2	4	14	18	16
4	3	1	6	7	4
5	4	3	11	14	10

平均周转时间 $T = (6+4+10+10+16)/5 = 9.2(h)$

平均带权周转时间 $W = (6/6+4/1+10/4+10/3+16/4)/5 = 2.97$

5.4.6　多级队列调度算法

多级队列调度算法(Multiple-level Queue,MQ)的基本思想是引入多个就绪队列,通过对各队列的区别对待,达到一个综合的调度目标。在多级队列调度算法中,根据作业或进程的性质或类型的不同,将就绪队列再分成若干个子队列,每个作业固定归入一个队列,例如,系统进程、用户交互进程、批处理进程等不同队列。不同队列可有不同的优先级、时间片长度、调度策略等。

5.4.7　多级反馈队列调度算法

多级反馈队列(Round Robin with Multiple Feedback,RRMF)调度算法是时间片轮转算法和优先级调度算法的综合和发展。通过动态调整进程优先级和时间片大小,多级反馈队列算法可兼顾多方面的系统目标。例如,为提高系统吞吐量和缩短平均周转时间而照顾短进程;为获得较好的 I/O 设备利用率和缩短响应时间而照顾 I/O 型进程;同时,也不必

事先估计进程的执行时间。

在多级反馈队列调度算法中,通常设置多个就绪队列,并赋予各队列不同的优先级。如队列 1 的优先级最高,然后逐级降低。每个队列的执行时间片长度也不同,如规定优先级越低则时间片越长。新进程进入内存后,先投入最高优先级队列 1 的末尾,按 FCFS 调度算法调度;如果在队列 1 的一个时间片内未能执行完,则降低投入到队列 2 的末尾,同样按 FCFS 调度算法调度;如此下去,一直降低到最后的队列,则按时间片轮转法调度直到完成。仅当较高优先级的队列为空时,才调度较低优先级队列中的进程运行。如果进程运行时有新进程进入较高优先级队列,则抢先执行新进程,并把被抢先的进程投入原队列的末尾。多级反馈队列调度算法如图 5.10 所示。

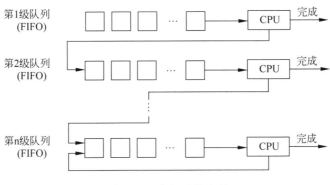

图 5.10　多级反馈队列

在实际系统中,使用多级反馈队列调度算法还可以采用更复杂的动态优先级调整策略。例如,为了保证 I/O 操作的及时完成,通常会在进程发出 I/O 请求后进入最高优先级队列,并运行一个较小的时间片,以及时响应 I/O 交互。对于计算型进程,可在每次执行完一个完整的时间片后,进入更低级队列,并最终采用最大时间片来执行,这样可减少计算型进程的调度次数。对于 I/O 次数不多而处理器占用时间较多的进程,可使用高优先级进行 I/O 处理,在 I/O 完成后,放回原来队列,以免每次都从最高优先级队列逐次下降。一种更通用的策略是进行 I/O 时提高优先级;时间片用完时降低优先级。这样可适应一个进程在不同时间段的运行特点。

5.5　实时调度

在实时系统中,可能存在着两类不同性质的实时任务,即硬实时(Hard Real Time,HRT)任务和软实时(Soft Real Time,SRT)任务,它们都联系着一个截止时间。为保证系统能正常工作,实时调度必须能满足实时任务对截止时间的要求。为此,实现实时调度应具备一定的条件。

5.5.1　实现实时调度的基本条件

1. 提供必要的信息

为了实现实时调度,系统应向调度程序提供有关任务的信息:

(1)就绪时间,是指某任务成为就绪状态的起始时间,在周期任务的情况下,它是事先预知的一串时间序列。

(2) 开始截止时间和完成截止时间,对于典型的实时应用,只需知道开始截止时间,或者完成截止时间。

(3) 处理时间,一个任务从开始执行,直至完成时所需的时间。

(4) 资源要求,任务执行时所需的一组资源。

(5) 优先级,如果某任务的开始截止时间错过,势必引起故障,则应为该任务赋予"绝对"优先级;如果其开始截止时间的错过,对任务的继续运行无重大影响,则可为其赋予"相对"优先级,供调度程序参考。

2. 系统处理能力强

在实时系统中,若处理机的处理能力不够强,则有可能因处理机忙不过来,而致使某些实时任务不能得到及时处理,从而导致发生难以预料的后果。假定系统中有 m 个周期性的硬实时任务 HRT,它们的处理时间可表示为 C_i,周期时间表示为 P_i,则在单处理机情况下,必须满足下面的限制条件系统才是可调度的:

$$\sum_{i=1}^{m} \frac{C_i}{P_i} \leqslant 1$$

例如,有 5 个周期性硬实时任务,每个任务的周期时间都是 40ms,每个任务的处理时间为 10ms,则

$$\sum_{i=1}^{m} \frac{C_i}{P_i} = \sum_{i=1}^{6} \frac{C_i}{P_i} = \frac{10}{40} \times 5 = \frac{5}{4} > 1$$

则该系统是不可调度的。

这个限制条件并未考虑到任务切换所花费的时间,因此,当利用上述限制条件时,还应适当考虑留有余地。提高系统处理能力的途径有二:一是采用单处理机系统,但需增强其处理能力,以显著地减少对每一个任务的处理时间;二是采用多处理机系统。假定系统中的处理机数为 N,则应将上述的限制条件改为:

$$\sum_{i=1}^{m} \frac{C_i}{P_i} \leqslant N$$

3. 采用抢占式调度机制

在含有 HRT 任务的实时系统中,广泛采用抢占机制。这样便可满足 HRT 任务对截止时间的要求。但这种调度机制比较复杂。

4. 具有快速切换机制

为保证硬实时任务能及时运行,在系统中还应具有快速切换机制,使之能进行任务的快速切换。该机制应具有如下两方面的能力:

(1) 对中断的快速响应能力。对紧迫的外部事件请求中断能及时响应,要求系统具有快速硬件中断机构,还应使禁止中断的时间间隔尽量短,以免耽误时机(其他紧迫任务)。

(2) 快速的任务分派能力。为了提高分派程序进行任务切换时的速度,应使系统中的每个运行功能单位适当小,以减少任务切换的时间开销。

5.5.2 实时调度算法的分类

可以按不同方式对实时调度算法加以分类:

(1) 根据实时任务性质,可将实时调度的算法分为硬实时调度算法和软实时调度算法;

（2）按调度方式,则可分为非抢占调度算法和抢占调度算法。

1. 非抢占式调度算法

（1）非抢占式轮转调度算法：进程排成一个轮转队列,调度程序每次选择队首的进程运行。当实时进程提出请求时,也要排队等候,轮到该实时进程时才被调度运行。这种算法可用于要求不太严格的实时控制系统中。

（2）非抢占式优先调度算法：如果实时任务被赋予了较高的优先级,可以将这些实时进程安排在就绪队列的队首,等待到当前进程终止或运行完成后,就可以调度排在队首的高优先级实时进程。这种算法需要精心安排任务的优先级,可用于有一定要求的实时系统中。

2. 抢占式调度算法

可根据抢占发生时间的不同而进一步分成以下两种调度算法。

（1）基于时钟中断的抢占式优先级调度算法：如果某实时任务到达,而且它的优先级高于当前进程的优先级,此时不能立即抢占处理机,而是等到时钟中断发生时,调度程序才剥夺当前进程的执行,将处理机分配给新到的高优先级实时任务,这种算法可用于大多数的实时系统中。

（2）立即抢占(immediate preemption)的优先级调度算法：这种调度策略是一旦出现高优先级实时进程,只要当前进程不在临界区中,就立即剥夺当前进程的执行,将处理机分配给新到的高优先级实时任务。这种算法是响应时间最短的。

图 5.11 中的(a)、(b)、(c)、(d)分别给出了 4 种情况的调度时间。

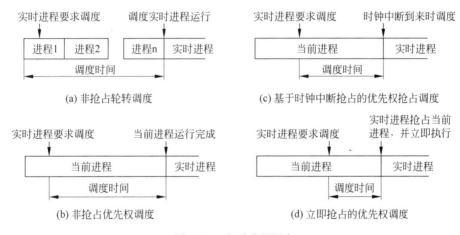

图 5.11　实时进程调度

5.5.3　最早截止时间优先算法

最早截止时间优先(Earliest Deadline First,EDF)算法是根据任务的截止时间来确定任务的优先级。任务的截止时间越早,其优先级越高。具有最早截止时间的任务排在队首。由于就绪队列中任务按其截止时间排列,因此队首任务先分配处理机。

非抢占式调度方式用于非周期实时任务,抢占式调度方式用于周期实时任务。

1. 非抢占式调度方式用于非周期实时任务

图 5.12 给出了将 EDF 算法用于非抢占调度方式的例子。图中有 4 个非周期性任务,

它们的到达次序如图中下方所示。由于任务1最先到达,因此系统首先调度任务1运行,在任务1运行期间,任务2和任务3先后到达。由于任务3的开始截止时间早于任务2的,所以系统在任务1完成后先调度任务3执行。在任务3运行期间任务4又到达,由于任务4的开始截止时间早于任务2的,因此在任务3执行完毕后,系统调度任务4执行,最后调度任务2。

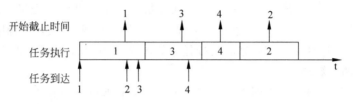

图5.12 EDF算法用于非抢占调度方式

2. 抢占式调度方式用于周期实时任务

图5.13示出了将该算法用于抢占调度方式之例。在该例中有两个周期性任务,任务A的周期时间为20ms,每个周期处理时间为10ms;任务B的周期时间为50ms,每个周期处理时间为25ms。两个任务的到达时间,最后期限(也就是截止时间)和执行时间如图5.13所示。

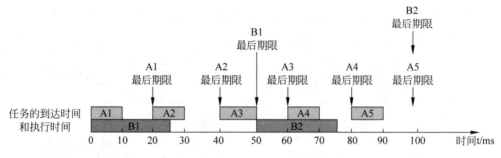

图5.13 最早截止时间优先算法的要求示例

图5.13中的条形方块显示了两个周期性任务A和B的到达时间、截止时间和执行时间示意图。其中任务A的到达时间为0、20ms、40ms……任务A的最后期限为20ms、40ms、60ms……任务B的到达时间为0、50ms、100ms……任务B的最后期限为50ms、100ms、150ms……从图5.13中可以明显看出,任务A和B的执行时间的需求是有冲突的,那么应该如何合理安排这两个周期性任务呢?

在这样的周期性任务中,如果采用通常的优先级调度算法,是无法保证任务的正常执行的。请参看图5.14,假定任务A具有较高的优先级,那么在t=0ms时,先调度A1执行,A1完成后(t=10ms时)调度B1执行。在t=20ms时,由于高优先级的任务A2已到达,所以B1被抢占,优先执行A2。A2完成后(t=30ms时),继续执行被中断的B1,可是10ms后,即t=40ms时,高优先级的任务A3又到达,于是B1再次被抢占,优先执行A3。A3完成后(t=50ms时),B1尚未执行完毕,但已错过了它的最后期限,说明通常的优先级调度算法在这里是失败的。

类似地,如果假定任务B具有较高的优先级,参看图5.15,那么在t=0ms时,先调度

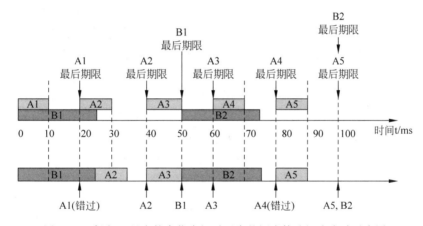

图 5.14 任务 A 具有较高优先级时通常的调度算法调度失败示意图

B1 执行，B1 完成后(t＝25ms 时)，任务 A1 的最后期限已错过。接下来只能执行任务 A2 和任务 A3，当 t＝50ms 时，由于任务 B 具有较高的优先级，因此选择执行 B2，又会再次导致任务 A4 错过最后期限。因此通常的优先级调度算法在这里还是行不通的。

图 5.15 任务 B 具有较高优先级时通常的调度算法调度失败示意图

  综上所述，只能采用可抢占的最早截止时间优先调度算法来完成周期性实时任务。如图 5.16 所示，在 t＝0 时，A1 和 B1 同时到达，由于 A1 的截止时间比 B1 早，因此先调度 A1 执行。A1 完成后(t＝10ms 时)调度 B1 执行。在 t＝20ms 时，A2 到达，由于 A2 的截止时间比 B1 早，因此 B1 被中断调度 A2 执行。A2 完成后(t＝30ms 时)重新调度 B1 继续执行。在 t＝40ms 时，A3 到达，但是由于 B1 的截止时间要比 A3 早，因此仍然让 B1 继续执行直到完成(t＝45ms)，然后在调度 A3 执行。当 t＝55ms 时，A3 完成又调度 B2 执行。从图 5.16 中可以看出，利用谁的截止时间更早，谁就优先执行的算法思想，可以满足系统的要求，不会错过任务的最后期限。

5.5.4 最低松弛度优先算法

  最低松弛度优先(Least Laxity First，LLF)算法在确定任务的优先级时，根据的是任务的紧急(或松弛)程度。任务紧急程度愈高，赋予该任务的优先级就愈高，以使之优先执行。

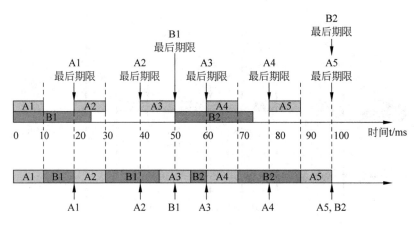

图 5.16　最早截止时间优先算法用于抢占调度方式示例

例如有一个任务最迟在 200ms 时必须完成,而它本身所需的运行时间是 50ms,那么该任务可以最早在 0～50ms 的时间段内执行,也可以最晚在 150～200ms 时间段执行完毕即可,调度程序最晚必须在 150ms 时调度它执行,则该任务的紧急程度(松弛程度)为 150ms。使用松弛度这个概念就是因为任务有一定的缓冲区间,就像橡皮筋一样可以绷紧,也可以放松。松弛度越小说明任务越紧急,越需要马上完成。使用该算法在系统中要建立一个按照松弛程度排序的任务队列,松弛度最低的排在最前面,松弛度越大的排在越后面,调度程序选择队列的队首任务运行。

　　该算法主要用于可抢占调度方式中。还是与上面一样的例子,假如在一个实时系统中有两个周期性实时任务 A 和 B,任务 A 要求每 20ms 执行一次,执行时间为 10ms,任务 B 要求每 50ms 执行一次,执行时间为 25ms。由此可知,任务 A 和 B 每次最迟必须完成的时间分别为 A_1(20ms)、A_2(40ms)、A_3(60ms)······和 B_1(50ms)、B_2(100ms)、B_3(150ms)······如图 5.17 所示。

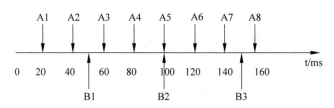

图 5.17　A 和 B 任务每次最迟必须完成的时间

　　给出计算松弛度的公式如下:

　　　　松弛度＝必须完成的时刻点－任务剩余需要的运行时间－当前时间

　　在刚开始时(t=0 时),由于 A1 最晚必须在 20ms 时完成,而它本身运行又需要 10ms,因此可以算出 A1 的松弛度＝20－10－0＝10ms。而 B1 必须在 50ms 时完成,它本身的运行时间需要 25ms,可算出 B1 的松弛度＝50－25－0＝25ms,根据最低松弛度优先算法,故调度程序优先调度 A1 运行。当 A1 运行完成(t=10ms 时),B1 的松弛度＝50－25－10＝15ms,而 A2 的松弛度＝40－10－10＝20ms,故调度程序选择 B1 优先运行。注意:当 t=30ms 时,由于 A2 的松弛度已减少为 40－10－30＝0ms,而此时 B1 的松弛度＝50－5－

30＝15ms,因此调度程序要立即抢占 B1 的处理机让 A2 运行。A2 运行完毕(t＝40ms 时),A3 的松弛度＝60－10－40＝10ms,而 B1 的松弛度仅为 50－5－40＝5ms,所以应重新调度 B1 执行。B1 完成完毕(t＝45ms 时),A3 的松弛度＝60－10－45＝5ms,而 B2 的松弛度＝100－25－45＝30ms,所以优先选择 A3 运行。类似地,读者可以分析得具有两个周期性实时任务的调度情况,如图 5.18 所示。可以观察发现,由于周期性任务会有规律地反复发生,所以 100ms 后面不需要再作图,只重复前面的规律即可。

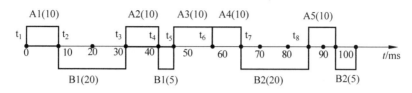

图 5.18   利用 ELLF 算法进行调度的情况

5.6   实例分析：UNIX 进程调度

UNIX System V 的进程调度涉及调度时机、调度标记设置、优先数计算、调度的实现等。下面将分别进行说明。

5.6.1   调度时机

UNIX System V 在以下 5 种情况之一发生时进行进程调度:
(1) 现行进程自己调用 sleep 或 wait 等进入睡眠状态时。
(2) 现行进程调用 exit 自我终止时。
(3) 现行进程的时间片到期且优先级低于其他就绪进程时。
(4) 现行进程在完成中断和陷入处理后返回用户态时,其优先级已低于其他就绪进程或者调度标记被置位。
(5) 现行进程从系统调用执行结束后返回用户态时,其优先级已低于其他就绪进程或者调度标记被置位。

上述(1)、(2)、(3)中的情况是容易理解的,(4)、(5)中的情况是 UNIX 设计者采用的独特技术。显然,进程调度应在核心态中完成,但在核心态下随机发生进程调度将使 UNIX 系统的设计复杂化。于是 UNIX 设计者把核心态下进程调度的时机都集中在系统程序运行结束后返回用户态之前的瞬间,保证在系统程序执行过程中不发生进程调度或能预知何时发生进程调度。这虽然牺牲了进程并发程度但却简化了操作系统设计中进程的同步与可重入码问题。人们把 UNIX 核心态下进程的运行方式称为伪异步方式。

5.6.2   调度标记设置

runrun 是要求进行进程调度时的标记。若 wakeup、setrun 以及 setpri(设置优先级)命令发现某进程的优先级高于现行进程,则置 runrun 为 1。另外在秒中断处理过程中也将检查各就绪进程的优先级,发现优先级高于现行进程时,同样置 runrun 为 1。

5.6.3　优先数计算

传统的 UNIX System V 采用动态优先数调度策略,优先数越大优先级越低。调度程序从内存就绪队列中选取优先数最小的进程作为上行进程。优先数基于进程类型和运行历史,计算公式如下:

$$p\_pri = \frac{p\_CPU}{2} + PUSER + p\_nice + NZERO$$

其中,PUSER 和 NZERO 分别取常数 25 和 20,为基本用户优先数的阈值;p_CPU 为进程最近一次使用 CPU 的时间。当进程使用 CPU 时,系统每个时钟周期对该进程的 p_CPU 加 1,该值最大可达 80。此外,秒中断时对 p_CPU 执行除以 2 的衰减操作。这样,如果系统的时钟周期为 16.667ms,则遇秒中断时 p_CPU 将由 60 变为 30;p_nice 是系统允许用户使用 nice 系统调用影响进程优先数的偏移值,范围在 0~40,一旦设置后,普通用户只能做递增修改。

由于新创建的进程未使用 CPU,其 p_CPU 的值为 0,因而具有较高的优先级。但随着被调度执行,其 p_CPU 的值将会不断增加,在秒中断处理时其 CPU 有可能被其他高优先级的进程所抢夺。但随着每秒 1 次的 p_CPU 值的衰减,其优先级将会提高,总有机会能重新夺回处理器。

5.6.4　调度的实现

UNIX 系统的进程调度是由 switch 过程实现的,switch 过程是进程 0 的一部分。

首先,调度程序把现行进程的上下文(主要是寄存器上下文和栈指针)保存到核心栈或 user 结构内的 u_rsav、u_pcb 字段中,这是由过程 save(u.u_rsav)完成的。

其次,按计算优先数的公式从内存就绪队列中寻找优先级最高的进程作为上行进程。若内存就绪队列中不存在这样的进程,则调用空闲进程等待某进程变成就绪状态。清除 runrun 标记。

最后,调用 resume 过程恢复上行进程的上下文,恢复核心栈或 user 结构内的 u_rsav 及 u_pcb,从而使上行进程变成现行进程。

由于内存空间的限制,UNIX 进程的上下文有时存放在外存。因此,进程调度选中某一进程作为上行进程时,必须把其处于外存的上下文调进内存。如果此时没有足够的内存能容纳这个上下文,则要设法调出某些进程到外存,这就是所谓的对换过程,由 Sched 过程完成,Sched 过程也是进程 0 的一部分。

本 章 小 结

作业与进程的调度是操作系统对处理器进行管理的具体体现。通过本章的学习,掌握三级调度的概念、作业调度的功能及其目标与性能衡量、进程调度的功能及方法,重点掌握作业与进程的调度算法,并能利用这些算法解决实际问题。

作业具有 4 种状态:提交状态、后备状态、运行状态和完成状态。了解 4 种状态的含义及其转换条件和时机。

三级调度指的是：高级调度,即作业调度;中级调度,即交换调度;低级调度,即进程调度。

作业调度的目标与性能衡量是设计操作系统时必须遵循的准则,但用户和系统衡量系统好坏的标准是不一致的,因此分为面向系统的准则和面向用户的准则两类。

作业与进程的调度算法有多种。要学会根据系统性能及目标的不同,选择相应的调度算法。能够利用各种算法计算作业的平均周转时间和平均带权周转时间。

习　　题

1. 单项选择题

(1) 当作业进入完成状态时,操作系统(　　　)。

　　A. 将删除该作业并收回其所占资源,同时输出结果

　　B. 将该作业的控制块从当前作业队列中删除,收回其所占资源,并输出结果

　　C. 将收回该作业所占资源并输出结果

　　D. 将输出结果并删除内存中的作业

(2) 某系统正在执行 3 个进程 P1、P2 和 P3,各进程的计算(占用 CPU)时间和 I/O 时间比例如表 5.12 所示,为提高系统资源利用率,合理的进程优先设置为(　　　)。

表 5.12　进程的计算时间和 I/O 时间

进　　程	计　算　时　间	I/O 时间
P1	90%	10%
P2	50%	50%
P3	15%	85%

　　A. P1>P2>P3　　　　B. P3>P2>P1　　　　C. P2>P1=P3　　　　D. P1>P2=P3

(3) 下列进程调度算法中,综合考虑进程等待时间和执行时间的是(　　　)。

　　A. 最高响应比优先调度算法　　　　　　B. 先来先服务调度算法

　　C. 短进程优先调度算法　　　　　　　　D. 时间片轮转调度算法

(4) 在批处理系统中,周转时间是(　　　)。

　　A. 作业运行时间

　　B. 作业等待时间和运行时间之和

　　C. 作业的等待时间

　　D. 作业被调度进入内存到开始运行的时间

(5) 在操作系统中,作业处于(　　　)状态时,已处于进程管理之下。

　　A. 提交　　　　　　B. 后备　　　　　　C. 运行　　　　　　D. 完成

(6) 下列选项中,降低进程优先级的合理时机是(　　　)。

　　A. 进程的时间片用完　　　　　　　　　B. 进程刚完成 I/O,进入就绪队列

　　C. 进程长期处于就绪队列中　　　　　　D. 进程从就绪状态转为运行状态

(7) 一个作业被成功调度后,系统为其创建相应的进程,该进程的初始状态是(　　　)。

　　A. 执行态　　　　　　　　　　　　　　B. 阻塞态

  C. 就绪态   D. 等待访问设备态

  (8) 下列选项中,满足短作业优先而且不会发生饥饿现象的调度算法是( )。

    A. 先来先服务   B. 最高响应比优先

    C. 时间片轮转   D. 非抢占式短任务优先

  (9) 若某单处理器多进程系统中有多个就绪态进程,则下列关于处理机调度的叙述中,错误的是( )。

    A. 在进程结束时能进行处理机调度

    B. 创建新进程后能进行处理机调度

    C. 在进程处于临界区时不能进行处理机调度

    D. 在系统调用完成并返回用户态时能进行处理机调度

2. 填空题

  (1) 作业调度是从处于( )状态的队列中选取适当的作业投入运行。从作业提交给系统到作业完成的时间间隔称为( )。( )是指作业从进入后备队列到被调到程序中的时间间隔。假定把如表 5.13 所示的 4 个作业同时提交系统并进入( )队列,当使用短作业优先调度算法时,单道环境下,4 个作业的平均等待时间是( ),平均周转时间是( );当使用高优先数优先的调度算法时,作业的平均等待时间是( ),平均周转时间是( )。

表 5.13 4 个作业的运行时间和优先数

作 业	所需运行时间/h	优 先 数
1	2	4
2	5	9
3	8	1
4	3	7

  (2) 在一个具有分时兼批处理的系统中,总是优先调度( )。

3. 简答题

  (1) 什么是分层次调度?在分时系统中有作业调度的概念吗?如果没有,为什么?

  (2) 作业调度和进程调度的主要功能分别是什么?

  (3) 作业调度的性能评价标准有哪些?这些性能评价标准在任何情况下都能反映调度策略的优劣吗?

  (4) 为什么说多级反馈队列调度算法能较好地满足各类用户的需要?

  (5) 假设就绪队列中有 10 个进程,系统将时间片设为 200ms,CPU 进行进程切换要花费 10ms,试问系统开销所占的比率约为多少?

  (6) 在批处理系统、分时系统和实时系统中一般常采用哪种调度算法?

  (7) 若在后备作业队列中等待运行的同时有 3 个作业 1、2、3,已知它们各自的运行时间为 a、b、c,且满足关系 a<b<c,试证明采用短作业优先调度算法能获得最小的平均周转时间。

4. 应用题

  (1) 考虑 5 个进程 P_1、P_2、P_3、P_4、P_5,它们的创建时间、运行时间及优先数如表 5.14 所示。规定进程的优先数越小,优先级越高。试描述在采用下述几种调度算法时各个进程的运行过程,并计算采用每种算法时的进程平均周转时间。假设忽略进程的调度时间。

表 5.14　5 个进程的创建时间、运行时间和优先数

进　　程	创 建 时 间	运行时间/ms	优　先　数
P$_1$	0	3	3
P$_2$	2	6	5
P$_3$	4	4	1
P$_4$	6	5	2
P$_5$	8	2	4

① 先来先服务调度算法。

② 短进程优先调度算法。

③ 时间片轮转调度算法(时间片为 1ms)。

④ 非剥夺式优先级调度算法。

⑤ 剥夺式优先级调度算法。

⑥ 最高响应比优先调度算法。

(2) 有一个具有两道作业的批处理系统,作业调度采用短作业优先的调度算法,进程调度采用以优先数为基础的剥夺式调度算法。表 5.15 所示为作业序列,作业优先数即为进程优先数,优先数越小优先级越高。

表 5.15　两道作业的运行时间和优先数

作　　业	到 达 时 间	估计运行时间/min	优　先　数
A	10:00	40	5
B	10:20	30	3
C	10:30	50	4
D	10:50	20	6

① 列出所有作业进入内存的时间及结束时间。

② 计算平均周转时间。

第6章 死 锁

在现代操作系统中,可以利用多道进程的并发执行来改善系统的资源利用率,提高系统的吞吐能力,与此同时也可能带来一种危险——死锁(deadlock)。死锁是指多个并发进程在推进过程中因争夺资源而造成的一种僵局,当进程处于这种僵持状态时,若无外力作用,都将无法继续向前推进的一种现象。死锁问题是 Dijkstra 于 1965 年研究银行家算法时首先提出,而后为 Havender、Lynch 等人分别于 1968 年、1971 年研究和发展。前面提到的利用信号量解决进程的同步问题时,若多个 wait 和 signal 操作不当时,就会产生进程的死锁。本章将介绍死锁的概念、产生的原因及各种解决死锁的方法。

6.1 死锁的基本概念

死锁是由于两个或两个以上的进程因竞争资源而形成一种无限期的等待的现象。一旦发生死锁,系统将处于停滞状态,若无外力的干预,则涉及的进程永远陷于死锁状态。

在生活中常有这样的死锁例子,譬如有两条道路双向两个车道,即每条路每个方向只有一个车道,两条道路十字交叉。假设车辆只能向前直行,而不允许转弯或后退。此时若有 4 辆车 A、B、C、D,行驶到如图 6.1 所示的十字路口时,就会产生死锁。倘若不改变行驶的规则如转弯或后退,那么死锁就一直持续下去,造成交通阻塞。

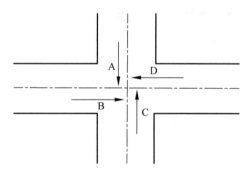

图 6.1 车道死锁情况图

在第 4 章中提到的哲学家就餐问题的第一种算法就是一个关于死锁的问题,此算法并不是说一定会死锁,而是存在死锁的可能。当进程运行过程中请求和释放资源顺序不当,会导致死锁的产生,如每个哲学家都拿着左手的餐叉,永远都在等右边的餐叉(或者相反),会陷入死锁。如果系统的资源分配策略不当,或程序设计不合理等因素,可能会导致计算机操作系统死锁问题的发生。

6.1.1 死锁的定义

所谓死锁,是指计算机系统和进程所处的一种状态。一般定义为:在系统中,两个或两个以上的进程无限期地等待永远不可能发生的事件,则称这些进程处于死锁状态。

6.1.2 死锁产生的原因

操作系统的死锁问题有着一定的形成机制。一般而言,引起死锁的原因可以归结为以下两个方面。

1. 竞争资源

系统中的资源可以分为两类。一类是可剥夺资源,是指某进程在获得这类资源后,该资源可以再被其他进程或系统剥夺,如 CPU 和主存等。竞争这类资源是不会产生死锁的。另一类资源是不可剥夺资源,又称为临界资源,当系统把这类资源分配给某进程后,再不能强行收回,只能在进程用完后自行释放,如磁带机、打印机等。另外从资源的使用情况还可以分为永久性资源和临时性资源,其中临时性资源一般为消耗性的资源,由一个进程产生,被另一个进程短暂使用后变为无用资源,如消息、信号和数据等。

1) 竞争不可剥夺资源

当系统中供多个进程共享的不可剥夺资源的数目不能满足诸多进程的需求时,会引起诸进程对资源的竞争而可能产生死锁。

如图 6.2(a)所示,系统有不可剥夺资源 R_1、R_2 各一台,它们被进程 P_1、P_2 共享,两个并发进程按下列次序请求和释放资源。

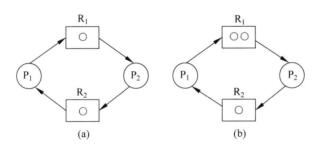

图 6.2 进程竞争资源情况图

时间	进程 P_1	进程 P_2
T_1	请求 R_2	请求 R_1
T_2	请求 R_1	请求 R_2
T_3	释放 R_2	释放 R_1
T_4	释放 R_1	释放 R_2

由于进程的执行具有异步性,所以 P_1、P_2 进程向前推进的相对速度无法预知。若出现上述资源使用情况时,进程 P_1 占用了资源 R_2,进程 P_2 占用了资源 R_1,此时系统已无可再分配资源,系统的运行进入了一种不安全状态。此后进程 P_1 又请求资源 R_1,因资源 R_1 被进程 P_2 占用,P_1 进入阻塞状态。进程 P_2 此时执行,请求资源 R_2,同样因资源 R_2 被进程 P_1 占用而阻塞,P_1、P_2 进程都因得不到资源而陷入了死锁状态。

但如果系统资源情况如图 6.2(b)所示,进程 P_1 占用了资源 R_2,进程 P_2 占用了资源 R_1,此时系统还有一个 R_1 资源,此后 P_1 在请求资源 R_1 时,能够得到资源 R_1 而不会进入阻塞状态,进程 P_1 可以继续向前推进。进程 P_2 此时向前推进,请求资源 R_2,因资源 R_2 被进程 P_1 占用而阻塞。但进程 P_1 已得到了所需的全部资源,从而可以完成任务。进程 P_1 完成任务后,会释放其所占用的资源,进程 P_2 被唤醒,获得所需资源后,同样可以完成任务。系统没有发生死锁现象。

由上面的分析可知,产生死锁的主要原因在于系统提供的临界资源个数少于并发进程所需的该类资源数,会引起进程对临界资源的竞争而产生死锁。

假设系统中有 $m(m \geqslant 1)$ 个进程,各需要使用同类临界资源 $k(k \geqslant 1)$ 个,则保证系统不发生死锁的最少资源数为 $(k-1)m+1$。因为资源分配的最坏情况是每个进程都分到了 $(k-1)$ 个资源,这时如果资源耗尽,就会导致死锁,但系统如果再有一个资源,便可以帮助一个进程完成任务,该进程完成任务后释放其所占用的资源,其他进程就可以获得所需资源而完成任务。

2) 竞争临时性资源

多个进程在竞争一些临时性资源时,也有可能导致死锁。例如,S_1、S_2、S_3 是临时性资源,进程 P_1 产生消息 S_1,又要求从 P_3 接收消息 S_3;进程 P_3 产生消息 S_3,又要求从进程 P_2 处接收消息 S_2;进程 P_2 产生消息 S_2,又要求从 P_1 处接收产生的消息 S_1。如果消息通信按如下顺序进行:

P_1：…Release(S_1)；Request(S_3)；…

P_2：…Release(S_2)；Request(S_1)；…

P_3：…Release(S_3)；Request(S_2)；…

不会发生死锁。但若改成下述的运行顺序:

P_1：…Request(S_3)；Release(S_1)；…

P_2：…Request(S_1)；Release(S_2)；…

P_3：…Request(S_2)；Release(S_3)；…

则可能发生死锁。

2. 进程推进顺序不合理

如前所述,当系统有临界资源 R_1、R_2 各一,按照前述的顺序向前推进,会使进程 P_1、P_2 陷入死锁状态。但如果两个并发进程 P_1、P_2 按下列次序请求和释放资源,则不会导致死锁。

时间	进程 P_1	进程 P_2
T_1	请求 R_2	
T_2	请求 R_1	
T_3		请求 R_1
T_4	释放 R_1	
T_5		请求 R_2
T_6	释放 R_2	
T_7		释放 R_1
T_8		释放 R_2

进程 P_1 先后占用了资源 R_2、R_1,已获得了全部所需资源。进程请求资源 R_1,因得不到

资源 R_1 而进入阻塞状态。进程 P_1 释放 R_1，进程 P_2 占用 R_1 后向前推进，请求资源 R_2，因得不到资源 R_2 而进入阻塞状态。此后进程 P_1 释放 R_2，进程 P_2 占用 R_2 后向前推进，最终可以完成任务，没有发生死锁现象。

图 6.3 表明了进程推进顺序对死锁的影响。若进程按折线①、②所示的顺序推进，两进程可以顺利完成，我们称这种不会引起进程死锁的推进顺序是合理的。

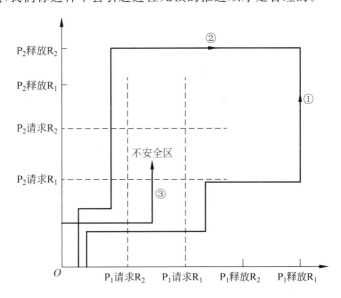

图 6.3　进程推进顺序对死锁的影响

但如果并发进程 P_1、P_2 按折线③所示的顺序推进，则它们将进入不安全区内。此时进程 P_1 保持资源 R_2，进程 P_2 保持资源 R_1，系统处于不安全状态。因为这时两进程若再向前推进，便可能发生死锁。例如，当进程运行到 P_1 请求资源 R_1 时，将因资源 R_1 已被进程 P_2 占用而阻塞；当进程 P_2 运行到请求资源 R_2 时，也将因资源 R_2 被进程 P_1 占用而阻塞，于是发生了进程死锁。

由以上分析可以看出，在进程的运行过程中，请求和释放资源的顺序不当，导致了进程在共享有限资源的情况下产生了死锁。由此可知，死锁是一种与时间有关的错误。

6.1.3　死锁的必要条件

虽然进程在运行过程中可能陷入死锁，但死锁的发生也必须具备一定的条件。Coffman、Elphick 和 Shoshani 等人于 1971 年总结出了死锁发生的 4 个必要条件。

（1）互斥条件：指进程对所分配到的资源进行排他性使用，即在一段时间内某资源只能由一个进程占用，此时如果还有其他进程请求该资源，则只能等待，直到占有该资源的进程用完释放。

（2）请求和保持条件：指进程已经保持了至少一个资源，还可以提出新的资源请求，而且在提出新的资源请求时，不释放原先占有的资源。

（3）不剥夺条件：指进程已获得的资源，在未使用完之前，不能被其他进程强行剥夺，而只能由获得该资源的进程在使用完毕后自行释放。

（4）环路条件：指在发生死锁时，必然存在一个进程——资源的环形链。链中每一个进程都在等待链中相邻进程所占用的资源,从而形成循环等待。即存在一个进程等待资源的序列$(P_1,P_2,\cdots,P_n)$,其中 P_1 等待 P_2 所占有的某一资源,P_2 等待 P_3 占有的某一资源,$\cdots$,P_n 等待 P_1 占有的某一资源。

需要指出的是,上述 4 个必要条件不是彼此孤立的。比如,条件(4)包含了前面 3 个条件。

6.1.4　处理死锁的策略

死锁不仅严重影响系统资源的利用率,而且可能会给系统带来不可预测的后果,如系统瘫痪等。为保证系统中诸进程的正常运行,最大限度地减少由于死锁而造成的损失,有必要事先采取适当的措施,来预防死锁的发生。在系统中已经出现死锁后,应及时检测到死锁的发生,并采取措施解除死锁。为此,人们研究了各种死锁对策,概括起来,主要有以下几种策略。

1. 预防策略

Havender 于 1968 年指出:"如果能够保证 4 个必要条件中至少一个不成立,则死锁将不会发生"。预防策略是通过设置某些限制条件,破坏产生死锁的 4 个必要条件中的一个或多个,从而预防死锁的发生。这是一种简单易行的方法,曾被广泛使用,但种种限制条件往往太严格,严重影响了资源利用率和系统吞吐量。

2. 避免策略

避免策略是指资源在动态分配的过程中,采用某些方法如银行家算法,来防止系统进入不安全状态,从而避免死锁的发生。死锁预防需要严格地破坏死锁的 4 个必要条件之一,使之不在系统中出现,而死锁避免不必严格限制死锁必要条件的存在,只需事先施加较弱的限制条件,因此系统具有较高的资源利用率和系统吞吐量,但此种策略增加了处理器的非生产性开销,并在实现上有一定难度。目前在较完善的操作系统中常采用此方法来避免死锁的发生。

3. 死锁检测

在大多数系统中,死锁发生的频率并不高,采用预防策略或避免策略往往要付出较大的代价。因此,很多系统允许在运行过程中发生死锁,该策略是通过系统设置的检测机构,及时地检测出死锁的发生,并精确地确定出死锁进程和卷入死锁的资源,然后,采用适当的措施解除系统中已经发生的死锁。

4. 解除策略

解除策略是与死锁检测相配套的一种措施。当检测到系统中已经发生死锁时,必须帮助卷入死锁的进程从死锁状态中解除出来。常用的方法是撤销或挂起一些进程,回收这些进程所占用的资源,再将这些资源分配给已处于阻塞状态的其他进程,使之转为就绪状态,以继续运行。死锁检测和解除策略可使系统获得较好的资源利用率和系统吞吐量,但在实现上难度较大。

6.2　死　锁　预　防

死锁预防是一种静态的解决死锁的方法。所谓静态,是指在系统运行之前就对进程有关资源的分配活动制定某些协议,即在系统设计时确定资源分配算法。只要所有进程都遵循这些协议,就能保证死锁不会发生。死锁预防所要研究的问题是如何破坏死锁产生的4个必要条件,从而不让死锁发生。由于产生死锁的4个必要条件必须同时存在系统才可能发生死锁,因此,只要破坏死锁必要条件之一,就可以达到预防死锁的目的。

1. 破坏互斥条件

系统中有些资源受到本身固有特性的限制,只能互斥访问。比如打印机资源,如果破坏了其互斥条件,即允许多个进程同时使用打印机,就会造成多个进程在运行期间交替打印数据的现象,让用户不能接受。因此,类似打印机这类的临界资源,不仅不能破坏其互斥条件,还必须通过同步机制保证对它们的互斥使用。所以,破坏互斥条件往往是行不通的。

2. 破坏不剥夺条件

在采用这种方法时系统规定,可以让进程逐个地提出对资源的请求。当一个已经保持某些资源的进程,在提出新的资源请求而不能立即得到满足时,必须释放它已经保持的所有资源,以后需要时再重新申请。这意味着一个进程已获得的资源在运行过程中可被剥夺,从而破坏了"不剥夺"条件。

另一种方法是剥夺其他等待进程占有的资源。当一个进程请求某个资源时,首先应检查该资源是否可用,如果可用,就分配给该进程;如果不可用,则检查是否已把该资源分配给了某个正在等待其他资源的进程。如果已分配给了某个正在等待其他资源的进程,就把所需资源从等待其他资源的进程那儿剥夺过来,分配给请求这些资源的进程。如果该资源不可用,即没有被等待进程占用,则请求进程必须等待。当该进程等待时,若有其他进程请求该进程所占用的某些资源时,这些资源将被剥夺。仅当一个进程分配到它所需的资源并且恢复了它在等待期间被剥夺的全部资源后,进程才可重新启动。

破坏不剥夺条件仅适用于资源状态易于保留和以后恢复的资源,如 CPU 寄存器和内存资源,而不适用于如打印机、磁带机之类的资源。不过在某些系统中(如 Dijkstra 于 1968年设计的 THE 系统),打印机也可被剥夺,但至少要在打印完一页后才可被剥夺。

3. 破坏请求与保持条件(静态资源分配法)

这是 Havender 于 1968 年提出的较为成功的一种死锁预防方法,是针对破坏请求和保持条件的策略。即在进程开始运行之前,必须一次性地申请其在整个运行过程中所需的全部资源。此时,若系统有足够的资源分配给该进程,则进行分配,这样进程在整个运行期间,不再会提出资源请求,即破坏了"请求"的条件。若系统不能满足该进程的资源请求,即使其他所需的资源都空闲,也不能分配给该进程,进程处于初始等待状态,直到系统满足其全部要求后才能开始运行。这种方法又称资源预分配法。

由于资源是一次性分配,因此获得资源的进程在运行过程中不会进入等待资源状态。这一策略无疑能够防止死锁的发生。但其缺点也极为明显——它导致了严重的资源浪费。例如一个进程可能在完成时需要一台打印机打印结果数据,但必须在进程运行前就把打印机分配给它,而在进程运行的整个过程中并不使用打印机。

因此一个更经常被使用的改进策略是,把程序分为几个相对独立的"程序步"来运行,并且资源分配以程序步为单位进行,而不以整个进程为单位来静态地分配资源。这样可以减少资源浪费,但增加了系统的设计复杂性和执行开销。

这一方法的另一个缺点是如果进程所需的全部资源不能一次得到全部满足,而可能使进程无限推迟。或者为了满足一个进程所需的全部资源,就必须逐步积累资源,而在积累过程中资源虽然空闲,也不能分给其他进程使用,这又造成了资源的浪费。

4. 破坏环路条件(有序资源使用法)

为了使环路条件从不出现,Havender 提出了有序资源使用法。将系统中所有资源按类型进行线性排队,并赋予不同序号。例如输入机序号为 1,打印机序号为 2,磁带机序号为 3,光盘机序号为 4 等。所有进程对资源的请求必须严格按序号递增次序提出。只要进程提出请求资源 R_i,那么以后它只能请求排列在 R_i 后面的资源,而不能再要求序号低于 R_i 的那些资源。不难看出,由于对资源的请求作出了这种限制,任何时刻,总有一个进程占据了较高序号的资源,它继续请求的资源必定是空闲的,因而,进程可以一直向前推进。

这种方法不是采用资源的静态分配法,而是基于资源的动态分配方法,所以资源利用率较前一方法有所提高。特别是通过小心编排序号,把各进程经常使用的、比较普通的资源编排为低序号,把一些比较贵重或稀少的编排为高序号,便有可能使最有价值的资源的利用率大为提高。

虽然该策略与静态资源分配法相比较,在资源利用率和系统吞吐量方面都有较明显的改善,但也存在一些问题:

(1) 系统中各类资源的序号必须相对稳定,这就限制了新类型设备的增加。

(2) 虽然在资源序号的编排时,已经考虑到大多数进程在实际使用这些资源时的顺序,但也经常会有一些进程使用资源的顺序与系统规定的顺序不同,从而造成对资源的浪费。特别是当进程使用资源的顺序正好与系统资源序号相反时,该策略退化为静态资源分配法。

(3) 为方便用户,系统对用户在编程时所做的限制应尽量少,然而这种规定申请次序的方法,必然会限制用户简单、自主地编程,而且程序的通用性将受到严重影响,造成在其他系统环境下无法运行的后果。

6.3 死锁避免

死锁预防虽说从理论和实现方法上是简单的,但由于其对资源的使用加以种种限制,所以其效果不尽如人意。为提高资源利用率和系统吞吐量,可以考虑使用死锁避免策略。死锁避免是一种动态的解决死锁的方法,所谓动态,是指对进程在请求资源时,进行实时检测,拒绝不安全的资源请求命令,确保系统不会发生死锁。

从前述死锁原因的分析中可知,死锁是由于进程推进顺序不合理,致使进入不安全状态后继续向前推进所造成的。虽然,并不是所有的不安全状态都是死锁状态,但系统一旦进入不安全状态后便有可能进入死锁状态。反过来说,若系统的工作一直处于安全状态下,则系统就不会陷入死锁。

死锁避免不同于死锁预防,在死锁预防中,都施加了较强的限制条件,而死锁避免所施加的限制条件较弱,可以获得令人满意的系统性能。在此方法中,我们把系统的状态分为安全状态和不安全状态两种。只要能使系统始终处于安全状态,便可避免发生死锁。

打个比方,如果面前是一片埋过地雷的雷区,死锁预防的方法就像是找来工兵,将这里的每一颗地雷都挖走,这样可以保证这片区域不会有地雷,肯定不会踩到。而死锁避免的方法就是地雷还在,但是我们采用了一定的办法,例如携带金属探测器,一边走一边探测,这样确保自己走下去的每一步都不踩到地雷,同样也可以安全通过该区域。在死锁避免中,我们采用的办法就是银行家算法。

6.3.1　安全状态和不安全状态

所谓安全状态,是指系统能按某种进程顺序$\langle P_1, P_2, \cdots, P_n \rangle$,来为每个进程 P_i 分配其所需资源,直到满足每个进程对资源的最大需求,使每个进程都可以顺利完成。这个顺序称为安全序列。如果系统无法找到这样一个安全序列,则称系统处于不安全状态。下面是一个安全状态和一个不安全状态的实例。

1. 安全状态的实例

【例 6-1】　假定系统中有 3 个进程 P_1、P_2、P_3,共有 16 台磁带机,进程 P_1 总共要求 12 台磁带机,进程 P_2 总共要求 7 台磁带机,进程 P_3 总共要求 10 台磁带机,在 T_0 时刻,资源分配情况如表 6.1 所示。

表 6.1　安全状态

进　　程	最 大 需 求	已　分　配	尚 需 请 求	系统可用数
P_1	12	4	8	3
P_2	7	4	3	
P_3	10	5	5	

现在来分析 T_0 时刻,系统是否处于安全状态。在表 6.1 中,磁带机的空闲数目为 3 台,可把 3 台磁带机分配给 P_2,使 P_2 继续运行直至完成;P_2 完成后便释放出所占据的 4 台磁带机,使可用磁带机数目增至 7 台,可取出 5 台分配给 P_3,使 P_3 运行直至完成;P_3 完成后将释放出 10 台磁带机,P_1 便能获得足够的资源,从而 P_1、P_2、P_3 均能顺利完成。

由上分析可知,在 T_0 时刻存在着一个安全序列$\langle P_2, P_3, P_1 \rangle$,因此 T_0 时刻系统是安全的。

2. 不安全状态的实例

【例 6-2】　在 T_0 时刻(见表 6.1),系统处于安全状态的情况下,P_3 请求 2 台磁带机,系统是否应该接受它请求?假如接受并予以分配,分配后变为 T_1 时刻,其资源分配情况如表 6.2 所示。

表 6.2　不安全状态

进　　程	最 大 需 求	已　分　配	尚 需 请 求	系统可用数
P_1	12	4	8	1
P_2	7	4	3	
P_3	10	7	3	

此时,系统中只剩下 1 台磁带机,不能满足 $P_1 \sim P_3$ 任一进程的资源需求,因此,从 T_1 状态继续向前推进,无论按照何种序列,$P_1 \sim P_3$ 进程都将因为得不到足够的磁带机资源而相继进入阻塞,系统有可能陷入死锁状态。

由于在 T_1 时刻找不到一个安全序列,故 T_1 时刻系统是处于不安全状态。

6.3.2　利用银行家算法避免死锁

1965 年,Dijkstra 根据银行系统现金贷款发放思想提出了一种避免死锁的算法,将其命名为银行家算法,它是以系统中只有一类资源为背景的死锁避免算法。1969 年, Habermann 将银行家算法推广到多类资源的环境中,形成了现在的死锁避免算法。为实现银行家算法,系统中需要设置若干数据结构。

1. 银行家算法中的数据结构

假定系统中有 n 个并发进程 P_1,P_2,$\cdots$,P_n,m 类资源 R_1,R_2,$\cdots$,R_m。在银行家算法中需要定义如下 1 个向量和 4 个矩阵。

1)系统可用资源向量 Available[m]

表示系统中拥有每类资源的数量。其初始值是系统中所配备的该类资源全部可用数目,其数值伴随该类资源的分配和回收而动态变化。若某时刻有 Available[j]=k,则表示系统中现有 R_j 类资源 k 个。

2)最大需求矩阵 Max[n][m]

定义了系统中 n 个进程中的每个进程对 m 类资源的最大需求量。如果 Max[i][j]=k,则表示进程 P_i 在并发过程中共需要 R_j 类资源 k 个。

3)分配矩阵 Allocation[n][m]

定义了系统中每个进程已经获得的各类资源数。如果 Allocation[i][j]=k,表示进程 P_i 当前已分得 R_j 类资源 k 个。

4)需求矩阵 Need[n][m]

用以表示每个进程尚需要的各类资源数。如果 Need[i][j]=k,则表示进程 P_i 还需要 R_j 类资源 k 个才能完成任务。

上述 3 个矩阵间存在如下关系:

```
Need[i][j] = Max[i][j] - Allocation[i][j]
```

5)请求矩阵 Request[n][m]

记录每个进程当前请求分配各类资源数。如果 Request[i][j]=k,那么表示进程 P_i 需要 k 个 R_j 类的资源。

2. 银行家算法

当进程 P_i 发出资源请求后,系统按以下步骤进行检查。

(1)如果 Request[i][j]>Need[i][j],则进程 P_i 报错返回,因为进程 P_i 所要求的资源数已超过它的最大需求量;

(2)如果 Request[i][j]>Available[j],则进程 P_i 进入等待资源状态,因为系统无足够资源进行分配;

(3)系统尝试着把资源分配给 P_i,并修改相应的数据结构:

```
Available[j] = Available[j] - Request[i][j]
Allocation[i][j] = Allocation[i][j] + Request[i][j]
Need[i][j] = Need[i][j] - Request[i][j]
```

(4)系统调用安全性算法,检查此次资源分配后系统是否处于安全状态。若系统处于安全状态,则正式将资源分配给进程 P_i,返回。若系统处于不安全状态,则进程 P_i 进入等待资源状态,并在恢复下列数据结构后返回。

```
Available[j] = Available[j] + Request[i][j]
```

```
Allocation[i][j] = Allocation[i][j] – Request[i][j]
Need[i][j] = Need[i][j] + Request[i][j]
```

3. 安全性算法

为了检验当前系统是否处于安全状态,需要定义以下数据结构。

(1) 工作向量 Work[m]:表示系统可提供给进程继续运行的各类资源数。

(2) 完成向量 Finish[n]:表示系统是否有足够资源使进程推进完成。

下面是安全性检测算法具体步骤。

(1) 对工作向量和完成向量进行初始化;

```
Work[j] = Available[j]    j = 1,2,…,m
Finish[i] = false    i = 1,2,…,n
```

(2) 从进程集合中找到一个进程,其满足以下条件:

```
Finish[i] = false
Need[i][j] ≤ Work[j]
```

若找到,则执行步骤(3);若找不到则执行步骤(4)。

(3) 当进程 P_i 获得资源后,便可以向前推进,直至完成,并释放出分配给它的全部资源,故应执行:

```
Work[j] = Work[j] + Allocation[i][j]
Finish[i] = true
```

转步骤(2)。

(4) 若对于所有 i(i=1,2,…,m),Finish[i] 都为 true,则系统为安全状态;否则,系统处于不安全状态。

4. 银行家算法应用示例

【例 6-3】 假定系统中有 5 个进程{P_0,P_1,P_2,P_3,P_4}和 4 类资源{A,B,C,D},在 T_0 时刻的资源分配情况如表 6.3 所示。

扫描二维码,
观看视频

表 6.3 T_0 时刻的资源分配情况

进 程	Allocation				Need				Available			
	A	B	C	D	A	B	C	D	A	B	C	D
P_0	0	0	3	2	0	0	1	2	1	6	2	2
P_1	1	0	0	0	1	7	5	0				
P_2	1	3	5	4	2	3	5	6				
P_3	0	3	3	2	0	6	5	2				
P_4	0	0	1	4	0	6	5	6				

问:

(1) T_0 的状态是否为安全状态?

(2) 在 T_0 时刻,假设现在进程 P_2 发出新的请求资源 Request[2]={1,2,2,2},系统能否给予分配?

解:

(1)T_0 时刻的安全性:利用银行家算法对 T_0 时刻的资源分配情况进行分析,可得这一时刻的安全性分析情况如表 6.4 所示。

表 6.4 T_0 时刻的安全性分析

进 程	Work				Need				Allocation				Work＋Allocation				Finish
	A	B	C	D	A	B	C	D	A	B	C	D	A	B	C	D	
P_0	1	6	2	2	0	0	1	2	0	0	3	2	1	6	5	4	true
P_3	1	6	5	4	0	6	5	2	0	3	3	2	1	9	8	6	true
P_4	1	9	8	6	0	6	5	6	0	0	1	4	1	9	9	10	true
P_1	1	9	9	10	1	7	5	0	1	0	0	0	2	9	9	10	true
P_2	2	9	9	10	2	3	5	6	1	3	5	4	3	12	14	14	true

由表 6.4 可以看出,存在一个安全序列 $<P_0,P_3,P_4,P_1,P_2>$,故该状态是安全状态。

(2)P_2 提出请求 Request[2]＝{1,2,2,2},按银行家算法进行检查:

```
Request[2][j]≤Need[2][j]    j=1,2,3,4
Request[2][j]≤Available[j]  j=1,2,3,4
```

上式条件满足,进程 P_2 请求合理,可尝试分配并修改相应数据结构,资源分配情况如表 6.5 所示。

表 6.5 满足 P_2 请求后的资源分配情况

进 程	Allocation				Need				Available			
	A	B	C	D	A	B	C	D	A	B	C	D
P_0	0	0	3	2	0	0	1	2	0	4	0	0
P_1	1	0	0	0	1	7	5	0				
P_2	2	5	7	6	1	1	3	4				
P_3	0	3	3	2	0	6	5	2				
P_4	0	0	1	4	0	6	5	6				

然后利用银行家算法中的安全性算法,检查系统是否安全,可用资源 Available＝(0,4, 0,0)已不能满足任何进程的需要,故系统进入不安全状态,因此系统不能将资源分配给 P_2。

在 T_0 时刻,如果进程 P_3 请求资源 Request[3]＝{0,6,1,0},系统能否实施分配呢? 同上按银行家算法进行检查,发现 P_3 请求合理,可尝试为 P_3 分配资源,并修改 Allocation 和 Need,资源分配情况如表 6.6 所示。

表 6.6 满足 P_3 请求后的资源分配情况

进 程	Allocation				Need				Available			
	A	B	C	D	A	B	C	D	A	B	C	D
P_0	0	0	3	2	0	0	1	2	1	0	1	2
P_1	1	0	0	0	1	7	5	0				
P_2	1	3	5	4	2	3	5	6				
P_3	0	9	4	2	0	0	4	2				
P_4	0	0	1	4	0	6	5	6				

利用安全性检测算法得知,可以找到一个安全序列$<P_0,P_3,P_4,P_1,P_2>$,故系统是安全的,因此可以将 P_3 请求的资源分配给它。这个安全性检测算法找到安全序列$<P_0,P_3,P_4,P_1,P_2>$的过程可以由读者参照表 6.4 自行进行安全性分析。

从安全性状态出发,系统能保证所有进程都不会陷入死锁,如果从不安全状态出发,系统就不存在这种保证,这就是安全状态与不安全状态的区别。不要认为不安全状态一定会导致死锁,只能说它可能产生死锁。因为随着时间的推移,资源的分配可能会发生变化,原来占有临界资源的进程可能因为某些原因使自己阻塞,并放弃已拥有的临界资源跑到阻塞队列后排队,这样原来请求这些临界资源的其他进程就有可能满足其需要而可以执行。

银行家算法在理论上是出色的,它能保证系统一直在安全状态下工作。此外,作为资源分配的一种算法,银行家算法允许互斥条件、请求和保持条件以及不剥夺条件成立,相比死锁预防,其限制条件放松,资源利用率得以改善。但至今该算法仍存在严重不足,主要有如下几点:

(1) 本算法要求被分配的各类资源数量固定不变,但这对于具体系统而言是难以达到的,因为资源本身需要维护,可能损坏;

(2) 本算法要求用户数固定不变,这在多道系统中也是难以做到的,因为进程数目并不固定,随时在变化;

(3) 本算法保证所有用户的资源要求能在有限时间内得到响应,但实时用户要求有更好的响应速度;

(4) 本算法要求用户在提交作业时说明对各类资源请求的最大数量,这对于用户而言不仅不方便,往往也是困难的。

6.4 死 锁 检 测

虽然死锁预防和死锁避免可以很好地解决死锁问题,但死锁预防对资源利用施加了太严格的限制,造成资源利用率大幅度下降,死锁避免也有诸多不足之处,如分配资源时有一定的保守性限制,系统的资源数与进程数尽可能保持不变等。因此,许多系统中没有死锁防范机制,而是在操作系统中设立一个死锁检测进程。该进程平时处于睡眠状态,它周期性地或发现系统性能下降时被唤醒,以检查系统中有无死锁进程。死锁检测通常算法主要是通过对资源分配图的化简来确定资源分配时是否有资源循环等待事件。

1. 资源分配图

系统死锁可用资源分配图来描述,资源分配图是由结点集 N 和有向边集 E 所组成的对偶 $G=(N,E)$。

(1) 用结点 $P=\{P_1,P_2,\cdots,P_n\}$ 表示进程结点,其中 P_i 在图中用圆表示。用结点 $R=\{R_1,R_2,\cdots,R_m\}$ 表示资源结点,其中 R_j 在图中用方框表示,R_j 类资源的数量在方框内用圆点表示。则有向图中 $N=P\cup R$。

(2) 有向图中的任一边 $e\in E$,都连接着 P 中的一个结点和 R 中的一个结点。若 $e=(P_i,R_j)$,则表示一条资源请求边,意味着进程 P_i 申请一个单位的 R_j 资源,边的方向由 P_i 指向 R_j;若 $e=(R_j,P_i)$,则表示一条资源分配边,意味着进程 P_i 得到一个单位的 R_j 资源,边的方向由 R_j 指向 P_i。

显然,资源分配图将伴随着系统中资源的分配和回收而动态刷新。例如,系统中有两台图形显示器(R_1)和 3 台打印机(R_2),某一时刻,进程 P_1 获得了两台打印机并请求一台图形显示器,而进程 P_2 获得一台图形显示器、一台打印机并请求一台打印机。其资源分配如图 6.4 所示。

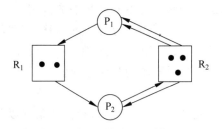

图 6.4　资源分配图示例

2. 死锁定理

通常采用化简资源分配图的方法来检测系统的某个状态是否处于死锁状态。化简过程如下:

(1) 在图中找一个进程结点 P_i,P_i 的请求边均能立即满足。

(2) 若找到这样的 P_i,则将与 P_i 相连的边全部删去,转步骤(1);否则化简过程结束。

(3) 如图 6.5 所示,若化简后所有的进程结点都成了孤立结点,则称该图可完全化简。若不能通过任何过程使该图完全化简,则称该图是不可完全化简的,如图 6.6 所示。

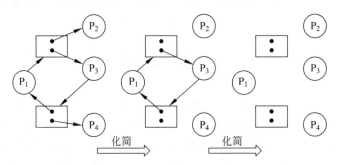

图 6.5　资源化简图(可完全化简)

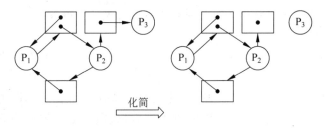

图 6.6　资源化简图(不可完全化简)

3. 死锁检测中的数据结构

死锁检测中的数据结构类似于死锁避免中的数据结构。

(1) 系统可用资源向量 Available[m];

(2) 分配矩阵 Allocation[n][m];

(3) 请求向量 Request[i][j];

(4) 工作向量 Work[j];

(5) 完成向量 Finish[n]。

4. 死锁检测算法

(1) 初始化 Work[j]＝Available[j],Finish[i]＝false。如果 Allocation[i][j]＝0,则 Finish[i]＝true,否则 Finish[i]＝false。(只检测占有资源的进程)

(2) 寻找一个满足如下条件的进程 P_i,(Finish[i]＝false)and(Request[i][j]≤Work[j]),如果存在这样的 P_i,则转步骤(3),否则转步骤(4)。

(3) Work[j]＝Work[j]＋Allocation[j],Finish[i]＝true,转步骤(2)。

(4) 如果对所有 i＝1,2,…,n,Finish[i]不能都成立,则系统出现了死锁。Finish[i]＝false 的 i 进程参与了死锁。

【例 6-4】 假定系统中有 5 个进程{P_1,P_2,P_3,P_4,P_5}和 3 类资源 R＝{7,5,8}在 T_0 时刻的资源分配情况如表 6.7 所示。

表 6.7 T_0 时刻的资源分配情况

进 程	Allocation			Request			Available		
P_1	0	0	3	1	0	0	1	0	0
P_2	1	0	0	1	2	3			
P_3	2	3	2	1	1	0			
P_4	0	2	2	0	0	0			
P_5	3	0	1	0	5	5			

在 T_0 时刻系统不处于死锁状态,因为运行上述死锁检测算法能够得到一个进程序列 <P_1,P_4,P_3,P_2,P_5>,使 Finish[i]＝true,i＝1,2,…,5。

假设现在进程 P_4 提出请求资源 Request[4]＝{0,1,0},根据死锁检测算法可知此时系统处于死锁状态,参与死锁的进程是{P_2,P_3,P_4,P_5}。

6.5 死 锁 解 除

一旦检测出死锁,就要采取一定的策略使系统从死锁中恢复,常用以下方法将死锁进程从死锁状态中解脱出来。

(1) 系统重新启动。这是最简单的死锁解除方法,但它所付出的代价却是最大的。因为在这之前所有进程(不管是参与和非参与死锁)所完成的计算工作都将付之东流。

(2) 撤销所有死锁进程。这常被操作系统使用,但是付出的代价也比较大。

(3) 如果系统提供有设置检查点和重新启动的机制,则将死锁进程退回到前一个检查点,并重新从该检查点启动这些进程。这可能使原来的死锁再次发生,但由于并发处理系统的不确定性,通常死锁有可能不发生。

(4) 逐个撤销死锁进程直至死锁不再存在。每撤销一个进程后,都要使用死锁检测算法判断死锁是否依然存在。

(5) 逐个抢占死锁进程的资源给剩余进程使用,直至死锁不再存在。但抢占资源的方法是否可行,往往与资源特性有关。有时抢占资源需要人工干预,例如抢占打印机时就需要将原来打印的纸张先放到一边去,并使被抢占进程回到当初获得资源时的断点。

无论是采用撤销死锁进程还是抢占资源的方法解除死锁,均要以损失被撤销进程(或被抢占资源进程)已完成的工作为代价。因此要基于成本来选择撤销进程的次序。首先要优先撤销以下死锁进程。

① 使用最少处理器时间的进程。

② 使用最少输出工作量的进程。

③ 具有最多剩余时间的进程。

④ 占有最少资源的进程。

⑤ 具有最低优先级的进程。

6.6 死锁综合处理

上述各种死锁对策都具有局限性,无论哪种方法都无法适用于各类资源。1973 年,Howard 提出了死锁综合处理的建议。其思想是:把系统中的全部资源分为几大类,整体上采用资源顺序分配法,再针对每类资源的特点采用不同的处理方法。例如,可将系统资源分成以下 4 类。

(1) 内部资源:特指系统所用资源,如 PCB 表、页表等;

(2) 内存资源;

(3) 作业资源:如打印机、磁带机、文件等;

(4) 外存资源。

分别将这 4 类资源编号为 1、2、3、4,按序号递增次序申请资源。对第 1、4 两类资源采用预分配法;对第 2 类资源采用资源剥夺法;对第 3 类资源采用死锁避免法。而对那些哪种方法都不适用的资源,可用死锁检测程序定期进行检测,发现死锁后再排除死锁。

此外,在设计操作系统时应通过各种渠道避免死锁的发生。例如,在 SPOOLing 系统中,进程竞争输出井容易造成死锁。通常避免这种死锁的方法是给输出井设置一个可用空间的阈值,当输出井可用空间小于阈值时,作业调度程序将停止把作业调入内存,直到输出井空间大于阈值后才进行作业调度。

本 章 小 结

对互斥共享的资源分配不当,会使部分或全部进程陷入死锁状态,死锁是应该尽量避免的一种现象。通过本章的学习,了解死锁的定义,掌握死锁产生的原因、死锁的必要条件以及解决死锁问题的对策。

死锁的定义:在系统中,两个或两个以上的进程无限期地等待永远不可能发生的事件,则称这些进程处于死锁状态。

死锁产生的原因是:竞争资源、进程推进顺序不合理。

死锁的必要条件:互斥条件、请求与保持条件、不剥夺条件、环路条件。

死锁预防是通过破坏死锁的 4 个必要条件之一实现的。死锁预防在分配资源时要施加太过严格的限制条件，严重影响了资源利用率和系统吞吐量。

死锁避免是通过银行家算法，防止系统进入不安全状态。这是本章的重点。要掌握银行家算法的数据结构及算法实现，并能够解决实际问题。死锁避免较之死锁预防，在系统性能上有较大改进，但要额外付出处理器时间进行计算。

在一些系统中，死锁并不经常发生，因此没有死锁防范机制，而是定期进行死锁检测。当检测到系统中有死锁发生时，采取一定的策略把死锁进程从死锁状态中解除出来。

习　　题

1. 单项选择题

（1）某计算机系统中有 8 台打印机，由 K 个进程竞争使用，每个进程最多需要 3 台打印机。该系统可能会发生死锁的 K 的最小值是（　　）。

    A. 2　　　　　　　　B. 3　　　　　　　　C. 4　　　　　　　　D. 5

（2）下列关于银行家算法的叙述中，正确的是（　　）。

    A. 银行家算法可以预防死锁

    B. 当系统处于安全状态时，系统中一定无死锁进程

    C. 当系统处于不安全状态时，系统中一定会出现死锁进程

    D. 银行家算法破坏了死锁必要条件中的"请求和保持"条件

（3）以下关于死锁问题的说法中正确的是（　　）。

    A. 死锁问题是无法解决的，但可以避免

    B. 死锁的预防是通过破坏进程进入不安全状态来实现的

    C. 通过破坏死锁 4 个必要条件中的所有条件才可以实现死锁避免

    D. 死锁的检测和解除是配合使用的，当系统检测到出现死锁时，就通过死锁解除方法解除死锁

（4）以下关于系统的安全状态的描述中正确的是（　　）。

    A. 系统处于不安全状态一定会发生死锁

    B. 系统处于不安全状态可能会发生死锁

    C. 系统处于安全状态时也可能会发生死锁

    D. 不安全状态是死锁状态的一个特例

（5）资源的静态分配算法在解决死锁问题中用于（　　）。

    A. 死锁预防　　　　B. 死锁避免　　　　C. 死锁检测　　　　D. 死锁解除

（6）有 3 个进程共享 7 个同类资源，为使系统不会发生死锁，每个进程最多可以申请（　　）个资源。

    A. 1　　　　　　　　B. 2　　　　　　　　C. 3　　　　　　　　D. 4

2. 填空题

（1）解决死锁的方法可以有多种，其中死锁的预防是通过（　　）来实现的，死锁的避免是通过（　　）来实现的。

（2）死锁的避免，就是通过保持系统处于（　　）来避免死锁，所以每当有进程提出资源

分配请求时,系统应分析( )、( )和( ),然后决定是否为当前的申请者分配资源。

(3) 死锁检测要解决两个问题:一是( )是否出现了死锁,二是当有死锁发生时怎样去( )。

(4) 为了避免死锁,可以采用( )算法进行资源安全分配。

(5) 系统出现死锁,不仅与( )分配策略有关,而且与( )执行的相对速度有关。

(6) 当检测到系统发生死锁时,可采用( )、( )和( )来解除死锁。

3. 简答题

(1) 何谓死锁? 给出只涉及一个进程的死锁例子。

(2) 死锁预防和死锁避免。

(3) 为什么说采用有序资源分配法不会产生死锁?

(4) 简述安全状态和不安全状态。

4. 应用题

(1) 假设系统由相同类型的 m 个资源组成,有 n 个进程,每个进程至少请求一个资源。证明:当 n 个进程最多需要的资源之和小于 m+n 时,该系统无死锁。

(2) 考虑下列资源分配策略:对资源的申请和释放可以在任何时候进行。如果一个进程提出资源请求时得不到满足,若此时无由于等待资源而被阻塞的进程,则自己就被阻塞;若此时已有等待资源而被阻塞的进程,则检查所有由于等待资源而被阻塞的进程,如果它们有申请进程所需要的资源,则将这些资源取出分配给申请进程。

① 这种分配策略会导致死锁吗? 如果会,请举一个例子;如果不会,请说明产生死锁的哪一个必要条件不成立。

② 这种分配方式会导致某些进程的无限等待吗? 为什么?

(3) 某系统有同类资源 m 个,被 n 个进程共享,请分别讨论当 m>n 和 m≤n 时每个进程最多可以请求多少个这类资源,才能使系统一定不会发生死锁?

(4) 某系统有 R_1、R_2 和 R_3 共 3 类资源,在 T_0 时刻 P_1、P_2、P_3 和 P_4 这 4 个进程对资源的占用和需求情况见表 6.8,此时系统的可用资源向量为(2,1,2)。

表 6.8 资源的占用和需求情况

进 程	最大资源需求量			已分配资源数量		
	R_1	R_2	R_3	R_1	R_2	R_3
P_1	3	2	2	1	0	0
P_2	6	1	3	4	1	1
P_3	3	1	4	2	1	1
P_4	4	2	2	0	0	2

问题:

① 将系统中各类资源总数用向量表示,此刻各进程对资源的需求数目用矩阵表示出来;

② 如果此时 P_1 和 P_2 均发出资源请求向量 Request(1,0,1),为了保证系统的安全性,应该如何分配资源给这两个进程? 说明所采用策略的原因。

③ 如果②中两个请求立即得到满足后,系统此刻是否处于死锁状态?

第7章 实存储管理技术

存储器是一种最重要的计算机资源,内存管理一直是操作系统最主要的功能之一。早期的存储器价格比较昂贵、内存容量有限。尽管现在个人计算机的存储容量已经是 20 世纪 60 年代早期最大的计算机 IBM 7094 的存储容量的数百倍以上,但是程序的大小也是原来的数百倍以上,正如 Parkinson 定律所说:"存储器有多大,程序就会有多大。"

因此,内存容量一直是计算机硬件资源中最关键而又最紧张的瓶颈资源。特别是在多道程序设计技术出现以后,对存储管理提出了更高的要求。一方面要使内存得到充分、有效的利用;另一方面又要为用户提供安全、方便的使用环境。这是操作系统必须解决的问题。

存储器管理技术可分为两大类:实存储器管理和虚拟存储器管理。本章研究常用的实存储管理技术,第 8 章将研究虚拟存储管理技术。

7.1 存储管理的基本概念

在计算机执行时,几乎每一条指令都涉及对存储器的访问,因此要求对存储器的访问速度能跟上处理机的运行速度。或者说,存储器的速度必须非常快,能与处理机的速度相匹配,否则会明显地影响到处理机的运行。此外还要求存储器具有非常大的容量,而且存储器的价格还应尽量便宜。因此,在现代计算机系统中都采用了多级存储器结构来实现这一要求。

7.1.1 多级存储器结构

对于通用计算机而言,存储层次至少应具有 3 级:最高层为 CPU 寄存器,中间为主存,最底层是辅存。在较高档的计算机中,还可以根据具体的功能细分为寄存器、高速缓冲存储器(也叫 Cache)、主存储器(main memory)、磁盘缓存、固定磁盘、可移动存储介质 6 层。如图 7.1 所示,是常见的存储器层次结构。在存储层次中,层次越高,越靠近 CPU,存储介质的访问速度越快,价格也越高,相对来说,存储容量也越小。

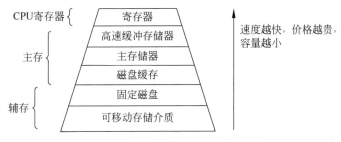

图 7.1 计算机系统存储层次示意图

在计算机系统的存储层次中,寄存器和主存储器又被称为可执行存储器。对于存放于其中的信息,与存于辅存中的信息相比较而言,计算机所采用的访问机制是不同的,所需耗费的时间也是不同的。进程可以在很少的时钟周期内使用一条 load 或 store 指令对可执行存储器进行访问。但对辅存的访问则需要通过 I/O 设备实现,因此,在访问中将涉及到中断、设备驱动程序以及物理设备的运行,所需耗费的时间远远高于访问可执行存储器的时间,一般相差 3 个数量级甚至更多。对于不同层次的存储介质,由操作系统进行统一管理。操作系统的存储管理负责对可执行存储器的分配、回收,以及提供在不同存储层次间数据移动的管理机制,例如主存与磁盘缓存、高速缓冲存储与主存储器之间的数据移动等。而设备管理和文件管理则根据用户的需求,提供对辅存的管理机制。本章只讨论存储管理技术中的实存管理,其余内容在后续章节介绍。本节主要介绍存储管理需要解决的问题、存储管理方式等。

7.1.2 存储管理要解决的问题

存储管理的主要对象是内存,也就是 CPU 能直接寻址的存储空间,一般都是由半导体器件制成。对存储器管理不当,不但直接影响存储器的利用率,而且会对系统性能产生严重影响。在计算机系统中,内存是最紧张的资源之一。为了能够运行长度超过内存可用空间的程序,人们开始研究覆盖技术。在多道程序出现以后,仅用覆盖技术已不足以解决存储管理中出现的很多问题。

为了有效地管理计算机内存资源,操作系统的存储管理应具有以下 4 种功能,即存储分配、地址映射、存储保护和内存扩充。

(1)存储分配:这是存储管理要研究的主要内容,也是本章讨论的重点。本章将研究各种内存分配算法,以及每种算法所要求的数据结构。

(2)地址映射:研究各种地址变换机构,以及静态和动态重定位方法。

(3)存储保护:研究如何确保每道程序都在自己的内存空间运行,互不干扰;如何保护各程序区中信息不被破坏和偷窃。

(4)内存扩充:研究如何从逻辑上扩充内存,而不是从物理上扩充内存。为了实现内存的逻辑扩充,可以采用虚拟存储管理技术,这将在第 8 章进行讨论。

此外,需要读者知道 3 对概念:实存地址-虚存地址、绝对地址-相对地址、物理地址-逻辑地址。这 3 对概念每一侧都是统一的,实存地址就是绝对地址,也是物理地址,也就是作业调入内存后,真正存放的地址。而虚存地址就是相对地址,也是逻辑地址,这个地址是对作业空间的划分,是暂时的。图 7.2 是地址空间的示意图。

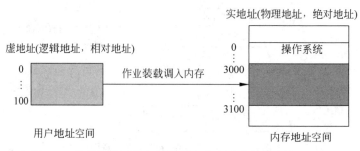

图 7.2　作业从虚地址空间装载入内存后映射到实地址空间

7.1.3 存储管理的分类

存储管理方式随着计算机技术的发展而发展。为了提高存储器的利用率,存储管理由固定式存储管理方式演变为分页存储管理方式,之后又为了更好地满足用户的需要,产生了分段存储管理方式和虚拟存储器。所以,可以把存储管理方式分为连续分配方式、离散分配方式和虚拟存储管理系统。

1. 连续分配方式

连续分配方式是指系统为一个用户程序分配一个连续的存储空间。这种分配方式曾被广泛应用于 20 世纪六七十年代的操作系统中,今天仍占有一席之地。连续分配方式主要有以下两种。

(1)单一连续分配方式:这种存储管理方式将内存划分成系统区和用户区两个分区,用户区被一个用户所独占。例如,MS-DOS 就是采用的单一连续分区管理方式。

(2)分区式分配方式:这种存储分配方式适用于多道程序的存储管理,可以分为固定分区式和可变分区式。固定分区式是将内存的用户区预先划分成若干个固定大小的区域,每个区域驻留一道程序。可变分区式是根据用户程序的大小,动态地对内存进行划分,所以每个分区的大小不是固定的,分区数目也不是固定的。可变分区式显著提高了存储器的利用率。

打一个比方,固定分区方式就像去商场里买制作好的成衣,都是从生产流水线上统一加工制作而成,不会考虑你个人的身材。而可变分区方式就是你去裁缝店里量身定制,根据你的尺寸加工出专属于你的衣服。

2. 离散分配方式

连续分配方式尽管能够满足多道程序的需要,但会产生许多不可利用的小的存储空间(又称为碎片),这些碎片会影响内存的利用率;此外,当内存中所有分区的大小之和大于用户进程,而每一分区的大小均小于用户进程时,用户进程将无法装入,这影响了进程的并发粒度。为了进一步提高内存的利用率、提高进程的并发粒度,引入了离散分配方式。它将一个用户进程离散地分配到内存中多个互不邻接的区域。离散分配方式有以下 3 种。

(1)分页存储管理方式:在这种存储管理方式中,用户地址被划分成若干大小相等的区域,称为页或页面;而内存空间也相应地被划分成若干个物理块,页和块的大小相等。这样,就可以将用户程序离散地分配到内存中的任意一块中,从而实现内存的离散分配,这时内存中的碎片不会超过一页。

(2)分段存储管理方式:这种管理方式是从逻辑关系考虑,把用户地址空间分成若干个大小不等的段,每段可以定义一个相对完整的逻辑信息。进行内存分配时以段为单位,段与段之间可以不相邻接,实现离散分配。

(3)段页式存储管理方式:这是分页和分段存储管理方式的结合,即将用户程序分成若干个段,再把每一段分成若干个页,相应地将内存空间划分成若干物理块,页和块的大小相等,将页装入块中。这种存储管理方式不但提高了内存的利用率,而且能满足用户的要求。

3. 虚拟存储管理系统

为了进一步提高内存的利用率,实现从逻辑上扩充内存的功能,引入了虚拟存储管理系统。虚拟存储管理系统有以下 3 种。

(1)请求分页系统:请求分页系统是在分页系统的基础上,增加了请求调页功能和页面置换功能所形成的分页式虚拟存储系统。它只把用户程序的部分页面(而非全部页)装入内存,就可以启动运行,以后再通过请求调页功能和页面置换功能,陆续把将要运行的页面调入内存,同时把暂不运行的页面置换到外存上,置换时以页面为单位。

(2) 请求分段系统:请求分段系统是在分段系统的基础上,增加了请求调段功能和分段置换功能所形成的分段式虚拟存储系统。它只把用户程序的部分段(而非全部段)装入内存,就可以启动运行,以后再通过请求调段功能和置换功能将不运行的段调出,同时将要运行的段调入,置换时以段为单位。

(3) 请求段页系统:请求段页系统是在段页式系统的基础上,增加了请求调页功能和页面置换功能所形成的段页式虚拟存储系统。

为了方便读者记忆,这里将对应的存储管理方式归纳如图7.3所示。在后续章节中将分别进行介绍。

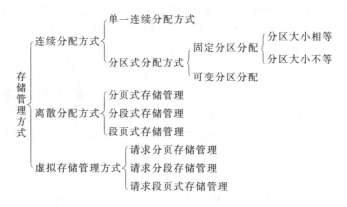

图 7.3　存储管理方式分类

7.1.4　地址重定位

1. 地址空间和存储空间

在用汇编语言或高级语言编写程序时,是通过符号名来访问某一单元的。我们把程序中由符号名组成的空间称为名字空间。源程序经过汇编或编译后再经过链接装配,加工形成程序的装配模块形式,它是以 0 为基址顺序进行编址的,称为相对地址,也叫逻辑地址或虚地址,而相对地址的集合称为相对地址空间,或简称为地址空间。相对地址空间通过地址重定位机构转换到绝对地址空间,绝对地址空间也叫物理地址空间,或称为存储空间。

简单来说,地址空间是逻辑地址的集合,存储空间是物理地址的集合。名字空间、地址空间和存储空间的关系如图7.4所示。

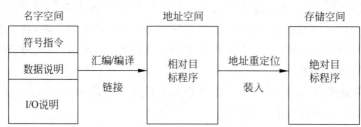

图 7.4　名字空间、地址空间和存储空间

2. 地址重定位

一个逻辑地址空间的程序装入到物理地址空间时,由于两个空间不一致,所以需要进行地址变换,或称地址映射,即地址重定位。地址重定位有两种方式,即静态重定位和动态重定位。

1) 静态重定位

静态重定位是在程序执行之前进行重定位。根据装配模块将要装入的内存起始地址,直接修改装配模块中有关地址的指令。这一工作通常是由装配程序完成的。

图 7.5 是一个静态重定位的示意图。以 0 为参考地址的装配模块,要装入以 2000 为起始地址的存储空间。为使程序装入后能正确运行,在程序装入之前,必须对有关地址的指令进行一些修改。例如,程序中"LOAD 1,450"指令是把相对地址为 450 的存储单元的内容 3500 装入 1 号累加器,而这时内容为 3500 的存储单元的实际物理地址为 2450(起始地址 2000＋相对地址 450),所以"LOAD 1,450"指令中的直接地址码要做相应的修改,即改为"LOAD 1,2450"。

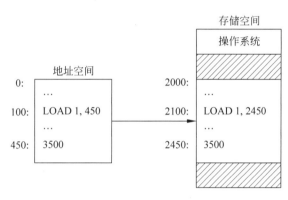

图 7.5　静态重定位

静态重定位的优点是容易实现、无需硬件的支持,它只要求程序本身是可重定位的,即对那些要修改的地址部分具有某种标识。地址重定位由专门设计的程序来完成。但是,它也存在明显的缺点:

(1) 程序在地址重定位后就不能在内存中移动了,因而不能重新分配内存,不利于内存的有效利用。

(2) 要求程序的存储空间必须是连续的,不能分布在内存的不同区域。

(3) 不利于内存的共享,若干用户如若共享同一程序,则各用户必须使用自己的副本。

2) 动态重定位

动态重定位是在程序执行期间,每次存储访问之前进行的。动态重定位需要硬件的支持,这个硬件就是重定位寄存器。重定位寄存器的内容是程序装入内存区的起始地址减去目标模块的相对基地址。重定位时,对每一个有效地址都要加上重定位寄存器中的内容,以形成存储空间的地址,即绝对地址。

图 7.6 是一个动态重定位的示意图。程序的目标模块在装入内存时,与地址有关的指令都无须进行修改,如地址空间中的指令"LOAD 1,450"在装入后仍保持相对地址 450。当该模块被操作系统调度到处理器上执行时,操作系统首先把该模块装入的起始地址减去目

实存储管理技术

标模块的相对基地址,然后将其差值装入重定位寄存器。当处理器获取一条访问内存的指令时,地址变换硬件机构自动将指令中的相对地址与重定位寄存器中的内容相加,把所得结果作为内存的绝对地址去访问该单元的数据。

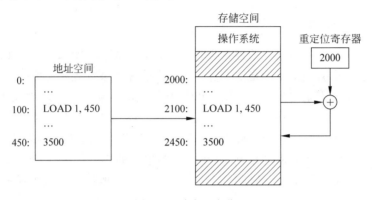

图 7.6　动态重定位

此外还应增设一个界限寄存器,用于防止程序使用的地址超过程序的界限。

动态重定位的优点是:

(1) 在程序的执行过程中,用户程序在内存中可以移动,因而可以重新分配内存,有利于内存的充分利用。

(2) 程序不必连续存放在内存中,可以分散在内存的若干个不同区域,这只需增加几对基址-限长寄存器,每对寄存器对应一个区域。

(3) 若干用户可以共享同一程序。

动态重定位的缺点是需要附加硬件支持、实现存储管理的软件算法比较复杂。

7.2　连续分配存储管理方式

连续分区存储管理方式广泛应用于 20 世纪六七十年代的操作系统中,至今仍占有一席之地。本节主要讲述单一连续分配、固定分区分配和可变分区分配等方案。

7.2.1　单一连续分配方式

在早期的计算机及某些小型、微型计算机系统中,没有采用多道程序设计技术,而是采用单用户、单任务的操作系统(如 MS-DOS、CP/M 等),使用计算机的用户占用了全部计算机资源。这时的存储管理方案采用的是单一连续分配方案。

如图 7.7 所示,在这一存储管理方案中,内存分为以下两个区域。

(1) 系统区:这一区域仅供操作系统使用,通常驻留在内存的低段。

(2) 用户区:除系统区之外的全部内存空间,提供给用户使用。

对于单一连续分配方式,为了实现存储保护、防止操作系统受

图 7.7　单一连续分配

到有意或无意地破坏,需要设置界限寄存器。如果 CPU 处于用户态工作方式,则对于每一次访问,需检查其逻辑地址是否大于界限寄存器的值,如果大于界限寄存器的值,则表示已经越界,出现了用户程序对操作系统区域的访问,便产生中断,并将控制转给操作系统。如果 CPU 处于核心态工作方式,可以访问操作系统区域。

单一连续分配方式的优点是方法简单、易于实现;缺点是仅适用于单道程序,不能使处理器和内存得到充分利用。

7.2.2 固定分区存储管理方式

固定分区分配方式是最早使用的一种能应用于多道程序设计的存储管理方式,其基本思想是在系统生成时就将内存按一定规则划分成若干个分区,每个分区的大小可以不等,但事先必须固定,在系统运行过程中不能改变。在每一个分区内装入一个进程,这样,把内存划分成几个分区,便允许几道作业并发执行。当有空闲分区时,可从外存的后备队列中选择一个大小适当的作业装入该分区。

1. 分区划分方法

(1) 分区大小相等:把内存等分成若干份,所有分区的大小都是相等的。这种分区方法不适宜于程序大小不等的情况。当程序太小时,会造成内存空间的浪费;而当程序太大时,可能由于分区太小而无法装入。尽管这种分区方法存在着很多缺点,但在一些地方仍被采用,主要用于利用一台计算机控制多个相同对象的场合。例如,炉温控制系统是利用一台计算机去控制多台相同的冶炼炉。

(2) 分区大小不等:为了克服分区大小相等分配方法的缺点,可以根据一定的规则,把内存划分成多个大小不等的分区,为小的程序分配小分区,中等程序分配中等分区,大程序分配大分区。

按照前面打的比方,固定分区存储管理方式就是在商场里购买成衣。这里的衣服又分两种。一种是均码,大小都一样,只要你能穿进去,这就是分区大小相等的划分方法。另一种衣服划分细致了,大小不等,分成小号(S)、中号(M)、大号(L)等等,根据你的身材可以挑选其中的某个尺寸。这就是分区大小不等的固定分区存储管理方式。很明显,分区大小都相等的固定分区方式可能存在着更多的内存空间浪费。

2. 数据结构

在固定分区分配方式下,操作系统的存储分配模块和存储回收模块都要用到内存分区情况的说明信息及这些存储区的使用状况信息。为此,系统中设置了一张分区说明表,包含以下 3 项信息。

(1) 大小:指该分区的大小。

(2) 始址:指该分区在内存中的起始位置。

(3) 状态:表明该分区是否已被使用。

3. 内存分配

当有一用户程序需要装入时,由内存分配程序检索分区说明表,按照一定的算法找出一个能够满足要求的、尚未使用的分区分配给该程序,同时修改分区说明表中该分区表项中的状态,如图 7.8 所示。如果找不到大小足够的分区,则拒绝为该用户程序分配内存。从图 7.8(a)可以看出,分区的大小虽然固定,但是有多种不同的规格,因此,这是分区大小不等的固定分区存储管理方式使用的分区说明表。

采用这种技术,虽然可以满足多道程序设计的要求,但由于一个作业的大小一般不能与分区的大小相一致,所以每个被分配的分区总有一部分被浪费。被浪费的这部分存储区称为内零头。有时这种分配方式的浪费相当严重,如图 7.8 所示,第二分区的作业为 20KB,分区大小为 32KB,浪费部分达 12KB;第四分区的浪费为 12KB。

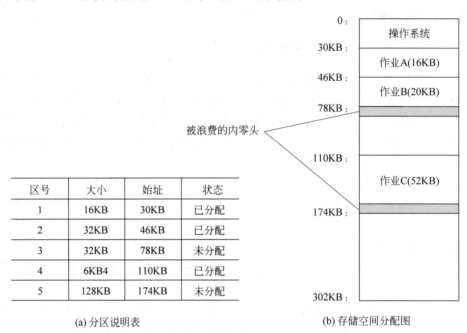

区号	大小	始址	状态
1	16KB	30KB	已分配
2	32KB	46KB	已分配
3	32KB	78KB	未分配
4	6KB4	110KB	已分配
5	128KB	174KB	未分配

(a) 分区说明表　　　　　　　　　　(b) 存储空间分配图

图 7.8　固定分区分配示例图

4. 优缺点

固定分区存储管理技术的最大优点是简单、所需硬件支持只是一对界地址寄存器,软件算法也很简单;缺点是存在较多的内零头、内存利用率不高。

7.2.3　可变分区存储管理方式

因为固定分区分配方式内存利用率不高、使用起来不灵活,所以发展出了可变分区存储管理技术。可变分区是指内存事先并没有划分成分区,而是在作业进入内存时,操作系统按照作业的大小从内存中划分出一个分区分配给作业使用。分区的大小和分区的个数都是可变的,是根据作业的大小和数量动态地划分的。在实现可变分区存储管理方式时,必须解决下述 4 个问题:

(1) 分区分配中的数据结构。

(2) 分区的分配算法。

(3) 分区的回收操作。

(4) 存储保护问题。

1. 分区分配中的数据结构

可变分区存储管理中各功能模块要用的数据结构可以有以下几种组织方式。

(1) 分区说明表:这种方法类似于固定分区中设置的分区说明表结构,已使用分区和

空闲分区都集中在一个表中,这种表存在两个缺点:

- 由于分区数量是不断变化的,所以表的长度不好确定,造成表格管理上的困难。如果给该表预留的空间不够,则无法登记各分区的情况。如果预留的空间过大,又会造成浪费。
- 在为作业分配内存时,由于整个表的长度增加了,为查找一块合适的空闲分区,所需扫描的表目增加,查找速度变慢。

(2) 分别设置两个表格:一个是空闲分区表 FBT,另一个是已使用分区表 UBT,分别用来登记系统中的空闲分区和已使用分区。这样可以减少存储分配和释放时查找表格的长度,提高查找速度。图 7.9 是这两种表格的示意图。

已使用分区表

区号	大小	始址	状态
1	28KB	30KB	已分配
2	—	—	已分配
3	48KB	78KB	空表目
4	16KB	126KB	已分配
5	—	—	空表目
6	64KB	188KB	已分配

空闲分区表

区号	大小	始址	状态
1	20KB	58KB	空闲
2	—	—	空表目
3	46KB	142KB	空闲
4	98KB	252KB	空闲
5	—	—	空表目
6	—	—	空表目

图 7.9 可变分区的数据结构

(3) 空闲分区链:上述表格的存储结构一般可用数组。在对空闲分区的管理中,通常使用链表把所有的空闲分区链接在一起,构成一个空闲分区链。具体做法是:在每一分区的起始部分设置一前向指针,在分区尾部设置一后向指针,通过前、后向指针把所有的空闲分区链接成一个双向链,如图 7.10 所示。为了方便检索空闲分区,在分区尾部重复设置状态位和分区大小表目,当分区分配出去以后,把状态位由 0 改为 1。

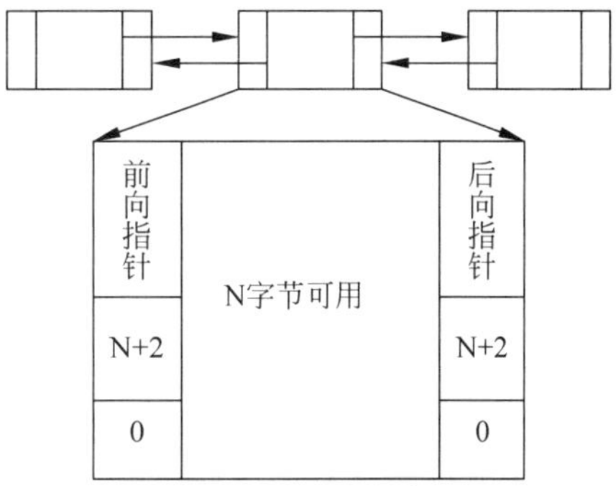

图 7.10 空闲分区链结构

2. 分区分配算法

在可变分区存储管理方式中,需按照一定的分配算法为作业分配空闲区。目前,常用的方法有以下 4 种:

1) 最先适应分配算法

这种算法按分区序号从空闲分区表的第一个表目开始查找,把最先找到的大于或等于作业大小的空闲分区分配给要求的作业。然后按照作业的大小,从该分区中划出一块内存空间分配给作业,余下的空闲分区仍留在空闲分区表中。如果查找到分区表的最后仍没有找到大于或等于该作业的空闲分区,则此次分配失败。图 7.11 是最先适应分配算法的流程图。

这种算法的优点是优先利用内存中低址部分的空闲分区,而高址部分的空闲分区很少被利用,从而保留了高址部分的大空闲区,为以后到达的大作业分配大的内存空间创造了条件。其缺点是低址部分不断被划分,致使留下许多难以利用的、很小的空闲分区。

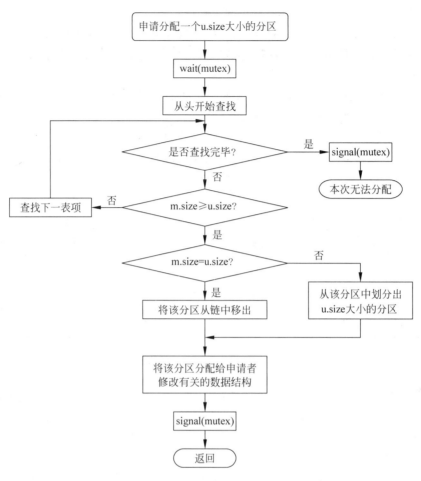

图 7.11　最先适应分配算法流程图

2）循环最先适应分配算法

这种算法是由最先适应分配算法经过改进而形成的。在为作业分配内存时，不再每次都从空闲分区表的第一个表项开始查找，而是从上次找到的空闲分区的下一个空闲分区开始查找，直至找到第一个能满足要求的空闲分区为止，并从中划分出一块与请求大小相等的内存空间分配给作业。

为实现该算法，应设置一个起始查找指针，以指示下一次开始查找的空闲分区，并采用循环查找方式，即如果最后一个空闲分区的大小仍不能满足要求，则返回到第一个空闲分区进行查找。该算法能使内存中的空闲区分布得更均匀、减少查找空闲分区的开销，但会使系统中缺乏大的空闲分区，对大作业不利。

3）最佳适应分配算法

该算法从所有未分配的分区中挑选一个最接近且大于或等于作业大小的空闲分区分配给作业，目的是使每次分配后剩余的碎片最小。为了查找到大小最合适的空闲分区，需要查遍整个空闲分区表，从而增加了查找时间。因此，为了加快查找速度，要求将所有的空闲分区，按从小到大递增的顺序进行排列。这样，第一次找到的满足要求的空闲分区，必然是最佳的。

直观上看，最佳适应分配算法好像是最佳的。然而，在每次分配之后形成的剩余部分，却是一些小的碎片,不能被别的作业利用。因此,该算法的内存利用率不高。

4)最坏适应分配算法

该算法从所有未分配的分区中挑选一个最大的空闲分区分配给作业,目的是使分配后剩余的空闲分区足够大,可以被别的作业使用。为了查找到最大的空闲分区,需要查遍整个空闲分区表,从而增加了查找时间。因此,为了加快查找速度,要求将所有的空闲分区按从大到小递减的顺序进行排列。这样,第一次找到的空闲分区,必然是最大的。

最坏适应分配算法在分配后剩余的空闲分区可能比较大,仍能满足一般作业的要求,可供以后使用,从而最大限度地减少系统中不可利用的碎片。但这种算法使系统中的各空闲分区比较均匀地减小,工作一段时间后,就不能满足对较大空闲分区的分配要求了。

3. 分区的回收

当一个作业运行完毕释放内存时,系统根据回收区的首地址,在空闲分区表中找到相应的插入点,此时可能出现下述 4 种情况之一(其中 F_1、F_2 表示回收区前、后的空闲区):

(1)回收区既不与 F_1 相邻,也不与 F_2 相邻(如图 7.12(a)所示),应为回收区建立一项新表目,填写回收区的始址和大小,并根据其始址和大小,插入到空闲分区表的适当位置。

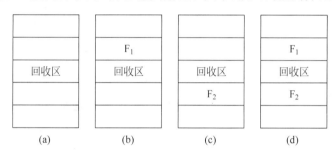

图 7.12 分区回收时的情况

(2)回收区只与插入点的前一个空闲分区 F_1 相邻时(如图 7.12(b)所示),此时将两个分区合并为一个新的空闲分区,不再为回收区分配新表项,只需修改 F_1 的大小,新空闲分区的大小为 F_1 与回收区的大小之和。

(3)回收区只与插入点的后一个分区 F_2 相邻时(如图 7.12(c)所示),此时将两个分区合并为一个新的空闲分区,修改 F_2 表目的内容,以回收区的始址作为新空闲分区的始址,以回收区与 F_2 的大小之和作为新空闲区的大小。

(4)回收区与插入点的前、后两个分区 F_1 和 F_2 都相邻时(如图 7.12(d)所示),此时以 F_1 的表目作为新空闲分区的表目,F_1 的始址作为新空闲分区的始址,以 F_1、回收区、F_2 的大小之和作为新空闲分区的大小,删除 F_2 的表目。

图 7.13 是分区回收流程图。

4. 存储保护

为了防止一个作业有意或无意地破坏操作系统或其他作业,应对分区采取保护措施。可变分区存储管理方式的存储保护一般采用以下两种方法:

1)界地址法

系统设置一对上、下界寄存器,当选中某个作业运行时,将作业的界地址装入这对寄存器中,作业运行时所形成的每一个访问存储器的地址都要同这两个寄存器的内容进行比较,

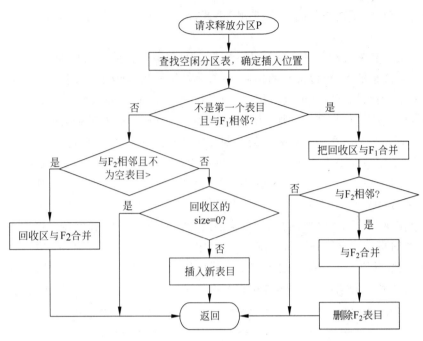

图 7.13　分区回收流程图

若超过寄存器中的界限,则产生越界中断。如图 7.14(a)所示,作业所在分区是 120～180KB,作业装入时,将其上界地址寄存器置为 120KB,下界地址寄存器置为 180KB。作业访问一个存储器地址 D 时,要把地址 D 与上、下界寄存器的内容进行比较,如果满足 120KB≤D<180KB,则访问是合法的,如果超出这一范围,则产生越界中断。

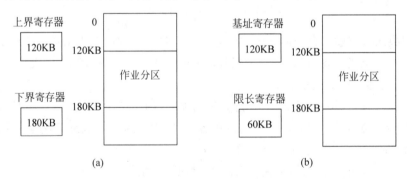

图 7.14　可变分区的存储保护

也可以使用一对基址、限长寄存器,原理也是相同的,此时基址寄存器还起着重定位寄存器的作用。如图 7.14(b)所示,把基址寄存器置为 120KB,限长寄存器置为 60KB。作业访问一个存储器地址 D 时,把 D 减去基址寄存器的内容,再与限长寄存器的内容进行比较,如果超出限长,则产生越界中断。

2) 保护键法

系统为每一个存储块都设置了一个单独的保护键,它相当于一把锁。而在作业的程序状态字中设置一个保护键字段,对不同的作业赋予不同的代码,它相当于一把钥匙。当运行作业要访问某个存储器地址时,先要把程序的保护键字段与存储块的保护键进行比较。如果相符,则可以进行读写操作;如果不相符,则访问被禁止或只允许进行读操作。当一个作业运行中产生非法访问时,系统将产生保护性中断。可见,保护键法还提供了一种数据共享的方式。

5. 存储器的紧缩和程序的浮动

在可变分区存储管理中,由于各作业动态地请求和释放内存分区,会造成内存中存在大量小的、离散分布的碎片。如图 7.15(a)所示,要装入一个 400KB 的作业 5,内存中的各空闲分区的大小之和有 498KB,但由于每一碎片的大小均小于 400KB,因而作业 5 无法装入内存运行。这会造成内存的浪费,也降低了多道程序的并发率。

为了解决碎片问题,可以有以下两种解决方案:

(1) 把作业分成几部分装入到不同的分区中去,也就是不把一个作业作为一个连续的整体存放在内存中。显然,这种方法可以改变碎片问题,但也带来了程序管理和执行上的复杂性。

(2) 把内存中的小碎片集中起来,形成一个较大的分区,使之可以装入较大的作业。这种方法可以很好地解决内存碎片问题,但如何使这些碎片集中起来呢? 可以采用存储器紧缩的方法,即把所有作业集中于内存的一端,从而连成一个完整的大分区,这种方法称为存储器的紧缩。如图 7.15(b)所示,经过存储器的紧缩,把所有碎片集中到了存储器的一端,形成了一个 498KB 的分区,从而可以满足作业 5 的需要。图 7.15(c)是装入作业 5 之后的情形。

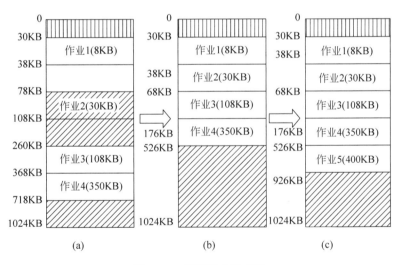

图 7.15 程序浮动示意图

要进行存储器的紧缩,就要将内存中的程序进行移动。但移动程序会使程序无法正确执行,这是因为一个程序总要涉及基址寄存器、访问内存指令、访问参数表或数据结构。如果要使程序移动后仍然能正确执行,则程序中所有与地址有关的项都要按照移动后的新的基地址进行重定位工作。但是进行重定位工作是有一定困难的。因为重定位工作需要操作系统来完成,但操作系统无法识别程序中哪些项与地址有关,系统中没有重定位词典,操作系统便无法完成重定位工作。

为了解决这个问题,应采用动态重定位技术。一个作业在内存中移动后,只需改变重定位寄存器的内容即可。如图 7.15(a)、(b)所示,作业 2 移动后,只要把其重定位寄存器中的

78KB 改为 38KB 即可,程序在执行与地址有关的指令时,动态地进行重定位。

存储器的紧缩可以较好地解决碎片问题,提高存储器的利用率。但是何时进行紧缩,即如何选择紧缩的时机,有两种方案供选择:

① 当某个作业完成时,立即进行紧缩。这样的紧缩操作是比较频繁的。由于实施程序的移动要花费较多的处理器时间,所以应尽可能减少紧缩操作的次数。

② 当某一个作业请求一个分区,而内存中没有足够大的空闲分区,但各空闲分区之和却大于作业的大小,此时进行紧缩操作。显然,这样的紧缩比前述的紧缩次数要少得多,从而可以节省处理器时间。图 7.16 是存储器紧缩算法的流程图。

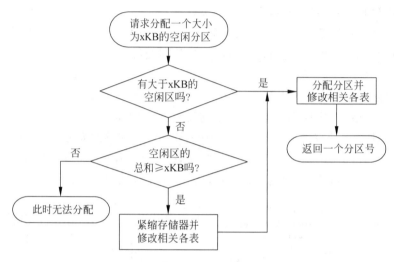

图 7.16 动态重定位可变分区分配算法流程图

7.3 离散分配存储管理方式

7.2 节讨论了连续分配存储技术,但使用这种分配技术会造成较多的碎片,降低了内存的利用率。尽管使用存储器的紧缩技术可以把零散的空闲分区集中成较大的分区,提高了内存的利用率,然而,这种内存利用率的提高是以牺牲处理器时间为代价的,因此这一方法并不可取。为此,应打破连续存储的限制,把作业离散地装入存储器中。根据离散分配时所用基本单位的不同,可将离散分配方式分为 3 种。

1. 分页存储管理

在该方式中,用户程序的地址空间被划分成若干固定大小的区域,称为页。而将存储空间也划分成相应大小的区域,称为物理块。这样,可以将用户程序的任一页放入存储空间的任一物理块中,从而实现了离散存储。

2. 分段存储管理

分页存储管理是从提高内存利用率的角度出发而形成的,没有考虑用户的要求。分段存储管理是为满足用户要求而形成的一种存储管理方式。在这种存储管理方式中,作业的地址空间按照程序的逻辑关系被划分成若干个大小不等的段,每个段定义了一组完整的逻辑信息。在进行存储分配时,以段为单位,这些段在内存中可以不互相邻接,从而实现了离散存储。

3. 段页式存储管理

这是分页和分段存储管理相结合而形成的一种存储管理方式。它综合分页式和分段存储管理的优点,既提高了内存的利用率,又满足了用户的要求,是目前使用较多的一种存储管理方式。

7.3.1 分页存储管理方式

1. 分页存储管理的基本概念

1)页面和物理块

在分页存储管理方式中,将一个进程的逻辑地址等分成若干区域,称为页面或页,并给各页从零开始依次编以连续的页号 0,1,2,…。相应地,将存储空间划分成与页大小相等的若干个存储块,称为(物理)块或页架,并给各块从零开始依次编以连续的块号 0,1,2,…。进程的最后一页经常装不满一块,形成不可利用的碎片,称为页内碎片。

2)逻辑地址的表示

进程的逻辑地址一般是从基地址 0 开始连续编址的。在分页系统中,每个逻辑地址用一个数对(p,d)来表示,其中 p 是页号,d 是页内地址。若给定一个逻辑地址 A,页面大小为 L,则:

$$p = \mathrm{INT}\left[\frac{A}{L}\right]$$

$$d = [A]\ \mathrm{MOD}\ L$$

其中,INT 是向下取整的函数,MOD 是取余函数。例如,逻辑地址 A 是 4856B,页面大小 L 为 1024B,根据上式,可得 p=4,d=760,逻辑地址表示为(4,760)。

3)分页系统中的地址结构

在分页存储管理系统中,进程的逻辑地址用一个数对(p,d)来表示。那么这个数对在机器指令的地址场中又是如何表示的呢?通常将该地址场分为两部分:一部分表示该地址的页号 p,另一部分表示页内地址 d,其格式如图 7.17 所示。至于页号和页内地址各占几位,主要取决于页的大小。如页的大小为 1KB,则页内地址部分应占 10 位,即 0~9 位,页的大小为 2KB 时,页内地址部分应占 11 位,即 0~10 位。

31	11	10	0
页号p		页内地址d	

图 7.17 分页系统中的地址结构

在图 7.17 中,地址长度为 32 位。其中 0~10 位为页内地址,即每页的大小为 2^{11}＝2KB,11~31 位为页号,说明页号占 20 位,即地址空间最多允许有 2^{20}＝2MB 页。

4)内存分配原则

在分页存储管理系统中,系统以物理块为单位把内存分给进程,并且分给一个进程的各个物理块不一定是相邻和连续的。进程的一个页面装入系统分给的某个物理块中,所以页面和物理块对应。一个进程的相邻的连续的几个页面,可被装入内存的任意几个物理块中,从而实现了离散存储,如图 7.18 所示。

2. 页表

系统将进程的每一页离散地分配到内存的多个物理块中,应能保证进程的正确运行,即

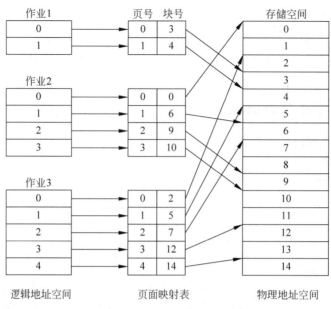

图 7.18　分页存储管理系统

在内存中能够找到每一页对应的物理块。为此,系统为每一个进程建立了一个页面映射表(Page Match Table,PMT),简称页表,如图 7.18 所示。页表至少应包含以下信息。

（1）页号:进程各页的序号。

（2）物理块号:对应页装入内存的物理块号。

每个页在页表中占一个表项,记录该页在内存中的物理块号。进程运行时,通过查找页表,可以找到每一页在内存中的物理块号。可见,页表的作用是实现从页号到物理块号的地址映射。

页号和物理块号是页表中最基本的表项,但即使是在最简单的分页系统中,也需在页表的表项中设置一个存取控制字段,用于对该物理块中的内容进行保护和共享。存取控制字段可规定一个物理块为读/写、只读和只执行等存取方式。如果一个进程试图去写一个只允许读的物理块,则将引起操作系统的一次中断。如果要利用分页系统实现虚拟存储器,则还需增加一些数据项。具体将在第 8 章进行讨论。

3. 页面大小的选择

在分页系统中页面的大小是由机器的地址结构所决定的,亦即由硬件决定。对于某一种机器只能采用一种大小的页面。

若选择的页面较小,可以使内存碎片减小,从而减少了内存碎片的总空间,有利于提高内存的利用率;但另一方面,也会使每个进程的页面数增多,从而导致页表过长,占用大量内存;此外,还会降低页面置换的效率。若选择的页面过大,虽然可以减少页表长度、提高置换效率,但却又会使页内碎片增大。因此,页面的大小应选择适中,通常为 $2^9 \sim 2^{13}$,即在 512B～8KB 之间。

页面的大小不但应该选择适中,而且应该是 2 的幂。这是因为在分页系统中,需将逻辑地址转换成页号 p 和页内地址 d 才能进行访问。而将逻辑地址转换成页号 p 和页内地址 d 需使用除法。如果每访问一个内存单元都要做一次除法运算,则将大大降低系统效率。如果页的大小是 2 的幂,那么把一个逻辑地址转换成页号 p 和页内地址 d 就十分简单了。只要根据页的大小是 2 的几次幂，把地址场从幂次数位截开成两部分即可，高位部分代表的数表示页号 p，低位部分代表的数表示页内地址 d。

【例 7-1】 在一分页系统中，页的大小为 2KB，试计算逻辑地址 2A3CH 的页号和页内地址。

解：逻辑地址 2A3CH＝0010101000111100B，其地址场结构如下：

页面大小 2K＝2^{11}，所以从第 11 位（图中虚线处）把地址分成两部分，高位部分为 5，低位部分为 23CH，故 p＝5，d＝23CH。所以，2A3CH→(5,23CH)。

15	14	13	12	11	10	9	8	7	6	5	4	3	2	1	0
0	0	1	0	1	0	1	0	0	0	1	1	1	1	0	0

4. 分页系统中的地址转换

当进程在处理器上运行时，为了能将用户地址空间中的逻辑地址变换为内存中的物理地址，必须在系统中设置地址变换机构。该机构的基本任务是完成逻辑地址到物理地址的转换。由于页内地址和块内地址是一一对应的，所以无须转换。因此，地址转换的任务，只是将逻辑地址中的页号，转换为内存中的物理块号。根据系统中硬件结构的不同，有 3 种地址转换方式。

1）直接映像的页地址转换

当进程在处理器上运行时，操作系统自动将进程的页表起始地址和页表长度装入页表寄存器中。当进程要访问某个逻辑地址时，地址变换机构的地址映像硬件自动按页面大小把逻辑地址截成两部分，页号 p 和页内地址 d，这时以页号为索引查找页表，查找工作由硬件自动进行，具体过程如图 7.19 所示。在执行检索之前，先将页号与页表长度进行比较，如果页号大于或等于页表长度，则表示此次访问的地址已超出进程的地址空间，于是，这一错误将被系统发现并产生一次地址越界中断。如果没有出现越界中断，加法器将页表始址 a 与页号和页表项长度 L 的乘积相加，得到该页在页表中的表目位置，于是可以得到该页在内存中的物理块号 p'。然后地址映像硬件又将物理块号 p' 与页内地址拼出实际的内存绝对地址，实现了地址映像。

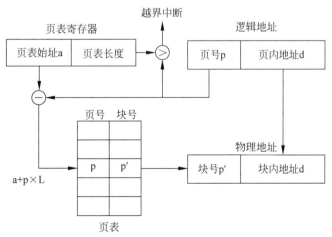

图 7.19 分页系统的直接映像地址转换机构

【例 7-2】 在一分页系统中,页的大小为 2KB,某进程的页表如表 7.1 所示,试将逻辑地址 2A3CH 转换成物理地址。

表 7.1 某进程的页表

页　　号	物 理 块 号	页　　号	物 理 块 号
0	10	4	18
1	7	5	11
2	12	6	8
3	6	7	2

解：逻辑地址 2A3CH＝0010101000111100B,其地址结构如下：

15	14	13	12	11	10	9	8	7	6	5	4	3	2	1	0
0	0	1	0	1	0	1	0	0	0	1	1	1	1	0	0

页面大小 $2K＝2^{11}$,所以从第 11 位(图中虚线处)把地址分成两部分。高位部分为 5,故页号 p＝5,查找对应的页表,会发现页号 5 对应的物理块号是 11,因此将 11 写成二进制 1011,高位不足部分补 0,即转换为对应的块号 p′,再和原先的地址低位部分 d,一起拼出物理地址 0101101000111100B 写成十六进制即为 5A3CH。

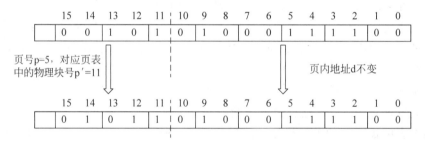

直接映像地址转换的硬件实现并不复杂,但它对系统的效能却有很不利的影响。主要问题是处理器需要两次访问内存才能存取到所需数据,第一次查页表以找出对应的物理块号,第二次才能真正访问所需数据。由此可见,处理器执行指令的速度,降低为原来的二分之一。因此必须找到一种更快的地址转换方法,来解决系统效率下降的问题。

2) 相关映像的页地址转换

为了提高页地址转换速度,在地址变换机构中增设一种硬件——联想存储器,或称快表。把所有页表放在联想存储器中,因为联想存储器的数据存取速度比一般存储器高一个数量级,其地址转换过程如图 7.20 所示。当进程访问一个逻辑地址时,该地址被硬件截成两部分：页号 p 和页内地址 d。这时硬件以页号 p 对联想存储器中页表的各表目同时进行比较,查找出相应的物理块号,与页内地址 d 拼成绝对地址,然后按此地址访问内存。

在相关映像的地址转换中,页表放在高速的联想存储器中,而不是放在普通的内存中,其访问数据的速度基本上接近原来速度(约降低 10%),并且同时对相关页表的各表目进行比较,所以不需用加法器相加的方法来查找所需表目。但由于整个系统的页表所占空间很大,需要很多联想存储器。而联想存储器比较昂贵,因此成本很高,不很实用。

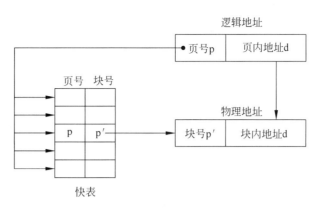

图 7.20   分页系统的相关映像地址转换机构

3）直接映像与相关映像相结合的页地址转换

该方法是直接映像与相关映像相结合而形成的。由于联想存储器价格很高,页表全部使用联想存储器来存放很不经济。于是仍然把各进程的页表存放在内存的系统区内。系统使用联想存储器(存放 16～512 个页表项)存放正在运行的进程的当前最常用的部分页面的页号和它的相应物理块号。其地址转换过程如图 7.21 所示。当运行进程要访问一个逻辑地址时,硬件将逻辑地址截成页号 p 和页内地址 d。地址转换机构首先以页号 p 和联想存储器中各表目同时进行比较,以便确定该页是否在联想存储器中。若在其中,则联想存储器即送出相应的物理块号 p′ 与页内地址一起拼接成绝对地址,并按此地址访问内存。若该页不在联想存储器中,则使用直接映像方法查找进程的页表,找出其物理块号 p′ 与页内地址拼成绝对地址,并访问内存。与此同时,要将该页的页号及对应的物理块号一起送入联想存

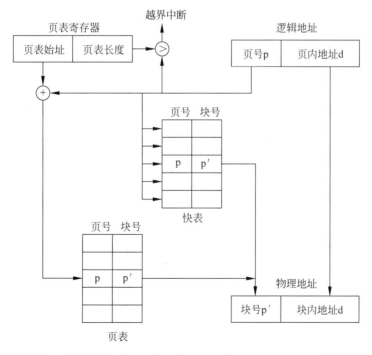

图 7.21   直接映像与相关映像相结合的地址转换机构

实存储管理技术

储器的空闲表目中。如果无空表目,那么通常把最先装入的页的有关信息淘汰出去,以供装入新页的有关信息。实际上直接映像与相关映像同时进行,当相关映像成功后,自动停止直接映像工作。

由于对程序和数据的访问往往带有局限性,所以快表的命中率可以达到 $80\% \sim 90\%$。例如,检索联想存储器的时间为 20ns,访问内存的时间为 100ns,访问联想存储器的命中率为 85%,则处理器存取一个数据的平均时间为

$$T = 0.85 \times (100 + 20) + 0.15 \times (20 + 100 + 100) = 135(\text{ns})$$

所以访问时间只增加了 35%。如果不引入联想存储器,那么其访问时间将增加到 200ns。

5. 二级和多级页表

在现代计算机系统中,逻辑地址空间都有 $32 \sim 64$ 位。在采用分页存储管理方式时,页表要占用相当大的内存空间。例如,对于一个有 32 位逻辑地址空间的分页系统,如果页面大小为 4KB,即 2^{12}B,则页面数可有 2^{20} 个,即 1M 个,若每个页表项占用 4B,则每个进程仅页表就要占用 4MB 的内存空间,而且还要求是连续的,这显然是不现实的。为此,可以采用二级页表甚至多级页表的方法来解决这一问题。

1) 二级页表

由于难以找到足够大的内存空间来存放页表,可以将页表也采用分页的方法,把页表分成若干页,并为它们编号,可以离散地将各个页面存放在不同的物理块中。为了管理这些页表,需要再建立一张页表,称为外层页表,也就是页表的索引表。在外层页表中的每个页表项中记录了页表页面的物理块号。下面仍以 32 位逻辑地址空间为例来说明。当页面大小为 4KB(12 位)时,采用二级页表结构,对页表进行分页,使每页中包含 2^{10}(即 1024)页表项,最多允许有 2^{10} 个页表分页,或者说,外层页表中的外层页内地址 p_2 为 10 位,外层页号 p_1 也为 10 位,其逻辑地址结构可描述如下:

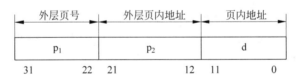

此时页面大小为 $2^{12} = 4\text{KB}$,图 7.22 是二级页表的结构示意图。

由图 7.22 可以看出,外层页表的每个表项中,存放的是某页表分页的首址,如第 0 号页表存放在第 4 物理块中,第 1 号页表存放在第 8 物理块中;而在页表的每个表项中存放的是某页在内存中的物理块号,如第 0 号页表中的第 0 页存放在第 3 物理块中,第 0 号页表的第 1 页存放在第 5 物理块中。可以利用外层页表和页表,来实现从进程的逻辑地址到内存中物理地址间的变换。

为了实现地址变换,在地址机构中需要设置一个外层页表寄存器,用于存放外层页表的始址,并使用逻辑地址中的外层页号作为外层页表的索引,从而找到指定页表分页的首址,再利用外层页内地址作为指定分页的索引,找到指定的页表项,从中找到该页在内存中的物理块号,用该块号和页内地址 d 即可构成访问内存的物理地址。图 7.23 表示了二级页表的地址变换机构。

上述方法解决了大页表的离散存储问题,但页表占用的内存空间仍然很大。为了解决

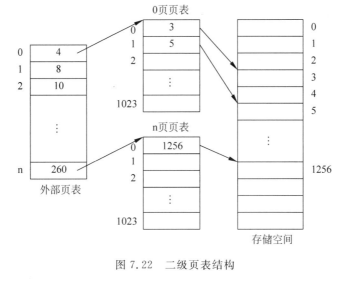

图 7.22 二级页表结构

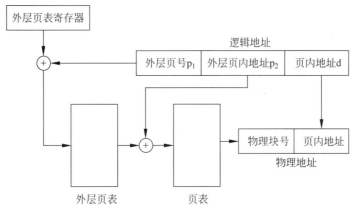

图 7.23 二级页表的地址变换机构

这一问题,可以把当前所需要的一部分页表调入内存,而另外一部分则存放在磁盘上,以后再根据需要陆续调入。由于有部分页表没有调入内存,所以还应在外层页表的表项中,增设一个状态位 S。若其值为 1,表示该页表已在内存;若其值为 0,则表示该页尚未调入内存。这样就可以解决页表占用大量内存空间的问题。

2) 多级页表

对于 32 位的机器,采用二级页表结构是合适的。但对于 64 位的机器,使用二级页表仍然存在着页表占用内存空间过大的问题,原因如下:如果页面大小仍采用 4KB(2^{12}B),则还剩下 52 位,假定仍按物理块的大小(2^{10}位)来划分页表,此时,把余下的 42 位用于外层页号,这样,外层页表中最多可能有 4T(2^{42})个页表项,要占用 16TB 的连续内存空间,这是不可能接受的;即使按 2^{20} 位来划分页表,外层页表中仍有 4G(2^{32})个页表项,要占用 16GB 的连续内存空间,这也是不能接受的。因此,在 64 位机器中,必须采用多级页表,将外层页表再进行分页,然后将各个分页离散地分配到不相邻接的物理块中,利用第二级的页表来映射它们之间的关系。

7.3.2 分段存储管理方式

在前面介绍的各种存储管理方案中,为用户提供的是一个一维的线性地址空间,这对于模块化的程序设计和变化的数据结构的处理、进程之间某些子程序块或数据块的共享等问题,都存在着较大的困难。因此,程序员希望能够按照程序模块来划分段,并以段为单位分配内存。每个段都有自己的名字,可以根据段名来访问相应的程序段或数据段。分页存储管理是从系统的角度出发,主要目的是提高内存利用率。而分段存储管理是为满足用户的要求而设计的。

1. 分段存储管理的基本概念

1) 进程的逻辑地址空间

在分段存储管理方式中,进程的地址空间按照程序自身的逻辑关系分成若干段,每一段在逻辑上都是完整的。例如,有主程序段 MAIN、子程序段 X、数据段 D 及堆栈段 S 等。每个段都有自己的段名,故分段存储情况下,进程的逻辑地址空间是二维的。每一个逻辑地址都由段名和段内地址两部分组成。为了简单起见,通常用一个段号来代替段名,每个段都从 0 开始编址,并采用一段连续的地址空间,段的长度由相应的逻辑信息组的长度决定。

2) 分段系统的地址结构

进程的逻辑地址要用两部分 s、w 来描述,所以分段系统的地址结构如下:

段号s	段内地址w
31 24	23 0

假定某机器指令地址部分长为 32 位,如果规定左边 8 位表示段号,而右边 24 位表示段内地址。这样的地址结构限定了一个进程最多可有 256 段,最大的段长为 16MB。

3) 内存分配原则

分段存储管理的内存分配以段为单位,每一段分配一块连续的内存分区,一个进程的各段所分到的内存分区不要求是相邻连续的分区。

2. 段表和段表地址寄存器

在分段系统中,系统为每一个进程建立一个段映像表(简称段表),以实现动态地址转换。段表中应包含的基本信息有段号、段的长度、段在内存中的起始地址,如图 7.24 所示,在配置了段表后,执行中的进程可通过查找段表,找到每个段所对应的内存区域。可见,段表实现了从逻辑段到物理内存区域的映射。

如果要利用分段系统实现虚拟存储器,则还需增加一些数据项。这个问题将在第 8 章进行讨论。

3. 分段存储管理中的地址转换

段地址转换与分页系统的页地址转换基本相同,如图 7.25 所示。为了实现从进程的逻辑地址到物理地址的转换,在系统中设置了段表寄存器。进程运行时,由系统将该进程的段表始址和段表长度 TL 装入段表地址寄存器中,当进程要访问某逻辑地址(s,w)时,系统将逻辑地址中的段号 s 与段表长度 TL 进行比较,若 s≥TL,则表明访问越界,于是产生越界中断信号;若未越界,则将段表寄存器中的段表始址与段号和段表表目长度的乘积相加后,计算出该段对应段表项的位置,从中读出该段在内存中的起始地址,然后,再检查段内地址

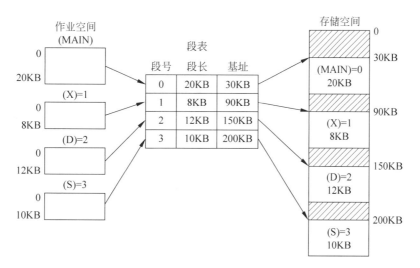

图 7.24　分段存储管理系统

w 是否超过该段的段长 SL,若 w≥SL,同样发出越界中断信号;若未越界,则将该段的基址与段内地址 w 相加,即得到要访问的内存物理地址。

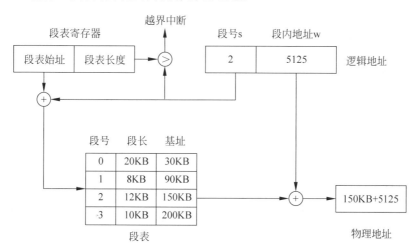

图 7.25　分段系统的直接映像地址转换机构

　　类似分页存储管理中的情况,处理器要访问一个数据,也需两次访问内存,使处理器访问指令的速度降为原来的二分之一。为了提高地址转换速度,可以采用联想存储器技术。

4. 分段存储管理的共享

　　在分页存储管理系统中,虽然也能实现程序和数据的共享,但远不如分段系统来得方便。图 7.26 是分段系统中段的共享的示意图,进程 1 和进程 2 要共享 Brush 段,则在每个进程的段表中,设置一个 Brush 段即可。

　　在实现段的共享时,需要用到可再入代码(reentrant code),又称纯代码(pure code)。这是一种允许多个进程同时访问的代码。为使各个进程执行的代码完全相同,可再入代码是不允许任何进程修改其代码的。但是在实际执行过程中,绝大多数代码都可能有所改变。

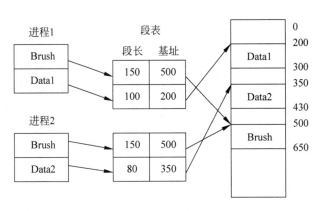

图 7.26　分段系统中的段的共享

为了解决这个问题,每个进程都必须配以局部数据区,将在执行中可能改变的部分复制到该数据区中,程序在执行时,只对该数据区(属于该进程私有)中的内容进行修改,而不去改变共享的代码,这时的可共享代码可称为可再入代码。

5. 分段存储管理的优缺点

分段存储管理的优点如下:

(1) 方便编程。

用户一般把自己的作业按照程序的逻辑关系划分成若干个段,每个段都有自己的名字和长度。要访问的逻辑地址由段号和段内地址决定,每个段都从 0 开始编址。因此,用户程序在执行中可用段名和段内地址进行访问。例如:

```
LOAD 1,[A]|<D>
STORE 1,[B]|<E>
```

第一条指令的含义是把 A 段中 D 单元内的数据读入 1 号寄存器,第二条指令的含义是把 1 号寄存器中的数据存入 B 段中的 E 单元内。

(2) 便于动态增长。

在实际应用中,有些段,特别是数据段,其长度会随着输入数据的多少而变化,而事先又无法确切地知道数据段会增长到多大。在这种情况下,要求能动态地增长一个段。这在分段系统中是易于实现的,因为在一个分段后面添加新的数据不会影响地址空间中的其他部分。

为了实现段的动态增长,可以在段表中增设一个增长标志位。如果该位为 0,则表示该段不可增长;如果该位为 1,则表示该段允许增长。在允许增长的情况下,由于向段中添加新的数据,往往会触发越界中断,所以操作系统的越界中断处理程序将根据动态增长位来判断增长的合法性。

(3) 便于共享。

在实现程序和数据的共享时,都是以信息的逻辑单位为基础的。分页系统中的每一页都只是存放信息的物理单位,其本身并无完整的意义,因而不便于信息共享。然而段却是信息的逻辑单位,便于实现共享。

为了实现段的共享,只要在所有需要共享的进程的段表中,设置相应的表目指向被共享段在内存中的起始地址即可。

（4）便于动态链接。

用户源程序经过编译后形成若干个目标程序，还需经过链接形成可执行文件后，方能执行。这种在装入时进行的链接称为静态链接。动态链接是指在作业运行之前，并不把几个目标程序段链接起来，而先将主程序所对应的目标程序装入内存并启动运行，当运行过程中需要调用某段时，才将该段（目标程序）调入内存并进行链接。实现动态装入与链接的方法随计算机的硬件结构而异。

（5）便于分段保护。

在多道程序环境下，必须对内存中的信息采取有效的保护措施，以防止其他程序有意或无意地破坏内存中的数据。信息的保护也是以信息的逻辑单位为基础的。因此，采取分段的组织和管理方式，对于实现保护功能，将是更有效和方便的。

分段存储管理的缺点为：

（1）要为存储器的紧缩付出处理器机时的代价。

（2）为管理各段，要设立段表，为此，要提供附加的存储空间。

（3）在外存上管理可变长度的段比较困难。

（4）段的最大长度受到内存大小的限制。

（5）与分页一样，提高了硬件成本。

7.3.3 段页式存储管理

7.3.1节和7.3.2节分别介绍了分页存储管理和分段存储管理，它们各有其优缺点。分页系统能有效地提高内存利用率，但却不能很好地满足用户的需要，给共享和保护带来了一定的困难。分段系统能够很好地满足用户的需要，但要为存储器的紧缩付出处理器机时的代价。为了获得分段管理在逻辑上以及分页管理在存储空间方面的优点，可以把两者结合起来，形成一种新的存储管理方式——段页式存储管理技术。这一技术的基本思想是用分段方法来分配和管理虚存；用分页方法来分配和管理实存。在段页管理系统中，每一段不再占有连续的实存空间，而被划分为若干个页面。由于段页式存储管理是对页面进行分配和管理，所以有关存储器的紧缩、外存管理及段长限制等问题都将得到很好的解决。而分段的优点，如允许动态增长、动态链接、段的共享和保护等措施却被保留下来。这一存储管理技术在大中型计算机中已获得了广泛应用。

1. 段页式存储管理的基本概念

1）进程的逻辑地址空间

在段页式存储管理方式中，先把进程的地址空间按照程序自身的逻辑关系分成若干段，每一段在逻辑上都是完整的，每个段有自己的段名。再把每个段划分成若干个页，如图7.27所示，该进程有4个段，页面大小为2KB。

图 7.27 段页式系统进程地址空间的划分

2) 段页式系统的地址结构

进程的逻辑地址被划分成 3 部分,即段号、页号和页内地址,表示为(s,p,d),因此段页式系统中的地址结构如下:

段号(s)	段内页号(p)	页内地址(d)
31　　22	21　　　　12	11　　　　　0

假定某机器指令地址部分长为 32 位,如果规定 0~11 位表示页内地址,12~21 位表示段内页号,22~31 位表示段号。这样的地址结构限定了一个进程最多可有 1024 段,每段最多可有 1024 页,页的大小为 4KB。

3) 内存分配原则

段页式存储管理的内存分配以页为单位,而不是以段为单位。内存分配方法与分页式存储管理方式相似。

2. 段表和页表

在段页式系统中,系统为每一个进程建立一个段映像表(简称段表),为每一段建立一个页映像表(简称页表),以实现动态地址转换。如图 7.28 所示,在配置了段表和页表后,执行中的进程可通过查找段表和页表,找到相应的内存区域。

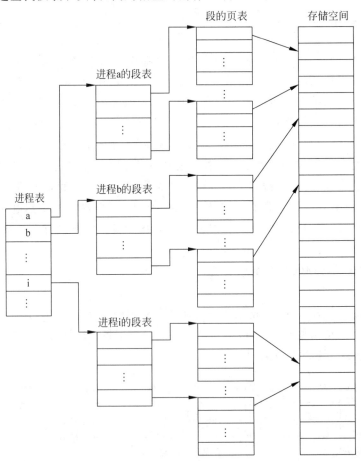

图 7.28　段页式存储管理系统

3. 段页式存储管理的地址转换

在段页式存储管理中,若运行进程访问逻辑地址 $v=(s,p,d)$,在没有联想存储器的情况下,地址转换过程如下:

系统中需配置一个段表寄存器,在其中放置段表始址和段长 TL。地址转换硬件首先利用段号 s,将它与段长 TL 进行比较。若 $s<TL$,则表示未越界,便可以利用段表始址和段号来求出该段对应的段表项在段表中的位置,得到该段的页表始址,再利用页表始址和段内页号获得该页对应的物理块号,再用块号与页内地址形成物理地址。地址转换过程如图 7.29 所示。

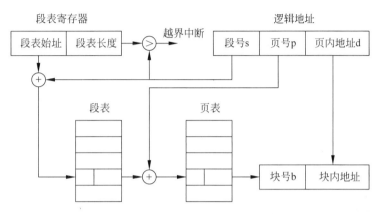

图 7.29 段页式系统的地址转换机构

不难看出,从逻辑地址到物理地址的转换过程中,要访问 3 次内存:第 1 次是访问段表,第 2 次是访问页表,第 3 次才是访问内存物理地址。这就是说,当访问内存中的一条指令或一个数据时,至少要访问 3 次内存,这将使程序的执行速度大大降低。因此,可以使用联想存储器来加快查表速度。每次访问时,都需同时利用段号和页号去检索联想存储器,若找到匹配的表项,便可从中得到相应页的物理块号,与页内地址一起形成物理地址;若未找到匹配表项,则仍需访问 3 次内存,同时把该表项装入联想存储器。

4. 段页式存储管理的优缺点

段页式存储管理的优点:

(1) 与分页和分段式存储管理一样,提供了虚拟存储器的功能。

(2) 因为存储分配以物理块为单位,所以没有存储器紧缩问题,也没有页外碎片的存在。

(3) 便于处理变化的数据结构,段可以动态增长。

(4) 便于共享,只要在所有需要共享的进程的段表中,有相应表目指向该共享段在内存中的页表地址即可。

(5) 便于动态链接。

(6) 便于存取控制。

段页式存储管理的缺点:

(1) 增加了硬件成本,因为需要更多的硬件支持。

(2) 增加了软件复杂性和管理开销。

(3) 存在着页内碎片,而且比分页式存储管理更为严重。

实存储管理技术

本 章 小 结

存储管理是操作系统的又一功能。通过本章的学习,掌握存储管理要解决的 4 个问题、各种存储管理方法的实现等。

存储管理需要解决的 4 个问题是存储分配、地址映射、存储保护和内存扩充。

存储分配采用的方法有单一连续分配方式、固定分区分配方式、可变分区分配方法、分页存储管理方式、分段存储管理方式、段页式存储管理方式。其中,前 3 种方式是连续分配方式,后 3 种方式是离散分配方式。

地址映射需要掌握如下基本概念。

相对地址:又称逻辑地址、虚存地址。相对地址的集合形成地址空间。

绝对地址:又称物理地址、实存地址。绝对地址的集合形成存储空间。

静态重定位适用于单一连续分配方式和固定分区分配方式;而动态重定位适用于其他存储管理方式。

存储保护采用界地址法或保护键法。

内存扩充指的是内存的逻辑扩充,将在第 8 章介绍。

本章重点是分页存储管理方式,掌握分页存储管理的实现方法、地址结构、页表机制及地址重定位方法等。

请读者思考本章中的碎片问题,固定分区存储管理中存在内部碎片,而可变分区存储管理中可能有外部碎片。分页存储管理方式只有页内碎片。目前的操作系统一般都在系统工具中带有磁盘碎片整理程序,从而可以提高存储利用率。

习 题

1. 单项选择题

(1) 计算机开机后,操作系统最终被加载到(   )。

    A. BIOS   B. ROM   C. EPROM   D. RAM

(2) 要把以 0 为参考地址的装配模块装入到以 550 为起始地址的存储空间,若采用静态重定位,则原程序中的指令“LOAD 1 455”应改为(   ),程序才能正确运行。

    A. LOAD 1 1005   B. LOAD 1 550   C. LOAD 1 95   D. LOAD 1 455

(3) 分区分配内存管理方式的主要保护措施是(   )。

    A. 界地址保护   B. 程序代码保护   C. 数据保护   D. 栈保护

(4) 在固定分区存储管理中,装入内存的所有作业的相对地址空间总和(   )内存中除操作系统之外的所有空间。

    A. 可以大于   B. 一定小于

    C. 一般小于   D. 以上说法都不对

(5) 在可变分区分配方案中,某一作业完成后,系统将回收其主存空间,并与相邻空闲区合并,引起空闲区数减 1 的是(   )。

    A. 无上邻接空闲区,也无下邻接空闲区

    B. 无上邻接空闲区,但有下邻接空闲区

C. 有上邻接空闲区，但无下邻接空闲区

D. 有上邻接空闲区，也有下邻接空闲区

(6) 可变分区存储管理中的移动技术可以（　　）。

    A. 缩短访问周期　　　　　　　　　　B. 增加主存容量

    C. 集中空闲区　　　　　　　　　　　D. 加速地址转换

(7) 采用分页式存储管理使处理器执行指令的速度（　　）。

    A. 有时提高有时降低　　　　　　　　B. 降低

    C. 不受影响　　　　　　　　　　　　D. 提高

(8) 在分段式存储管理中，（　　）。

    A. 以段为单位分配内存，每段是一个连续存储区

    B. 段与段之间必定连续

    C. 段与段之间必定不连续

    D. 每段是等长的

(9) 段页式存储管理中，逻辑地址的格式一般为（　　）。

A.

段号	段内地址

B.

页号	段号	段内地址

C.

段号	页号	页内地址

D.

页号	页内地址

(10) 一个分段存储管理系统中，地址长度若为 32 位，其中段号占 8 位，则最大段长是（　　）。

    A. 2^8B　　　　　　B. 2^{16}B　　　　　　C. 2^{24}B　　　　　　D. 2^{32}B

(11) 某基于动态分区存储管理的计算机，其主存容量为 55MB（初始为空闲），采用最佳适配算法（Best Fit），分配和释放的顺序为：分配 15MB，分配 30MB，释放 15MB，分配 8MB，分配 6MB，此时主存中最大空闲区的大小是（　　）。

    A. 7MB　　　　　　B. 9MB　　　　　　C. 10MB　　　　　　D. 15MB

(12) 下列选项中，属于多级页表优点的是（　　）。

    A. 减少页表所占的连续内存空间　　　B. 加快地址变换速度

    C. 减少页表项所占字节数　　　　　　D. 减少缺页中断次数

2. 填空题

(1) 为了有效地管理计算机的内存资源，存储管理应具备（　　）、（　　）、（　　）和（　　）四大功能。

(2) 可以把存储管理方式分为（　　）、（　　）和（　　）3 种。

(3) 为了适应最佳适应算法，空闲分区表中的空闲分区要（　　）进行排序；而为了适应最坏适应算法，空闲分区表中的空闲分区要（　　）进行排序。

(4) 页式存储管理中，页式虚拟地址与内存物理地址的映射是由（　　）和（　　）来完成的。

(5) 段页式存储管理中，虚拟空间的最小单位是（　　）而不是（　　）。内存可以等分成若干个（　　），且每个段所拥有的程序和数据在（　　）中可以分开（　　）。

3. 名词解释

(1) 逻辑地址空间

(2) 存储空间

实存储管理技术

(3) 地址重定位

(4) 静态重定位

(5) 动态重定位

4. 简答题

(1) 存储管理研究的主要课题是什么?

(2) 请总结各种存储管理方式下的重定位的地址转换方法。

(3) 可变分区存储管理中的内存分配有哪些算法? 试比较其优缺点。

(4) 可变分区的分区回收有几种情况? 试说明之。

(5) 简述分页存储管理的基本原理。

(6) 请画出分页情况下的地址变换过程,并说明页面尺寸为什么一定要是 2 的幂。

(7) 试比较分页与分段存储管理的优缺点。

(8) 某作业大小为 8A5H,从内存 53FH 处开始装载,当作业的相应进程在 CPU 上运行时:

① 若采用上、下界寄存器保护,寄存器的值各为多少? 如何进行保护?

② 若采用基址-限长寄存器保护,寄存器的值各为多少? 如何进行保护?

(9) 试说明在分页存储管理系统中,地址变换过程可能会因为哪些原因而产生中断?

(10) 在分页存储管理系统中,某进程的页表如表 7.2 所示(表中数据为十进制):若页面大小为 2KB,试将虚地址 0A3BH 和 6E1CH 变换为物理地址。

表 7.2　某进程的页表

页　　号	物 理 块 号	页　　号	物 理 块 号
0	10	4	15
1	7	5	11
2	12	6	8
3	6	7	2

(11) 某分段存储管理中采用如表 7.3 所示的存储管理。

表 7.3　某分段存储管理

段　　号	段的长度/B	内存起始地址
0	380	95
1	20	525
2	105	3300
3	660	860
4	50	1800

试回答:

① 将虚地址(0,260)、(2,200)、(4,42)变换为物理地址。

② 存取内存中的一条指令或数据至少要访问几次内存?

(12) 比较下述几种存储映像技术的优缺点:

① 直接映像。

② 相关映像。

③ 直接和相关相结合的映像。

第8章　虚拟存储管理技术

第 7 章介绍了实存储管理技术,各种实存储管理技术都有一个共同的特点,即它们都要求把进程全部装入内存才能运行。在运行过程中,可能会出现以下两种情况:

(1) 要求运行的进程所需的内存空间大于系统的内存空间,只能有部分进程能够装入内存运行,而其他进程只有留在外存中等待。

(2) 逻辑地址空间大于存储空间的进程无法在系统中运行。

对于以上问题,可有两种解决方案:一是从物理上增加内存容量。但这受到机器寻址能力的限制,不能无限扩充,而且无疑会增加系统成本;二是从逻辑上扩充内存容量,这就是本章所要讨论的虚拟存储管理技术。

虚拟存储管理技术首先是在英国曼彻斯特大学提出的,1961 年在该校的 Atras 计算机上实现了这一技术。20 世纪 70 年代以后,这一技术被广泛应用。现在,许多大型计算机均采用了虚拟存储管理技术。本章将研究虚拟存储管理技术的实现。

8.1　虚拟存储器的基本概念

到目前为止,已经讨论了存储分配、地址重定位和存储保护问题,关于存储扩充问题尚未涉及。从本节开始,讨论的重点将转移到存储扩充方面。在第 7 章中,要求在进程运行前,将进程全部装入内存。而事实上进程在运行时并不需要全部装入内存。一次性地把进程装入内存,其实是对内存的浪费。此外,进程装入内存后,要一直驻留在内存中直至进程运行结束。尽管运行中的进程会因 I/O 而长期等待,或有的部分运行一次后,就不需要再运行了,然而它们却都需要继续占用大量宝贵的内存资源。由于上述原因,将严重降低内存的利用率,从而显著地减少系统吞吐率。现在要讨论的问题是:一次性和驻留性是不是必需的;是否可以在进程运行之前将进程的一部分装入内存,而将另一部分装入外存,在运行过程中由操作系统进行动态调度。

8.1.1　局部性原理

早在 1968 年,计算机科学家 P. Denning 就曾指出,程序在执行时将呈现局部性规律,即在一段时间内,程序的执行仅限于某个部分。相应地,它所访问的存储空间也局限于某个区域。那么程序执行时为什么会呈现局部性规律呢?原因归结起来有以下几点:

(1) 程序在执行时,除了少部分的转移和过程调用外,在大多数情况下仍是顺序执行的。后来许多学者在对高级程序设计语言规律的研究中证实了该论点。

(2) 过程调用将会使程序的执行由一部分内存区域转移到另一部分区域。但在大多数情况下,过程调用的深度都不超过 5。这就是说,程序在一段时间内都局限在这些过程的范围内运行。

(3) 程序中存在许多循环体,循环体内的指令被多次执行。

程序中还包括许多对数据结构的访问,如对连续的数据结构——数组进行访问,往往也局限在很小的范围内。

局部性原理主要表现在以下方面。

(1) 时间局限性:如果某条指令被执行,则在不久的将来,该指令可能被再次执行;如果某个数据结构被访问,则在不久的将来,该数据结构可能再次被访问。产生时间局限性的主要原因是程序中存在着大量的循环操作。

(2) 空间局限性:一旦程序访问了某个存储单元,则在不久的将来,其附近的存储单元也可能被访问,即程序在一段时间内所访问的地址,可能集中在一定的范围内。产生空间局限性的主要原因是程序的顺序执行。

局部性原理是实现虚拟存储管理的理论基础。

8.1.2 虚拟存储器

早期计算机系统中,如果遇到程序过大,内存容纳不下的情况,通常采用覆盖的方法,即把程序分割成许多称为覆盖块的片段,覆盖块 0 首先运行,当该块运行结束时,操作系统将调用另一个覆盖块。一些覆盖块在内存中,而另一些覆盖块则存放在磁盘上,在需要时由操作系统动态地换入换出。

虽然覆盖块的换入换出由操作系统完成,但覆盖块的划分却必须由程序员完成,增加了程序员的负担。因此,需要找到新的方法来解决这个问题。

基于局部性原理,一个进程在运行之时,没有必要全部装入内存,而只把当前运行所需要的页(段)装入内存便可启动运行,而其余部分则存放在磁盘上。程序在运行时,如果所需要的页(段)已经调入内存,便可以继续执行下去。如果所需要的页(段)不在内存,此时应利用操作系统所提供的请求调页(段)功能,将该页(段)调入内存,以使程序能够运行下去。如果此时分配给该程序的内存已全部占用,不能装入新的页(段),则需要利用系统的置换功能,把内存中暂时不用的页(段)调出至磁盘上,腾出足够的内存空间,再将所要装入的页(段)调入内存,使程序能够继续运行下去。这样便可以使一个较大的程序,在一个较小的内存空间运行。从用户的角度看,系统所具有的内存容量比实际内存容量大得多;从系统的角度看,有了更大的内存空间,可以同时为更多的用户服务。这就是虚拟存储器。

由以上分析,对虚拟存储器定义如下:所谓虚拟存储器,指仅把进程的一部分装入内存便可运行的存储器系统,是具有请求调入功能和置换功能,能从逻辑上对内存容量进行扩充的一种存储器系统。虚拟存储器的逻辑容量由系统的寻址能力和外存容量之和所决定。

虚拟存储管理技术是一种性能非常优越的存储管理技术,目前已被广泛应用于大、中、小型计算机系统中。

8.2 对　　换

对换(Swapping)技术也称为交换技术,最早用于麻省理工学院的单用户分时系统 CTSS 中。由于当时计算机的内存都非常小,为了使该系统能分时运行多个用户程序而引入了对换技术。系统把所有的用户作业存放在磁盘上,每次只能调入一个作业进入内存,当该作业的一个时间片用完时,将它调至外存的后备队列上等待,再从后备队列上将另一个作业调入内存。这就是最早出现的分时系统中所用的对换技术。现在已经很少使用。要实现内、外存之间的对换,系统中必须有一台 I/O 速度较高的外存,而且容量也要足够大,能够容纳正在运行的所有用户作业。

8.2.1 多道程序环境下的对换技术

在多道程序环境下,一方面,在内存中的某些进程由于某事件尚未发生而被阻塞运行,但它却占用了大量的内存空间,甚至有时可能出现在内存中所有进程都被阻塞,而无可运行之进程,迫使 CPU 停止下来等待的情况;另一方面,却又有着许多作业,因内存空间不足,一直驻留在外存上,不能进入内存运行。显然这对系统资源是一种严重的浪费,且使系统吞吐量下降。为了解决这个问题,采用对换(也称为交换)技术。对换技术,就是指把内存中暂时不能运行的进程或者暂时不用的程序和数据换出到外存上,以便腾出足够的内存空间,再把已具备运行条件的进程或者进程所需要的程序和数据换入内存。对换是改善内存利用率的有效措施,它可以直接提高处理器的利用率和系统的吞吐量。

在每次对换时,都是将一定数量的程序或数据换入或换出内存。根据每次对换时所对换的数量,可将对换分为如下两类:

(1)整体对换。在第 5 章处理器调度中介绍的中级调度就是使用了存储器的对换功能。因此也称之为“交换调度”。由于在中级调度中对换是以整个进程为单位进行交换,因此这种进程对换要想顺利实现,系统必须具备以下功能:对换空间的管理,进程的换出与换入。

(2)页面(分段)对换。如果对换是以进程的一个页面或者一个分段为单位进行,则可以称之为“页面对换”或者“分段对换”。这种对换就是本章介绍的虚拟存储管理的基础,将在 8.3 节和 8.5 节分别介绍。

8.2.2 对换空间的管理

1. 对换空间管理的目标
在具有对换功能的 OS 中,通常把磁盘空间分为文件区和对换区两部分。

1)对文件区管理的主要目标

文件区占用磁盘空间的大部分,用于存放各类文件。由于通常的文件都是较长时间地存放在外存上。对它访问的频率是较低的,因此对文件区管理的主要目标是提高文件存储空间的利用率,然后才是提高对文件的访问速度。因此,对文件区空间的管理采取离散分配方式。

2)对对换空间管理的主要目标

对换空间只占用磁盘空间的小部分,用于存放从内存换出的进程。由于这些进程在对换区中驻留的时间是短暂的,而对换操作的频率却较高,因此,对对换空间管理的主要目标是提高进程换入和换出的速度,然后才是提高文件存储空间的利用率。对对换空间的管理采取连续分配方式,较少考虑外存中的碎片问题。

2. 对换区空闲盘块管理中的数据结构
为了实现对对换区中的空闲盘块的管理,在系统中应配置相应的数据结构,用于记录外存对换区中的空闲盘块的使用情况。其数据结构的形式与内存在动态分区分配方式中所用数据结构相似,即同样可以用空闲分区表或空闲分区链。在空闲分区表的每个表目中,应包含两项:对换区的首址及其大小,分别用盘块号和盘块数表示。

3. 对换空间的分配与回收

由于对换分区的分配采用的是连续分配方式,因而对换空间的分配与回收与动态分区方式时的内存分配与回收方法雷同。其分配算法可以是首次适应算法、循环首次适应算法或最佳适应算法等。具体的分配操作也与第 7 章中内存的分配过程相同。

8.3 请求分页式存储管理方式

请求分页式存储管理是在分页式存储管理的基础上,增加了请求调页功能、页面置换功能而形成的页式虚拟存储系统。它是目前常用的一种虚拟存储器的方式。

8.3.1 请求分页式存储管理的基本概念

1. 基本原理

在请求分页式存储管理系统中,进程运行之前将一部分页面装入内存,将另外一部分页面装入外存。在进程运行过程中,如果所访问的页面不在内存中,则发生缺页中断,进入操作系统,由操作系统进行页面的动态调度。其方法如下:

(1) 找到被访问页面在外存中的地址。

(2) 在内存中找一个空闲块,如果没有,则按照淘汰算法选择一个内存块,将此块内容写回外存,修改页表。

(3) 读入所需的页面,修改页表。

(4) 重新启动进程,执行被中断的指令。

2. 页表机制

请求分页存储管理系统中的页表是在纯分页的页表机制的基础上形成的。纯分页的页表只有两项:页号和物理块。而请求分页存储管理增加了调入功能和置换功能,故需在页表中增加若干项,供程序在换入换出时参考。下面是一请求分页系统中的页表:

页号	物理块号	状态位 P	访问字段 A	修改位 M	外存地址

新增字段的说明如下。

(1) 状态位 P:用于指示该页是否已调入内存,0 表示该页已在内存,1 表示该页不在内存,供程序访问时参考。

(2) 访问字段 A:用于记录该页在一段时间内被访问的次数,或最近已有多长时间未被访问,供置换算法选择页面时参考。

(3) 修改位 M:用于记录该页在调入内存后是否被修改过。由于内存中的每一页都在外存上保留一个副本,因此,若未被修改,在置换该页时就不需将该页写回到磁盘上,以减少系统的开销和启动磁盘的次数;若已被修改,则必须将该页重写回磁盘上,以保证磁盘上所保留的始终是最新的副本。

(4) 外存地址：用于指出该页在外存上的地址，通常是物理块号，供调入该页时使用。

如图 8.1 所示为请求分页存储管理系统示意图。

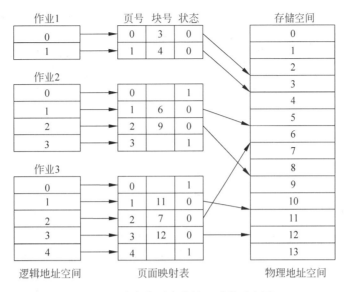

图 8.1　请求分页存储管理系统示意图

3. 地址变换机构

请求分页系统中的地址变换机构，是在分页系统的地址变换机构的基础上，为实现虚拟存储器而增加了产生和处理缺页中断、页面置换等功能而形成的。图 8.2 所示为请求分页系统中的地址变换过程。

8.3.2　页面分配策略

1. 内存页面分配策略

如前所述，虚拟存储管理使得一个进程在其运行过程中可以部分地装入内存，那么在内存容量和进程数量确定的前提下，如何将内存物理块分配给进程呢？可采用下述几种方法：

1）平均分配

这种分配方法将内存中的所有可供分配的物理块平均分配给各个进程。例如，内存中物理块数为 102，进程数为 5，则每个进程分得 20 个物理块，剩余 2 个物理块。

这是最简单的分配方式，看起来很公平，但实际上很不公平，因为它没有考虑进程的大小等因素。例如，若有一个进程的长度为 8 个页面，则它会浪费 12 个物理块，而另一个进程长度为 50 个页面，则它必将会有很高的缺页中断率。

2）按进程长度比例分配

这是对平均分配算法的改进：系统按进程的长度按比例分配物理块。如果系统中有 n 个进程，每个进程的页面数为 s_i，则系统中各进程的页面数的总和为：

$$S = \sum s_i$$

又假定系统中可用的物理块数的总和为 m，则分配给进程 P_i 的物理块数为：

$$a_i = INT\left(\frac{s_i}{S} \times m\right)$$

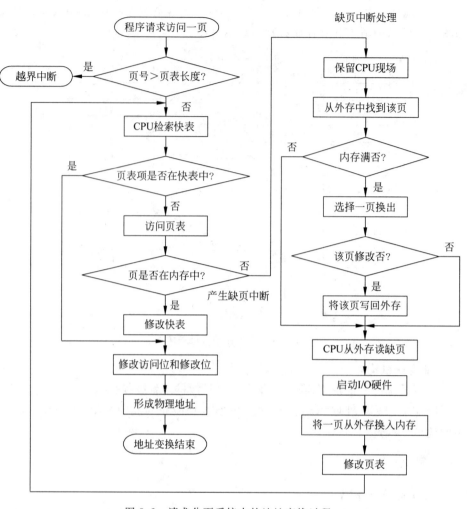

图 8.2　请求分页系统中的地址变换过程

当然,需对 a_i 进行调整使之不低于程序运行所需的最少物理块数且不高于 m。

例如,设内存物理块数为 60,系统中现有两个进程,进程 P_1 的逻辑页面数为 120,进程 P_2 的逻辑页面数为 10,则进程 P_1 分得 55 个物理块,进程 P_2 分得 5 个物理块。两个进程根据各自的长度,而不是均分内存物理块。

3) 按进程优先级比例分配

上述两种分配方法都没有考虑运行进程的优先级别,将高优先级的进程与低优先级的进程同等对待。在实际应用中,为照顾重要的、紧迫的进程,使其能够尽快完成,可以为其分配较多的内存物理块。在有的系统,如重要的实时系统中,多采用这种方法分配内存物理块。

4) 按进程长度和优先级比例分配

这是方法 2)和方法 3)的结合。通常的做法是把内存中可供分配的物理块分成两部分:一部分按进程长度比例分配给各进程;另一部分则根据各进程的优先权,适当地增加其相应份额后,再分配给各进程。

2. 外存块的分配策略

1）静态分配

一个进程在运行前,将其所有页面全部装入外存。当某一外存页面被调入内存时,并不释放所占用的外存空间。这样,当该页面被淘汰时,如果在内存中未被修改过,则不必写回外存,因为外存中有一个和它完全相同的副本,这可以减少因页面调度而引起的系统开销,代价是牺牲一定的外存空间。

2）动态分配

一个进程在运行前,仅将未装入内存的那部分页面装入外存。当某一外存页面被调入内存时,释放所占用的外存空间。这样,当该页面被淘汰时,不管它在内存中是否被修改过,都必须重新为其申请外存物理块,并重新写回外存。这种方法的优点是节省外存空间,但会增加由页面调度而引起的系统开销。

8.3.3 页面调入时机

系统将进程运行时所缺页面调入内存的时机,可以采用请求调页策略和预调页策略两种方法确定,现分述如下。

1. 请求调页策略

请求调页策略是当发生缺页中断时进行调度,即当访问某一页而该页不在内存时,立即提出请求,由系统将所需页面调入内存。显然,采用纯请求调页策略,被调入内存的页面一定会被用到,不会发生无意义的页面调度。但是,请求调页策略也有一个缺点,即从缺页中断发生到页面被调入内存,发生缺页中断的进程必须等待,影响了进程的推进速度。

2. 预调页策略

由于在外存上查找所缺的页,需经历较长的时间。如果一个进程存放在外存中的许多页在一个连续的区域中,则每次调入若干个页比每次只调入一页更高效。但如果调入的一批页面中的大多数都未被访问,则这种调入又是低效的。可见,如果预测比较准确,会大大降低缺页中断率,从而提高进程的推进速度。但遗憾的是,目前预调页的准确率仅约50%,故这种策略主要用于进程的首次调入中,由程序员指出应该先调入哪些页。

8.4 页面置换算法

在进程运行过程中,如果发生缺页中断,而此时内存中又无空闲块时,为了能把所缺的页面装入内存,系统必须从内存中调出一页送到磁盘的对换区。但应该将哪个页面调出,则需根据一定的页面置换算法(page replacement algorithm)来确定。置换算法的好坏直接影响系统的性能,不适当的算法可能会导致系统的“抖动”,即刚被换出的页很快又要被访问,需要重新调入,导致系统频繁地置换页面,以致一个进程在运行中,把大部分时间花费在进行页面置换的工作上。

从理论上讲,好的置换算法应将那些以后不再被访问的页面或在较长时间内不会被访问的页面置换出内存。而实际的置换算法,都力图更接近于理论上的目标。

页面置换算法不仅可以用于页面的调度,也可用于快表以及段的调度。下面以内存页面的置换为例讲述几种常用的页面置换算法。

虚拟存储管理技术

8.4.1　先进先出置换算法

先进先出置换(First-In First-Out,FIFO)算法总是置换最先进入内存的页面。该算法实现简单,只需把一个进程已调入内存的页面,按照进入内存的先后顺序排成一个队列,当一个页面由外存调入内存时排在队尾,需要淘汰时取队首的页面。

【例 8-1】　假定系统为某进程分配了 3 个物理块,页面访问序列为:5、0、1、2、0、3、0、4、2、3、0、3、2、1、2、0、1、5、0、1。请采用 FIFO 算法进行页面置换。求出缺页中断率。

解答:采用 FIFO 算法时,进程运行时依次先将 5、0、1 这 3 个页面装入内存,当进程第 1 次访问到页面 2 时,将把最先进入内存的第 5 页淘汰;在第一次访问页面 3 时,则把第 0 页淘汰,因为在现有的 2、1、0 页中,第 0 页最先进入内存。图 8.3 是本例采用 FIFO 算法时的置换图。注意图中用"+"表示缺页,用"-"表示命中,由图可见,采用 FIFO 算法,一共发生了 15 次缺页中断。缺页中断率是 15/20＝75%。

页面访问序列	5	0	1	2	0	3	0	4	2	3	0	3	2	1	2	0	1	5	0	1
队尾	5	0	1	2	2	3	0	4	2	3	0	0	0	1	2	2	2	5	0	1
		5	0	1	1	2	3	0	4	2	3	3	3	0	1	1	1	2	5	0
队首			5	0	0	1	2	3	0	4	2	2	2	3	0	0	0	1	2	5
	+	+	+	+	-	+	+	+	+	+	+	-	-	+	+	-	-	+	+	+

图 8.3　先进先出置换算法时的置换示意图

可以看出,在示意图中这 3 个物理块初始时就像一个空队列,随着页面的装载和置换,队列在发生变化,由于队列符合先进先出,所以示意图中用页面由队尾入队、队首出队被置换的形式表现。实际上,由于分配给页面的物理块是固定的,像一个个小房间,分配到某个页面后占用,直到该页面被置换出去。挑选置换页面的原则也是最先进入的页面,会最先被换出房间。因此先进先出页面置换算法也可以用如图 8.4 描述。

页面访问序列	5	0	1	2	0	3	0	4	2	3	0	3	2	1	2	0	1	5	0	1
	5	5	5	2	**2**	2	2	4	4	4	0	**0**	0	0	0	**0**	**0**	5	5	5
		0	0	0	**0**	3	3	3	2	2	2	**2**	2	1	1	**1**	**1**	1	0	0
			1	1	**1**	1	0	0	0	3	3	**3**	3	3	2	**2**	**2**	2	2	1
	+	+	+	+	-	+	+	+	+	+	+	-	-	+	+	-	-	+	+	+

图 8.4　先进先出置换算法时的置换图

图 8.4 中加粗放大的字体,表示是要访问的页面已在内存中,不需要发生置换,所以有的书上这里会省略,不作该时刻的物理块图。这个置换图在作图时会稍嫌复杂。

以上两种作图方法都可以,不影响缺页次数和缺页中断率的计算结果。为了简单起见,接下来的两种算法就以第一种示意图举例。有兴趣的读者可以自行作出页面置换图。

一般而言,分配给进程的物理块越多,运行时的缺页次数应该越少。但是 Belady 在1969 年发现了一个反例,使用 FIFO 算法时,分配给进程 4 个物理块时的缺页次数比 3 个物理块时多，这种反常的现象称为 Belady 异常。如图 8.5 和图 8.6 所示，一个进程有 5 个页面，页面访问序列如下：

0 1 2 3 0 1 4 0 1 2 3 4

页面访问序列	0	1	2	3	0	1	4	0	1	2	3	4
9次缺页	0	1	2	3	0	1	4	4	4	2	3	3
		0	1	2	3	0	1	1	1	4	2	2
			0	1	2	3	0	0	0	1	4	4
	+	+	+	+	+	+	+	−	−	+	+	−

图 8.5　Belady 异常现象（3 个物理块的 FIFO 现象）

页面访问序列	0	1	2	3	0	1	4	0	1	2	3	4
10次缺页	0	1	2	3	3	3	4	0	1	2	3	4
		0	1	2	2	2	3	4	0	1	2	3
			0	1	1	1	2	3	4	0	1	2
				0	0	0	1	2	3	4	0	1
	+	+	+	+	−	−	+	+	+	+	+	+

图 8.6　Belady 异常现象（4 个物理块的 FIFO 现象）

由图 8.5 和图 8.6 可见，3 个物理块时缺页次数是 9 次，缺页中断率为 $9/12＝75\%$；而 4 个物理块时的缺页次数是 10 次，缺页中断率为 $10/12≈83.3\%$。

8.4.2　最佳置换算法

最佳置换算法（Optimal，OPT）置换那些以后永不再使用的或者在最长的时间以后才会用到的页面。显然，这种算法的缺页率最低。然而，该算法只是一种理论上的算法，因为很难估计哪一个页面是以后永远不再使用或在最长时间以后才会用到的页面，所以，这种算法是不能实现的。尽管如此，该算法仍然是有意义的，可以把它作为衡量其他算法优劣的一个标准。

【例 8-2】　使用例 8-1 中的已知条件，即假定系统为某进程分配了 3 个物理块，页面访问序列为：5、0、1、2、0、3、0、4、2、3、0、3、2、1、2、0、1、5、0、1。请采用 OPT 置换算法，并计算缺页中断率。

扫描二维码，观看视频

解答：进程运行时依次先将 5、0、1 这 3 个页面装入内存。当进程访问页面 2 时，产生缺页中断，此时操作系统根据最佳置换算法，页面 5 在最长时间以后才会被使用，所以被淘汰。接下来访问页面 0 时，页面 1 是最长时间以后才被访问的页面，将被淘汰。以此类推，如图 8.7 所示，采用最佳置换算法，只发生 9 次缺页中断，缺页中断率是 $9/20＝45\%$。

页面访问序列	5	0	1	2	0	3	0	4	2	3	0	3	2	1	2	0	1	5	0	1
	5	0	0	0	0	0	2	2	3	3	3	2	2	2	0	1	0	0	1	1
		5	1	2	2	2	3	3	2	2	0	0	0	1	1	0	1	1	0	5
			5	1	1	3	0	4	4	4	2	3	3	0	2	2	2	5	5	0
	+	+	+	+	−	+	−	+	−	−	+	−	−	+	−	−	−	+	−	−

图 8.7　最佳置换算法时的置换示意图

虚拟存储管理技术

8.4.3 最近最久未使用置换算法

最近最久未使用置换算法(Least Recently Used, LRU)的基本思想是如果某一页面被访问了,那么它很可能马上又被访问;反之,如果某一页面很久没有被访问,那么最近也不会再次被访问。因此,该算法为每一个页面设置一个访问字段,用来记录一个页面自上次被访问以来所经历的时间 t,当需淘汰一个页面时,选择现有页面中 t 值最大的,即最近最久未使用的页面予以淘汰。

【例 8-3】 使用例 8-1 中的已知条件,即假定系统为某进程分配了 3 个物理块,页面访问序列为:5、0、1、2、0、3、0、4、2、3、0、3、2、1、2、0、1、5、0、1。请采用 OPT 置换算法,并计算缺页中断率。

解答:利用 LRU 算法对最佳置换算法中提到的例子进行页面置换的结果如图 8.8 所示。当进程第 1 次访问页面 2 时,由于页面 5 是最近最久未使用的,所以将它淘汰;当进程第 1 次访问页面 3 时,第 1 页成为最近最久未使用的页,于是将它淘汰。可见,采用 LRU 算法,缺页次数是 12 次,缺页中断率是 12/20=60%。

页面访问序列	5	0	1	2	0	3	0	4	2	3	0	3	2	1	2	0	1	5	0	1
	5	0	1	2	0	3	0	4	2	3	0	3	2	1	2	0	1	5	0	1
		5	0	1	2	0	3	0	4	2	3	0	3	2	1	2	0	1	5	0
			5	0	1	2	2	3	0	4	2	2	0	3	3	1	2	0	1	5
	+	+	+	+	−	+	−	+	+	+	+	−	−	+	−	+	−	+	−	−

图 8.8 最近最久未使用置换算法时的置换图

LRU 算法作为页面置换算法是比较好的,它普遍适用于各种类型的程序。但是,系统要时时对各页的访问历史情况加以记录和更新,如果修改、更新工作全由软件来做,则系统的"非生产性"开销太大,从而导致系统速度大大降低(至少会降低为原来的 1/10)。所以,LRU 算法必须要有硬件的支持。

LRU 的实现,可以采用以下两种实现方法。

(1) 计时法:系统为每一页面增设一个计时器。每当一个页面被访问时,当时的绝对时钟内容即被复制到对应的计时器中,这样系统记录了内存中所有页面最后一次被访问的时间。淘汰页面时,选取计时器中值最小的页面淘汰。

(2) 堆栈法:按照页面最后一次被访问的时间次序将页面号依次排列到堆栈中。每当进程访问某一页面时,其对应的页面号由栈内取出压入栈顶。因此,栈顶始终是最新被访问页面的页面号,而栈底则是最近最久未使用的页面号。这里的"栈"不是通常意义上的 LIFO 堆栈,为了便于实现对栈中任一处内容的操作,应该使用双向链表来构造该栈,其链头和链尾各需要一个指针。

8.4.4 最近未使用置换算法

虽然最近未使用置换算法(Not Recently Used, NRU)在理论上是可以实现的,但代价太高。为了实现 LRU,需要在内存维持一个包含所有页的链表,最近使用的页面在表头,最久未使用的页面在表尾。而每次访问页面时都需要对链表进行更新。而且在链表中找到所需的页,并将它移动到表头是一个非常费时的操作,即使使用硬件实现也是一样的。

为了克服 LRU 的缺点,现在得到广泛应用的是最近未使用置换算法,它是一种 LRU 的近似算法。该算法为每个页面设置一位访问位,将内存中的所有页面都通过链接指针链成一个循环队列。当某页被访问时,其访问位置 1。在选择一页淘汰时,检查其访问位,如果是 0,则淘汰该页;若为 1,则把其置 0,暂不换出该页,再按照 FIFO 算法检查下一个页面。当检查到队列中的最后一个页面时,若其访问位仍为 1,则再返回队首去检查第一个页面。

事实上,NRU 算法不但希望淘汰最近未使用的页,而且还希望被选中的页在内存驻留期间,其页面内的数据未被修改过。淘汰该页时,由于该页未被修改过,因此不必写盘,从而减少了磁盘的 I/O 操作次数。为此,要为每页增设两个硬件位:访问位和修改位。

访问位　A=0:该页尚未被访问过

　　　　A=1:该页已经被访问过

修改位　M=0:该页尚未被修改过

　　　　M=1:该页已经被修改过

访问位和修改位的组合有以下 4 种。

1 类(A=0,M=0):表示该页最近既未被访问,又未被修改,是最佳淘汰页。

2 类(A=0,M=1):表示该页最近未被访问,但已被修改,并不是很好的淘汰页。

3 类(A=1,M=0):表示该页最近已被访问,但未被修改,有可能再次被访问。

4 类(A=1,M=1):表示该页最近已被访问且被修改,可能再次被访问。

其具体工作过程如下:开始时,所有页的访问位、修改位都置为 0。当访问某页时,将该页访问位置 1。若某页的数据被修改,则该页的修改位置 1。当要选择一页淘汰时,挑选内存中现有的类别最低的页淘汰。

在多道程序系统中,内存中所有物理块的访问位或修改位都可能会被置为 1,这时就难以决定淘汰哪一页。大多数系统的解决办法是避免出现这种情况。为此,系统会周期性地(经一定时间间隔)把所有访问位重新清零。当以后再访问该页面时重新置 1。选择适当的清零时间间隔是主要问题。如果间隔太大,那么可能所有物理块的访问位均成为 1;如果间隔太小,则访问位为 0 的物理块又可能过多。这种算法是一种改进的最近未使用置换算法。

8.4.5　Clock 置换算法

最近未使用置换算法是一种比较合理的算法,但它经常要在链表中移动页面,大大降低了系统效率。为了克服这个缺陷,把所有的页面保存在一个类似时钟表面的环形链表中,用一个表针指向可能淘汰的页面,如图 8.9 所示。

当发生缺页时,该算法首先检查表针指向的页面,如果其访问位是 0,则淘汰该页,并把新的页面插入到这个位置,然后把表针前移一个位置;如果访问位是 1 则把其置 0,并把表针前移一个位置,重复这个过程直到找到一个访问位为 0 的页为止。了解了这个算法的工作方式,就知道这种算法为什么被称为 Clock 算法了。它与最久未

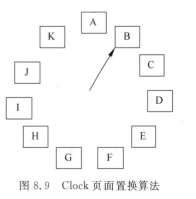

图 8.9　Clock 页面置换算法

第 8 章

虚拟存储管理技术

使用置换算法的区别仅仅是实现方法上的不同。

8.4.6 请求分页系统的性能分析

请求分页式存储管理系统的性能十分优越,使用它可以较好地解决存储扩充问题。因此,是目前最常用的存储管理方式。但进程在运行时所产生的缺页中断,会影响程序的运行速度及系统性能,而缺页率的高低又与分配给进程的物理块数直接相关。因此,本节的主要内容是分析缺页率对系统性能的影响程度,以及应为每个进程分配多少物理块,才能把缺页率保持在一个合理的水平上。

1. 缺页率对有效访问时间的影响

在现在的大多数计算机系统中,对存储器的访问时间 t 在 10 纳秒到几百纳秒之间。如果在分页系统中不发生缺页情况,则有效访问时间等于存储器的访问时间。但如果发生了缺页情况,则必须先从磁盘上将该页调入内存,然后才能访问该页面上的数据。假设缺页率为 p,则有效访问时间可表示为:

$$有效访问时间 = (1-p) \times t + p \times 缺页中断时间$$

缺页中断时间主要由 3 部分组成:

(1) 缺页中断服务时间。

(2) 将所缺的页读入的时间。

(3) 进程重新执行时间。

由于 CPU 速度很快,所以(1)和(3)两部分时间之和可以不超过 1ms;而将一磁盘块读入内存的时间大概是 24ms。所以缺页中断时间约为 25ms = 25 000μs。如果存储器的平均访问时间为 100ns = 0.1μs,于是可得:

$$有效访问时间 = (1-p) \times 0.1 + p \times 25\,000$$
$$= 0.1 + 24\,999.9p$$

由上式可以看出,有效访问时间与缺页率成正比。如果缺页率为 0.1%,则有效访问时间大约为 25μs,与没有缺页情况的访问时间的比值为 250:1,如果希望在缺页时,仅使有效访问时间延长不超过 10%,则可计算出缺页率 p。即:

$$0.1 \times (1+10\%) > 0.1 + 24\,999.9p$$

即

$$p < \frac{0.01}{24\,999.9} = 0.000\,000\,4$$

由此可知,要求在 2 500 000 次的访问中,才发生一次缺页,即请求分页式存储管理应保持非常低的缺页率,否则将使程序的执行速度受到严重影响。此外,提高磁盘 I/O 速度,对改善请求分页系统的性能至关重要。为此,应选用高速磁盘和高速磁盘接口。

2. 工作集

虽然存在 Belady 异常现象,但是一般而言,分给进程的物理块数越多,缺页率也相应越低。如图 8.10 所示为缺页率与进程分得的物理块数 n 之间的关系曲线。从图中可以看出,缺页率随着物理块数的增加而单调递减。并在所分得的物理块数较少处,出现了一个拐点。在拐点以左,物理块数的减少会明显地影响到缺页率;而在拐点以右,物理块数的增加对缺页率没有明显影响。一般来说,为进程分配的物理块数,应该在拐点附近。

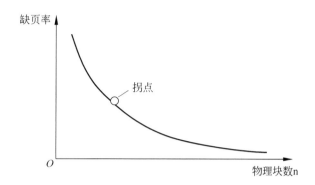

图 8.10　缺页率与物理块数的关系

之所以会形成如图 8.10 所示的曲线形状,是由于缺页率的大小与进程运行时的工作集有关。什么是工作集呢?根据程序行为的局部性原理,Denning 于 1968 年提出了工作集理论。工作集理论就其本质来说是最近最久未使用置换算法的发展。

由于程序在运行时,对页面的访问是不均匀的,往往比较集中。在一段时间内,其访问范围可能局限在相对来说较少的几个页面中。而在另一段时间内,其访问范围可能局限在另外一些相对较少的几个页面中(当然从一个时间段到另一个时间段,进程所访问的页面的集合的变化,往往是缓慢、逐步过渡的)。因此,如果能预知程序在某时间间隔中所要访问的那些页,并在该段时间前就把这些页调入内存,至这段时间终了时,再将其中在下一时间段内不再访问的那些页调出内存,便可以大大减少页的调入/调出工作、缩短等待调页时间、降低缺页频率,从而能大幅度提高系统效率。

粗略地说,工作集就是进程在某个时间段 Δ 里实际要访问的页面的集合。进程要有效地运行,其工作集必须在内存中。但是如何确定一个进程在某个时间段的工作集呢?由于无法确定进程在不同的时间段内将访问哪些页面,因而仍然要依据其过去的行为来估计它未来的行为(这种估计的依据就是程序行为的局部性特性,决定了工作集的变化是缓慢的)。具体地说,运行进程在时间 t−Δ 到 t 这个时间段内所访问的页面的集合称为该进程在时间 t 的工作集,记为 W(t,Δ),变量 Δ 称为工作集窗口尺寸(windows size)。图 8.11 给出了某进程访问页面的序列和窗口尺寸大小分别为 3、4、5 时的工作集。

| | 窗口尺寸 | | |
引用页序列	3	4	5
4	4	4	4
5	4,5	4,5	4,5
8	4,5,8	4,5,8	4,5,8
3	5,8,3	4,5,8,3	4,5,8,3
4	8,3,4	5,8,3,4	4,5,8,3
7	3,4,7	8,3,4,7	4,5,8,3,7
1	4,7,1	3,4,7,1	8,3,4,7,1
6	7,1,6	4,7,1,6	3,4,7,1,6

图 8.11　窗口尺寸为 3、4、5 时进程的工作集示例

可以看出,工作集 W 是二元函数。首先,W 是 t 的函数,即随着时间的不同,工作集也不相同。这包含两个方面的含义:其一是不同时间段工作集所包含的页面数可能不同;也

就是工作集尺寸不同;其二是不同时间段的工作集中所包含的页面也可能不同(即有不同的页面)。如图 8.12 所示,$W(t_1,\Delta)=\{1,2,3,5,6,7\}$,$W(t_2,\Delta)=\{3,5\}$。其次工作集 W 也是工作集窗口尺寸 Δ 的函数,工作集尺寸|W|是工作集窗口尺寸 Δ 的单调递增(确切地说是非降)函数,且满足蕴含特性,即$|W(t,\Delta)|\subseteq|W(t,\Delta+a)|$,其中 $a>0$。

```
……3 2 1 5 6 7 7 1 6 1 6 3 5 3 5 3 5 5 5 3 3 5 3 7 1……
         |←      Δ      →|  |←    Δ    →|
         W(t₁,Δ)            W(t₂,Δ)
```

图 8.12 工作集变化示意图

正确选择工作集窗口尺寸 Δ 的大小对于工作集存储管理策略的有效工作有很大的影响,这也是工作集理论研究中的重要领域。如果 Δ 选择得过大,甚至把整个进程的地址空间全部包含在内,这样虽然进程不会再产生缺页情况,但存储器也不会得到充分利用,从而失去了虚拟存储器的意义;如果 Δ 选择得过小,则将引起频繁缺页,降低了系统效率。因此,应当选择适当的工作集尺寸。

程序的工作集大小可粗略地看成对应于图 8.10 中曲线的拐点。在程序执行期间,如果想要实际地确定程序当时的工作集尺寸是可能的。只要从某个时间 t_1 起,将所有的页面访问位全部清零,而后到时间 $t_2=t_1+\Delta$ 时,记下全部访问位为 1 的页面,这些页面的集合可看作 t_2 时的工作集。

正确的策略并不是要消除缺页现象,而是要把缺页率保持在一个合理的水平上。当缺页率过高时,应增加分给进程的物理块数;缺页率过低时,应减少分给进程的物理块数,增大多道程序程度,以提高系统的效率。

8.5 请求分段式存储管理方式

请求分段式存储管理系统是在分段存储管理系统的基础上实现的虚拟存储器。它以段为单位进行换入换出。在进程运行之前不必调入所有的段,而只调入若干个段,便可启动运行。当所访问的段不在内存时可请求操作系统将所缺的段调入内存。为实现请求分段存储管理,与请求分页存储管理类似,需要硬件和相应软件的支持。

8.5.1 请求分段存储管理的基本概念

1. 基本原理

在请求分段式存储管理系统中,进程运行之前将一部分段装入内存,而将另外一部分段装入外存。在进程运行过程中,如果所访问的段不在内存中,则发生缺段中断,进入操作系统,由操作系统进行段的动态调度。

2. 段表机制

请求分段存储管理系统中的段表是在纯分段的段表机制的基础上形成的。需在段表中增加若干项,供程序在换入换出时参考。下面是一个请求分段系统中的段表:

段名	段长	段的基址	存取方式	访问字段	修改位	存在位	增补位	外存地址

新增字段的说明如下。

（1）存取方式：用于标识本段的存取属性，存取属性包括只执行、只读还是读/写。

（2）访问字段：用于记录该段在一段时间内被访问的次数，或最近已有多长时间未被访问，供置换算法选择段时参考。

（3）修改位：表示该段在调入内存后是否被修改过。由于内存中的每一段都在外存上保留一个副本，因此，若未被修改，则在置换该段时就不需将该段写回到磁盘上，以减少系统的开销和启动磁盘的次数；若已被修改，则必须将该段重写回磁盘上，以保证磁盘上所保留的始终是最新的副本。

（4）存在位：说明本段是否已调入内存。

（5）增补位：用于表示本段在运行过程中，是否进行过动态增长。

（6）外存地址：用于指出该段在外存上的起始地址，通常是起始物理块号，供调入该段时使用。

如图 8.13 所示为请求分段式存储管理系统的示意图。

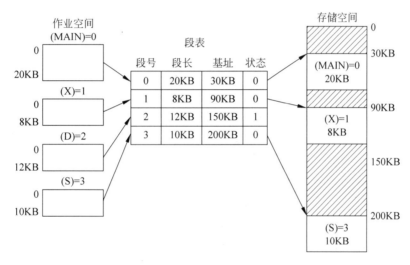

图 8.13　请求分段式存储管理系统示意图

3. 地址变换机构

请求分段系统中的地址变换机构是在分段系统的地址变换机构的基础上形成的。由于被访问的段并非全在内存，所以在地址变换时，若发现所要访问的段不在内存，则必须先将所缺的段调入内存，在修改了段表之后，才能利用段表进行地址变换。图 8.14 给出了请求分段系统的地址变换流程图。图中 s 是段号，w 表示段内地址。

8.5.2　分段共享与保护

1. 分段共享

第 7 章已经介绍了分段存储管理方式便于实现分段的共享和保护，也简要介绍了实现分段共享的方法。即在每个进程的段表中，用相应的表项指向共享段在内存中的起始地址。

虚拟存储管理技术

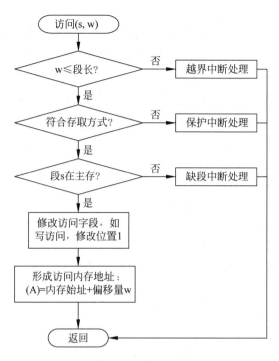

图 8.14 请求分段系统的地址变换流程图

为了更好地实现分段共享,在系统中配置一张共享段表,所有共享段都在共享段表中占有一个表项。共享段表除具有段表中的表项外,还记录有共享此段的每个进程的情况,其中包括:

(1) 共享进程数 count,记录共享该段的进程数,只有当 count 为 0 时,才由系统回收该段所占存储区。

(2) 存取控制字段,记录不同进程的不同存取权限。如对于拥有该段的进程,允许其读和写;而对于其他进程,则可能只允许读,或者只允许执行。

2. 分段保护

由于进程的每个段在逻辑上是独立的,因而比较容易实现信息保护。常用的分段保护方法有越界检查和存取控制检查等。

(1) 越界检查:在进行存储访问时,首先将逻辑地址空间的段号与段表长度进行比较,如果段号等于或大于段表长度,那么将发出地址越界中断信号;其次,还要检查段内地址是否等于或大于段长,若是,将产生地址越界中断信号,从而保证了每个进程只能在自己的地址空间内运行。

(2) 存取控制检查:在段表的每个表项中,都设置了一个存取控制字段,用于规定该段的访问方式。通常有只读、只执行和读/写 3 种。

本 章 小 结

虚拟存储管理解决内存扩充的问题。通过本章的学习,了解虚拟存储器的理论依据——局部性原理,掌握请求分页式存储管理、请求分段式存储管理的基本方法。

局部性原理是实现虚拟存储器的理论依据。局部性原理表现在两个方面：时间局限性和空间局限性。

虚拟存储器的定义：虚拟存储器是指仅把进程的一部分装入内存便可运行的存储器系统，是具有请求调入功能和置换功能，能从逻辑上对内存容量进行扩充的一种存储器系统。

在请求存储管理方式中，对页表有所扩充，增加了状态位、访问字段、修改位和外存地址等页表项，要掌握这些新增页表项的作用。

本章需要重点掌握的是页面置换算法，掌握每一种置换算法的基本含义，并能够使用最佳置换算法、先进先出置换算法、最近最久未使用置换算法计算缺页次数和缺页中断率。

了解请求分段式存储管理的方法。

习　题

1. 单项选择题

(1) 虚拟存储器是(　　)。

 A. 可提高计算机运算速度的设备

 B. 容量扩大了的主存

 C. 实际上不存在的存储器

 D. 可以容纳总和容量超过主存容量的多个作业同时运行的一个地址空间

(2) 在快表(联想存储器)中的页，其信息(　　)。

 A. 一定在内存中　　　　　　　　　　B. 一定在外存中

 C. 在外存和内存中　　　　　　　　　　D. 以上说法都不对

(3) 在请求分页系统中，LRU 算法是指(　　)。

 A. 近期被访问次数最少的页先淘汰

 B. 以后再也不用的页先淘汰

 C. 最早进入内存的页先淘汰

 D. 近期最长时间以来没被访问的页先淘汰

(4) 在请求分页式存储管理中，采用 FIFO 淘汰算法，若分配的物理块数增加，则缺页中断次数(　　)。

 A. 一定增加　　　　　　　　　　　　B. 一定减少

 C. 可能增加也可能减少　　　　　　　　D. 不变

(5) 在请求分页式存储管理机制的页表中有若干个表示页表换入换出的信息位，其中用在转换出内存时是否写盘的依据的是(　　)。

 A. 状态位 P　　　　B. 访问字段 A　　　　C. 修改位 M　　　　D. 外存地址

(6) 在缺页处理过程中，操作系统执行的操作可能是(　　)。

 Ⅰ. 修改页表　　　　Ⅱ. 磁盘 I/O　　　　Ⅲ. 分配物理块

 A. 仅Ⅰ、Ⅱ　　　　B. 仅Ⅱ　　　　C. 仅Ⅲ　　　　D. Ⅰ、Ⅱ、Ⅲ

(7) 能够实现虚拟存储管理的存储管理方式是(　　)。

 A. 可变分区存储管理　　　　　　　　B. 固定分区存储管理

C. 分页式存储管理　　　　　　　　　　　　D. 单一连续分区存储管理

(8) 在请求分页式存储管理方式中,能使用户程序大大超过内存的实际容量。虚存的实现实际上是利用(　　)为用户构建一个虚拟空间。

A. 内存　　　　　　B. 外存　　　　　　C. 联想存储器　　　D. 页表

(9) 当系统发生抖动时,可以采取的有效措施是(　　)。

Ⅰ. 撤销部分进程　Ⅱ. 增加磁盘交换区的容量　Ⅲ. 提高用户进程的优先级

A. 仅Ⅰ　　　　　　B. 仅Ⅱ　　　　　　C. 仅Ⅲ　　　　　　D. 仅Ⅰ、Ⅱ

(10) 若用户进程访问内存时产生缺页,则下列选项中,操作系统可能执行的操作是(　　)。

Ⅰ. 处理越界错　　　Ⅱ. 置换页　　　　　Ⅲ. 分配内存

A. 仅Ⅰ、Ⅱ　　　　B. 仅Ⅱ、Ⅲ　　　　C. 仅Ⅰ、Ⅲ　　　　D. Ⅰ、Ⅱ、Ⅲ

(11) 下列措施中,能加快虚实地址转换的是(　　)。

Ⅰ. 增大快表容量　　Ⅱ. 让页表常驻内存　　Ⅲ. 增大交换区(Swap)

A. 仅Ⅰ　　　　　　B. 仅Ⅱ　　　　　　C. 仅Ⅱ、Ⅲ　　　　D. 仅Ⅰ、Ⅱ

(12) 下列选项中,属于多级页表优点的是(　　)。

A. 减少页表所占的连续内存空间　　　　B. 加快地址变换速度

C. 减少页表项所占字节数　　　　　　　D. 减少缺页中断次数

2. 填空题

(1) 实现虚拟存储后,从系统角度看,(　　),从用户角度看,用户可以在超出(　　)的存储空间中编写程序,大大方便了用户。

(2) 在请求分页式存储管理中,当查找的页不在(　　),要产生(　　)。

(3) 在提供虚拟存储管理的系统中,用户的逻辑地址空间主要受(　　)、(　　)的限制。

(4) 页面置换算法的好坏将直接影响系统的性能,不适当的置换算法可能导致进程发生(　　)。

3. 名词解释

(1) 虚拟存储器

(2) 时间局限性

(3) 空间局限性

(4) 抖动

(5) 工作集

4. 简答题

(1) 什么是虚拟存储器,为什么要引入虚拟存储器的概念?

(2) 虚拟存储器的最大容量由什么决定?

(3) 什么是局部性原理?

(4) 在请求分页系统中,页表应包括哪些数据项? 每项的作用是什么?

(5) 在请求分页系统中,常采用哪几种页面置换算法?

(6) 在请求分段系统中,段表应包括哪些数据项? 每项的作用是什么?

(7) 采用可变分区方式管理内存时,能实现虚拟存储器吗?

5. 应用题

某进程的页面访问序列为：1,2,3,4,2,1,5,6,2,1,2,3,7,6,3,2,1,2,3,6,请分别考虑分配给该进程 3 个和 4 个物理块的情况下,计算采用下列置换算法时的缺页中断次数和缺页中断率。并思考在本例中是否出现了 Belady 异常现象。

(1) FIFO

(2) LRU

(3) OPT

第9章　设 备 管 理

随着个人计算机、工作站、计算机网络、多媒体技术的发展,外围设备日趋多样化、复杂化和智能化。现代计算机特别是大型计算机为了适应各种用途,都配有大量外部设备。设备管理是操作系统的主要功能之一,也是操作系统中最庞杂和琐碎的部分。操作系统中普遍使用 I/O 中断、缓冲器管理、通道、设备驱动调度等多种技术,这些技术较好地解决了由于外部设备和主机速度不匹配所引起的问题,使主机和外设并行工作,提高了使用效率。为了方便用户使用各种外围设备,设备管理要达到提供统一界面、方便使用、发挥系统并行性及提高 I/O 设备使用效率等目标。本章研究设备管理的方法及实现。

9.1　I/O 设备管理的基本概念

设备管理是操作系统中最繁杂且与硬件关联最紧密的部分,I/O 设备在整个计算机系统中占相当大的比重,所以用好、管理好计算机系统中的 I/O 设备也是操作系统的主要功能之一。

9.1.1　I/O 系统的功能

通常把 I/O 设备及其接口线路、控制部件、通道和管理软件称为 I/O 系统。把计算机的内存和设备介质之间的信息传送操作称为 I/O 操作。

I/O 系统管理的主要对象是 I/O 设备和其相应的设备控制器。其主要的任务是:完成用户提出的 I/O 请求,提高 I/O 速率,以及提高设备的利用率,并能让更高层的进程方便地使用这些设备。

1. 设备管理的基本任务

设备管理的基本任务是按照用户的要求控制外部设备的工作,以完成用户所要求的 I/O 操作,为此,操作系统应做好如下工作:

(1) 记住所有设备、控制器和通道的状态。通常把操作系统中完成这部分工作的程序称为 I/O 交通控制程序。

(2) 按用户要求启动具体设备进行数据传输操作,并且处理设备的中断。通常把完成这部分工作的程序称为设备管理程序。操作系统中每类设备都有自己单独的设备管理程序,同一类设备共同使用同一个设备管理程序。

(3) 在现代多道程序系统中,系统中的进程数通常多于 I/O 设备数,这将引起对设备的竞争,所以操作系统要按一定的算法在诸进程间进行调度和分配。完成这部分工作的程序称为 I/O 调度程序。

2. 设备管理要解决的问题

为了有效地管理计算机系统的 I/O 设备,操作系统的设备管理应具有 5 种功能,即缓冲区管理、设备分配、设备处理、虚拟设备和设备独立性。

(1) 缓冲区管理:为了解决 CPU 与 I/O 设备速度不匹配的矛盾,操作系统在内存中管理着一批缓冲区,供 I/O 设备与处理器交换数据时使用。缓冲管理的主要任务是组织好这些缓冲区,并提供获得和释放缓冲区的手段。

(2) 设备分配:为防止诸进程对 I/O 设备的无序竞争,不允许用户自行使用 I/O 设备,必须由操作系统统一分配。当用户请求使用 I/O 设备时,操作系统将按一定的策略把 I/O 设备分配给用户进程。

(3) 设备处理:操作系统按照用户的要求调用具体的设备驱动程序,启动相应的设备,进行 I/O 操作,并且处理来自设备的中断。

(4) 虚拟设备:虚拟设备技术是通过 SPOOLing 技术将一台物理 I/O 设备虚拟为多台逻辑 I/O 设备,允许多个用户共享一台物理 I/O 设备。

(5) 设备独立性:为了提高操作系统的可适应性和可扩展性,现代操作系统无一例外地实现了设备独立性(device independence)。即应用程序独立于具体使用的物理设备。在应用程序中,使用逻辑设备名来请求使用某类设备,而不使用物理设备名。

9.1.2　I/O 软件的层次结构

1. I/O 软件设计的目标

I/O 软件的一个最关键的目标是高效性和通用性。为了达到这些目标,低层软件用来屏蔽硬件细节,高层软件向用户提供简洁、友好、方便的界面。因此,I/O 软件设计需要考虑的问题有:

(1) 设备无关性——程序员编写访问文件数据的程序时,与具体物理设备无关。

(2) 出错处理——数据传输过程中产生的错误应该在尽可能靠近硬件的地方处理,低层软件能够解决的错误不让高层软件感知。

(3) 同步/异步传输。异步传输是指 CPU 在启动 I/O 操作后执行其他工作,直到中断到来。同步传输是采用阻塞方式,让启动 I/O 操作的进程挂起等待,直至数据传输完成。I/O 软件支持这两种工作方式。

(4) 缓冲技术——建立数据缓冲区,让数据的到达率与离去率匹配,提高系统的吞吐量。

2. I/O 软件的层次结构

为了能够合理、高效地解决以上问题,I/O 设备管理软件结构的基本思想是分层构造,其中低层和次低层与硬件相关,它把硬件与较高层次的软件隔离开来。而最高层的软件则向应用提供一个友好、清晰而统一的接口。I/O 软件分成 4 个层次,如图 9.1 所示,各层次功能如下:

(1) 中断处理程序。它处于 I/O 系统的低层,直接与硬件进行交互。用于保存被中断进程的 CPU 环境,转入对应的中断处理程序进行处理,处理完毕再恢复被中断进程的现场,返回到被中断的进程。当有 I/O 设备发来中断请求信号时,首先保存被中断进程的 CPU 环境,然后转向执行中断处理程序,处理完毕后,恢复被中断进程的 CPU 环境,返回断

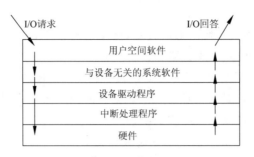

图 9.1　I/O 软件的层次

点继续运行。

（2）设备驱动程序。它处于 I/O 系统的次低层，与硬件直接相关，用于具体实现系统对设备发出的操作指令，执行 I/O 设备工作的驱动程序。设备驱动程序是进程和设备控制器之间的通信程序，将上层发来的抽象 I/O 请求转换为对 I/O 设备的具体命令和参数，并把它装入到设备控制器中的命令和参数寄存器中，或者相反。不同的设备要安装由厂商提供的相应的驱动程序。

（3）与设备无关的系统软件。用于实现用户程序与设备驱动器的统一接口、设备命名、设备的保护以及设备的分配与释放等，同时为设备管理和数据传送提供必要的存储空间。目前的操作系统基本上都实现了与设备的无关性，即 I/O 软件独立于具体所使用的物理设备。提高了 I/O 系统的可适应性和扩展性，在增加或减少设备时，不需要对 I/O 软件进行修改，方便了系统的更新和扩展。

（4）用户空间软件。实现与用户交互的接口，用户可以直接调用该层所提供的、与 I/O 操作有关的库函数对设备进行操作，方便了高层对设备的使用。

9.2　I/O 系统的组成

通常把 I/O 设备及其接口线路、控制部件、通道和管理软件称为 I/O 系统，把计算机的主存和外围设备的介质之间的信息传送操作称为 I/O 操作。随着计算机技术的飞速发展和应用领域的不断扩大，计算机的 I/O 信息量急剧增加，I/O 设备的种类和数量越来越多，它们与主机的信息交换方式越来越不相同。I/O 操作不仅影响计算机的通用性和扩充性，而且成为影响计算机系统综合处理能力及性能价格比的重要因素。在计算机系统中，除了需要直接用于 I/O 和存储信息的设备外，还需要有相应的设备控制器、I/O 通道，由这些设备以及相应的总线构成了 I/O 系统。

9.2.1　I/O 设备概述

在计算机系统中，除 CPU 和内存外，其他大部分硬件设备称为外围设备。计算机系统 I/O 的外围设备大体上可分成以下 3 类。

（1）人可读的：这类设备适合与计算机用户通信，如打印机、视频显示终端和键盘等，包括常用的 I/O 设备、外存设备以及终端设备等。

（2）机可读的：这类设备适合与电子设备通信，如磁带、磁盘和传感器等。

（3）通信：这类设备适合与远程设备通信，如调制解调器、数字线路驱动器等。

各类设备之间有很大的差别，甚至每一类中也有相当大的差异，从而使操作系统的设备管理变得十分复杂。为了便于管理，可从以下不同角度对它们进行分类。

1. 按传输速率分类

（1）低速设备：该类设备的传输速率为每秒几字节至每秒数百字节。典型的低速设备有键盘、鼠标器、语音输入和输出设备等。

（2）中速设备：该类设备的传输速率为每秒几千字节至数十千字节。典型的中速设备有行式打印机、激光打印机等。

（3）高速设备：该类设备的传输速率为每秒数百千字节至数兆字节。典型的高速设备有磁带机、磁盘机、光盘机等。

2. 按信息交换的单位分类

（1）块设备：这类设备用于存储信息。由于信息的存取是以数据块为单位的，故称其为块设备，属于有结构设备。块设备的基本特征是可寻址、可随机地读/写任意一块。块设备的另一特征是其 I/O 采用 DMA 方式。典型的块设备是磁盘，每个盘块的大小通常为 512B～4KB。

（2）字符设备：这类设备用于数据的 I/O，其基本单位是字符，故称字符设备。它属于无结构设备，其基本特征是不可寻址，即不能指定输入时的源地址及输出时的目标地址；此外，字符设备在 I/O 时常采用中断驱动方式。字符设备的种类较多，如交互式终端、打印机等。

3. 从资源分配角度分类

（1）独占设备：是指在一段时间内只允许一个用户（进程）使用的设备，因此系统一旦把该设备分配给某进程后，便让它独占直至释放。应当注意，独占设备的分配可能会引起进程死锁。

（2）共享设备：是指在一段时间内允许多个进程同时访问的设备，显然，共享设备必须是可寻址的和可随机访问的。典型的共享设备是磁盘。共享设备不仅能获得良好的设备利用率，而且是实现文件和数据共享的物质基础。

（3）虚拟设备：是指通过某种技术将一台独占设备变换为能供若干个用户共享的设备，因此可将它同时分配给多个用户，从而提高设备的利用率。SPOOLing 技术是一类典型的虚拟设备技术，详细介绍参见 9.5.5 节。

4. 按使用特性分类

（1）存储设备，也称外存、辅存，是用来存储信息的主要设备。这类设备存取速度较内存慢，但容量却大得多，价格也便宜。存储设备又可分为顺序存取存储设备和直接存取存储设备。顺序存取存储设备依赖信息的物理位置进行定位和读写，如磁带。直接存取存储设备是指在存取任何一个物理块所需时间几乎不依赖于此信息所处的位置，如磁盘。

（2）I/O 设备，可以分为输入设备、输出设备和交互式设备。其中输入设备用来接收外部信息，如鼠标、键盘、扫描仪、视频摄像等。输出设备用于将计算机处理后的信息输出到外部设备，如打印机、绘图仪等。交互式设备是指集成的上述两类设备，如显示器等。不同设备的物理特性存在较大的差异，主要有：数据传输速率差别大，数据表示方法和传输单位不尽相同，错误的性质、报错方法及相应的措施都不一样。这些差异使得无论从操作系统还是用户的角度都难以获得一致的 I/O 解决方案。

9.2.2　设备控制器

I/O 设备一般由机械和电子两部分组成,通常将这两部分分开处理,以提供更加模块化、更加通用的设计。电子部分称为设备控制器(device controller)或适配器(adapter)。在微型机和小型机中,控制器通常做成印制电路板形式,故又称接口卡,它可以插入计算机中。控制器卡上通常有一个可以插接的连接器,通过电缆与设备内部相连。很多控制器可以处理 2 个、4 个或 8 个相同的设备。如果控制器和设备之间的接口采用的是标准接口,符合 ANSI、IEEE 或 ISO 或者事实上的标准,那么各厂商就可以制造各种适合这个接口的控制器或设备。机械部分是指设备本身。

设备控制器是 CPU 与 I/O 设备之间的接口,它接收从 CPU 发来的 I/O 命令,并控制 I/O 设备工作。事实上,操作系统差不多总是处理控制器而不是处理设备,即操作系统只与控制器交互而并不直接与设备交互,这样可使处理器从繁杂的设备控制事务中解脱出来。设备控制器是一个可编址设备,当它仅控制一个设备时,只有一个设备地址;当它连接多个设备时,则应具有多个设备地址,使每一个地址对应一个设备。

为实现 CPU 与控制器、控制器与设备之间的通信,设备控制器应具有以下功能。

1. 接收和识别命令

控制器可以接收从 CPU 发来的多种不同命令,例如,磁盘控制器可以接收 CPU 发来的 Read、Write、Format 等不同的命令,且有些命令还带有参数。为此,在控制器中应具有相应的控制寄存器,操作系统将命令写入控制器的寄存器中,以实现 I/O 操作。当控制器接收一条命令后,可以独立于 CPU 完成命令指定的操作,CPU 转去执行其他操作。当命令完成后,控制器产生一个中断,使操作系统获得 CPU 的控制权,并测试操作结果。CPU 通过读控制器寄存器中的一个或多个字节的信息,得到操作的结果和设备的状态。

2. 数据交换

指实现 CPU 与控制器、控制器与设备之间的数据交换,前者是通过数据总线,由 CPU 并行地把数据写入控制器,或从控制器中并行地读出数据;后者,是设备将数据输入到控制器,或从控制器传送给设备。为此在控制器中要设置数据寄存器。

3. 设备状态的记录和报告

控制器应记录下设备的状态供 CPU 了解。例如,仅当该设备处于发送就绪状态时,CPU 才能启动控制器从设备中读出数据。为此,应在控制器中设置一状态寄存器,用其中的每一位来反映设备的某一种状态。当 CPU 将该寄存器的内容读入后,便可了解该设备的状态。

4. 地址识别

为使 CPU 能向(或从)寄存器中写入(或读出)数据,这些寄存器应具有唯一的地址。控制器应能正确识别这些地址,为此,应在控制器中配置地址译码器。

5. 数据缓冲区

由于 I/O 设备传输速率较低,而 CPU 和内存的速率很高,因此在控制器中必须设置一个缓冲区。在输出时用该数据缓冲器暂存由主机高速传来的数据,然后再以 I/O 设备所能支持的速率将缓冲器内的数据传给 I/O 设备。在输入时,数据缓冲区用于暂存 I/O 设备送来的数据,等待接收到一批数据后,再将数据缓冲区中的数据高速地传送给主机。

6. 差错控制

为了保证数据的正确性,设备控制器要对由 I/O 设备传递的数据进行差错检测。如果发现错误,则将差错检测码置位,并向 CPU 报告,CPU 将本次数据作废,并重新发送一次。

9.2.3　I/O 通道

虽然在 CPU 与 I/O 设备之间增加了设备控制器,已能大大地减少 CPU 的干预,但当主机所配置的外设很多时,CPU 的负担仍然很重。为此,在 CPU 和设备控制器之间又增设了通道。其主要目的是为了建立独立的 I/O 操作,不仅使数据的传送能独立于 CPU,而且希望有关 I/O 操作的组织、管理及结束也尽量独立,以保证 CPU 有更多的时间去进行数据处理。或者说,其目的是使原来由 CPU 处理的 I/O 任务转由通道来承担,从而把 CPU 从繁杂的 I/O 任务中解脱出来。通常,在计算机系统中,I/O 通道是一种特殊的处理器,专门负责 I/O 操作。它具有自己的指令系统,但该指令系统比较简单。一方面,该指令系统一般只有数据传送指令、设备控制指令等;另一方面,通道没有自己的内存,其所执行的程序(即通道程序)是存放在主机内存中的,与 CPU 共享内存。

根据信息交换方式的不同,有以下 3 种类型的通道。

1. 字节多路通道

字节多路通道主要用来连接大量的低速设备,数据传送是以字节为单位的。该通道含有许多非分配型子通道,其数量可从几十到数百个,每一个子通道连接一台 I/O 设备。这些子通道按时间片轮转方式共享主通道。当一个子通道控制其 I/O 设备完成一个字节的交换后,便立即让出字节多路通道(主通道),以便让另一个子通道使用。这样,只要字节多路通道扫描每个子通道的速率足够快,而连接到子通道上的设备的速率又不是太高,便不致丢失信息。

2. 数组选择通道

字节多路通道不适于连接高速设备,这推动了按数组方式进行数据传送的数组选择通道的出现。该通道虽然可以连接多台高速设备,但由于它只含有一个分配型子通道,在一段时间内只能执行一个通道程序、控制一台设备进行数据传送,致使当某台设备占用了该通道后,便一直由它独占,直至该设备数据传送完毕释放该通道。可见这种通道的利用率很低。

3. 数组多路通道

数组选择通道虽然有很高的传输速率,但它每次只允许一个设备传输数据。数组多路通道是将数组选择通道传输速率高和字节多路通道能使各子通道(设备)分时并行操作的优点结合起来,而形成的一种新通道。这种通道既具有很高的数据传输速率,又能获得令人满意的通道利用率。数组多路通道被广泛地用于连接多台高、中速的外围设备,其数据传送是以块为单位的。

9.3　I/O 控制方式

设备管理的主要任务之一是控制设备和内存或 CPU 之间的数据传送,外围设备和内存之间常用的数据传送控制方式有 4 种。

9.3.1 程序 I/O 方式

在早期的计算机系统中,因没有中断机构,主机对 I/O 设备的控制采用轮询的可编程 I/O 方式。当用户进程需要输入数据时,由处理器向设备控制器发出一条 I/O 指令启动 I/O 设备进行输入,在设备输入数据期间,状态寄存器中的忙/闲标志位置为 1,处理器通过循环执行测试指令不间断地检测设备状态寄存器的值,当状态寄存器的值为 0 时,表示设备输入完成,处理器将数据寄存器中的数据取出,送入内存指定的单元,然后再启动设备去读下一个数据。反之,当用户进程需要向设备输出数据时,也必须同样再启动设备输出,检测状态寄存器的标志位,并等待输出操作的完成,其流程图如图 9.2 所示。

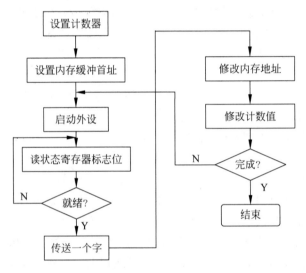

图 9.2　程序 I/O 方式流程图

程序 I/O 方式虽然控制简单,也不需要很多硬件支持,但 CPU 的绝大部分时间都处于等待 I/O 的循环测试中,因此其利用率相当低。由于 CPU 执行指令的速度高出 I/O 设备几个数量级,在循环测试过程中,会浪费大量的 CPU 时间。之所以 CPU 的绝大部分时间都处于等待 I/O 的循环测试中,是因为 CPU 中无中断机构,使得 I/O 设备无法向 CPU 报告已完成了一个字符的输入。中断方式的引入可大大改变这种情况。

9.3.2 中断驱动 I/O 方式

程序 I/O 方式的问题是处理器关心 I/O 模块是否做好了接收或发送更多数据的准备,通常必须等待很长的时间。中断驱动 I/O 方式是处理器给模块发送 I/O 指令,然后继续做其他一些有用的工作,当 I/O 模块准备好与处理器交换数据时,便中断处理器并请求服务。处理器执行数据传送,然后恢复它以前的处理。

首先从 I/O 模块的角度考虑这是如何工作的。对于输入,I/O 模块从处理器中接收一个 Read 指令,然后开始从相关的外围设备读入数据。一旦数据进入该模块的数据寄存器,模块在控制行给处理器发送一中断信号,然后等待直到处理器请求数据。当处理器发出这个请求后,模块把数据放到数据总线中,然后准备下一次的 I/O 操作。

从处理器的角度,输入动作如下:处理器发出一个 Read 指令,然后保存当前程序的上下文环境(如程序计数器和处理器寄存器),离开这个程序去做其他事情(例如,处理器可以同时在几个不同的程序中工作)。在每个指令周期的末尾,处理器检查中断。当发现来自I/O模块的中断时,处理器保存当前正在执行的程序的上下文环境,开始执行中断处理程序以处理这个中断。然后恢复发出I/O指令的程序(或其他某个程序)的上下文环境,继续运行。

需要指出的是,计算机系统中总是有多个I/O模块,因此需要一定的机制,使得处理器能够确定中断是由哪个模块引发的,并且在多中断的情况下决定先处理哪一个。在某些系统中有多条中断线,以便每个模块在不同的线上发信号,但还要使用额外的线保存设备地址,同样,不同的设备有不同的优先级。中断驱动I/O方式流程图如图9.3所示。

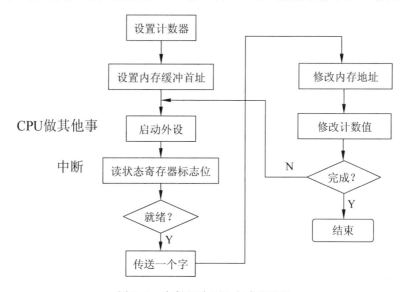

图 9.3　中断驱动 I/O 方式流程图

9.3.3　直接存储器存取方式

尽管中断驱动I/O比轮询方式更有效,但在存储器和I/O模块之间传送数据时,处理器仍然需要积极地干预,并且任何数据传送都必须完全通过处理器。因此这两种I/O方式都有以下两个方面固有的缺陷:

(1) I/O传送速度受限于处理器测试设备和提供服务的速度。

(2) 处理器陷于管理I/O传送的工作中,对每次I/O传送,处理器都必须执行很多指令。

当要求传送大量数据时,需要一种更有效的技术,即直接存储器访问(Direct Memory Access,DMA)。

1. DMA 的工作过程

DMA模块可以由系统总线中一个独立的模块执行,也可以并入一个I/O模块中。不论哪种情况,该技术的工作方式都像下面要说明的一样,当处理器希望读或写一块数据时,便为DMA模块产生一条指令,发送以下信息:

(1) 是否请求一次读或写。

(2) 涉及的 I/O 设备的地址。

(3) 开始读或写的存储器单元。

(4) 需要读或写的字数。

然后处理器继续其他工作,而把这个操作委托给 DMA 模块,由该模块处理。DMA 模块直接从存储器中或者往存储器中传送整个数据块,每次传送一个字。当传送完成后,DMA 模块给处理器发送一个中断信号。因此,只有在开始传送和结束传送时才会用到处理器。

DMA 模块需要控制总线往存储器中传送或从存储器中读出数据。由于在总线使用中存在竞争,当处理器需要使用总线时可能必须等待 DMA 模块片刻。但这并不是一个中断,因为处理器没有保存上下文环境去做别的事情,而是仅仅暂停一个总线周期,其总的影响是在 DMA 传送过程中,使处理器访问总线的速度变慢。尽管如此,对大量的 I/O 传送来说,DMA 比中断驱动和程序 I/O 方式控制 I/O 更有效。

2. DMA 方式的特点

(1) 作为高速的外围设备与内存之间进行成批的数据交换,但不对数据做加工处理。数据传输的基本单位是数据块,I/O 操作的类型比较简单。

(2) 需要使用一个专门的 DMA 控制器(Direct Memory Access Controller,DMAC)。DMAC 中有控制、状态寄存器、传送字节计数器、内存地址寄存器和数据缓冲寄存器。

(3) 采用盗窃总线控制权的方法,由 DMAC 送出内存地址和发出内存读、设备写或设备读、内存写的控制信号来完成内存与设备之间的直接数据传送,而不用 CPU 的干预。有的 DMA 传送甚至不经过 DMAC 的数据缓冲寄存器的再吞吐,传输速率非常高。

(4) 仅在传送一个或多个数据块的开始和结束时,才需 CPU 干预,整块数据的传送是在控制器的控制下完成的。

9.3.4　I/O 通道方式

通道控制方式与 DMA 方式类似,也是一种以内存为中心,实现设备与内存直接交换数据的控制方式。与 DMA 方式每次仅传输一个数据块的数据相比,通道一次可以传输若干个数据块的数据,因此,通道所需的 CPU 干预更少,且可以做到一个通道控制多台设备,从而进一步减轻 CPU 的负担。

在通道控制方式中,CPU 只需发出驱动指令,指出通道相应的操作和 I/O 设备,该指令就可以启动通道并使该通道从内存中调用相应的通道指令执行。

通道控制方式的数据输入过程大致如下:

(1) 当进程要求输入数据时,CPU 发出驱动指令指明 I/O 操作、设备号和相应的通道。

(2) 对应通道接收到 CPU 来的驱动指令后,把存放在内存中的通道指令程序读出,并执行通道程序,控制设备将数据传送到内存指定的区域。

(3) 若数据传送结束,则向 CPU 发出中断请求。CPU 收到中断信号后执行中断处理程序,唤醒等待输入完成的进程,并返回被中断程序。

在以后的某个时刻,进程调度程序选中提出请求输入的进程,该进程从指定的内存始址取出数据做进一步处理。

通道技术可以进一步减少 CPU 的干预,即把对一个数据块为单位的读(或写)的干预,减少到对一组数据块为单位的读(或写)的有关的控制和管理的干预。这样可以实现 CPU、通道和 I/O 设备三者之间的并行工作,从而更有效地提高了整个系统的资源利用率和运行速度。

9.4　缓冲管理

通道的建立虽然提供了 CPU、通道和 I/O 设备间并行操作的可能性,但往往由于通道数量不足而使并行程度受到限制,缓冲的引入可减少占用通道的时间,从而显著提高 CPU、通道、I/O 设备间的并行操作程度。

9.4.1　缓冲的引入

在设备管理中,引入缓冲的原因可归结为以下几点。

1. 缓和 CPU 与 I/O 设备间速度不匹配的矛盾

事实上,凡是在数据的到达率和离去率不同的地方都可设置缓冲。众所周知,通常的程序都是时而进行计算,时而产生输出的,若没有缓冲,则程序在输出时,必然会由于打印机的速度跟不上,而使 CPU 停下来等待;而在计算阶段,打印机又空闲无事。显然,如果在打印机或控制器中设置一个缓冲器,使之在程序输出时,快速暂存输出数据,然后由打印机取出打印,这样,就可使 CPU 与 I/O 设备并行工作。

2. 减少中断 CPU 的次数,放宽对中断响应的要求

若仅有一位缓冲来接收从远程终端发来的数据,则每收到一位数据,便要中断一次 CPU。倘若设置一个 8B 的缓冲寄存器,则可使 CPU 的中断频率降低为只有 1B 缓冲时的 1/8;如果在 I/O 控制器中增加一个 100B 的缓冲器,即等到存放 100B 的缓冲区装满之后才向 CPU 发一次中断,则 I/O 控制器对 CPU 的中断次数将降低为原来的 1/100。

3. 提高 CPU、通道和 I/O 设备之间的并行性

缓冲的引入提高了设备的独立性,减少了占用通道的时间,从而显著地提高 CPU、通道和设备的并行操作程度,提高系统的吞吐量和设备的利用率。

9.4.2　缓冲区及其管理

缓冲的实现方式有两种:一种是采用硬件缓冲器实现,但由于成本较高,除一些关键部位外,一般情况下不采用这种方式;另一种缓冲实现方式是在内存划出一块存储区,专门用来临时存放 I/O 数据,这个区域称为缓冲区。

根据系统设置的缓冲区的个数,可将缓冲技术分为单缓冲、双缓冲、环形缓冲和缓冲池。

1. 单缓冲

单缓冲是在设备和处理器之间设置一个缓冲区。在该情况下,每当用户进程发出一个 I/O 请求时,操作系统便在内存中为之分配一个缓冲区,如图 9.4 所示。在块设备输入时,假定从磁盘把一块数据输入到缓冲区的时间为 T,操作系统将该缓冲区中的数据传送到用户区的时间为 M,而 CPU 对这一块数据进行计算的时间为 C,则系统对每一块数据的处理时间为 $\max(C,T)+M$。如果没有单缓冲区,数据直接进入用户区,则每块数据的处理时间近似为 $T+C$。

图 9.4　单缓冲工作图

在字符设备输入时,缓冲区用于暂存用户输入的一行数据,在输入期间,用户进程被挂起以等待数据输入完毕;在输出时,用户进程将一行数据送入缓冲区后,继续执行处理。当用户进程已有第二行数据输出时,若第一行数据尚未提取完毕,用户进程被阻塞。

2. 双缓冲

为了加快 I/O 速度和提高设备利用率,引入了双缓冲。在输入时,输入设备先将数据送入第一缓冲区,装满后便转向第二缓冲区。此时操作系统可从第一缓冲区中移出数据送至用户进程区,如图 9.5 所示。接着由 CPU 对数据进行计算。在双缓冲时,系统处理一块数据的时间可粗略地认为是 $\max(C,T)$,如果 $C<T$,可使块设备连续输入;如果 $C>T$,可使 CPU 不必等待设备输入。对于字符设备,若采用行输入方式,即采用双缓冲方式通常能消除用户的等待时间,即用户在输入完第一行数据后,在 CPU 执行第一行中的命令时,可继续向第二缓冲区输入下一行数据。

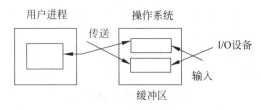

图 9.5　双缓冲工作图

如果在两台计算机之间的通信配置采用单缓冲,那么它们之间在任意时刻只能实现单方向的数据传输,即实现半双工的操作。如果在两台计算机之间的通信配置采用双缓冲,那么它们之间在任意时刻都能实现双方向的数据传输,即实现全双工的操作。如果输入速度与输出速度基本相当,那么使用双缓冲可使系统效率更高。

显然,双缓冲的使用提高了 CPU 和输入设备并行操作的程度,但双缓冲只是一种使设备和设备、CPU 和设备并行操作的简单模型,并不能用于实际系统中的并行操作。一是因为计算机系统中的外围设备较多,二是因为双缓冲也很难匹配设备和 CPU 的处理速度。因此,现代计算机系统中一般使用环形缓冲或缓冲池的结构。

3. 环形缓冲

当输入、输出或生产者-消费者的速度相同时,双缓冲能获得较好的效果,使生产者-消费者并行操作。若两者的速度相差甚远时,双缓冲的作用则不够理想,但随着缓冲区数量的增加,情况将随之有所改善,因此,又引入了多缓冲,并将多缓冲组织成循环缓冲的形式,如图 9.6 所示。

环形缓冲中包含多个大小相等的缓冲区,每个缓冲区中有一个链接指针指向下一个缓冲区,最后一个缓冲区指针指向第一个缓冲区,这样多个缓冲区构成一个环形。环形缓冲用于 I/O 操作时,还需要有 in 和 out 两个指针。对于输入而言,首先要从设备接收数据到缓

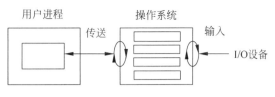

用户进程　　　　　　　　操作系统　　　　　输入

传送　　　　　　　　　　　　I/O设备

图 9.6　环形缓冲

冲区中,in 指针指向可以输入数据的第一个空缓冲区;当运行进程需要数据时,从环形缓冲中取一个装满数据的缓冲区,并从此缓冲区中提取数据,out 指针指向可以提取数据的第一个满缓冲区。显然,对输出而言正好相反,进程将处理过的需要输出的数据送到空缓冲区中,而当设备空闲时,从满缓冲区中取出数据由设备输出。

4. 缓冲池

环形缓冲仅适用于某特定的 I/O 进程和计算进程,因此属于专用缓冲。在一个比较大的系统中,这样的环形缓冲将会有多个。这不仅要消耗大量的内存空间,而且其利用率不高。为了提高缓冲区的利用率,目前广泛使用缓冲池。缓冲池也是由多个大小相等的缓冲区组成,与环形缓冲不同的是,池中的每个缓冲区可供多个进程共享,且既能用于输入,也能用于输出。缓冲池中的缓冲队列按其使用状况可组织为以下方面:

1) 缓冲队列

(1) 空白缓冲队列 emq。这是由空缓冲区所组成的队列,其队首指针 F(em) 和队尾指针 L(em) 分别指向该队列的首、尾缓冲区。

(2) 输入队列 inq。这是由装满输入数据的缓冲区所组成的队列,其队首指针 F(in) 和队尾指针 L(in) 分别指向该队列的首、尾缓冲区。

(3) 输出队列 outq。这是由装满输出数据的缓冲区所组成的队列,其队首指针 F(out) 和队尾指针 L(out) 分别指向该队列的首、尾缓冲区。

2) 工作缓冲区

除 3 种缓冲队列外,系统(或用户进程)可从 3 种队列中申请和取出缓冲区,并用得到的缓冲区进行存数、取数操作,存数、取数操作结束后,再将缓冲区放入相应的队列,这些缓冲区被称为工作缓冲区。根据使用情况设置以下 4 种工作缓冲区:

(1) 收容输入工作缓冲区 hin。在输入进程调用 getbuf(emq) 过程时,从 emq 队列中获得一空缓冲区作为收容输入工作缓冲区 hin,输入进程把数据送入其中,装满后再调用 putbuf(inq,hin) 过程,将它挂在输入队列 inq 上。

(2) 提取输入工作缓冲区 sin。当计算进程需要输入数据时,调用 getbuf(inq) 过程,从输入队列 inq 中取得一缓冲区作为提取输入工作缓冲区,计算进程从中提取数据,待用完该缓冲区后,再调用 putbuf(emq,sin) 过程,将它挂在空缓冲队列 emq 上。

(3) 收容输出工作缓冲区 hout。当计算进程需要输出时,调用 getbuf(emq) 过程,从空缓冲区队列 emq 中取得一空缓冲区,作为收容输出工作缓冲区 hout。当装满输出数据后,又调用 putbuf(outq,hout) 过程,将它挂在 outq 队列的末尾。

(4) 提取输出工作缓冲区 sout。当需要输出时,由输出进程调用 getbuf(outq) 过程,从 outq 中取得一装满输出数据的缓冲区,作为提取输出工作缓冲区 sout,在数据提取完后,再调用 put(emq,sout) 过程,将它挂在空缓冲队列 emq 的末尾。图 9.7 为缓冲池工作方式的示意图。

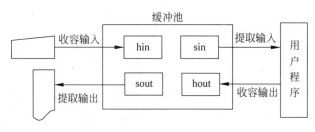

图 9.7　缓冲池

　　显然,对于各缓冲队列中缓冲区的排列及每次取出和插入缓冲区队列的顺序都有一定规则。最简单的方法是 FIFO 算法,过程 putbuf 每次将缓冲区插入相应缓冲队列的队尾,而过程 getbuf 则取出相应缓冲队列的首缓冲区,且采用 FIFO 算法也省略了对缓冲区队列的搜索时间。

　　终端、打印机等字符型设备的缓冲区采用先进先出方式工作较好,也就是说数据以其产生的先后顺序依次被使用。对于磁盘类的直接存取型设备,通常按照应用进程的要求随机地访问数据块,同一数据块可能会被多次访问,为了减少访问磁盘的次数和提高访问的速度,建立一个高速缓冲存储器,专门用于存放最近使用过的磁盘块。每当应用进程打开、关闭或者撤销文件时,便会激活高速缓冲存储器。

9.5　设 备 分 配

　　设备分配的任务是按照规定的策略为申请设备的进程分配合适的设备、控制器和通道。为了提高适应性和均衡性,应考虑设备的独立性,即不能因物理设备的更换而影响用户程序的正常运行;还要考虑系统的安全性,即设备分配不能导致死锁现象的发生。

9.5.1　设备分配中的数据结构

　　在进行设备分配时,通常都需要借助于一些表格,在表格中记录相应设备或控制器的状态及对设备或控制器进行控制所需的信息。在进行设备分配时所需的数据结构有系统设备表、设备控制表、控制器控制表和通道控制表等。

　　1. 系统设备表

　　整个系统只有一张系统设备表(System Device Table,SDT),它记录系统中的所有物理设备的情况,每个物理设备占一个表项,如图 9.8 所示。

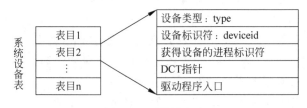

图 9.8　系统设备表

系统设备表中每个字段的功能如下。

（1）设备类型和设备标识符：该项的含义同 DCT 表中的设备类型和设备标识符。

（2）DCT 指针：该指针指向有关设备的设备控制表。

（3）获得设备的进程标识符：SDT 表的主要意义在于反映系统中设备资源的状态，即系统中有多少设备，有多少是空闲的，有多少已分配给了进程。

2. 设备控制表

系统为每一个 I/O 设备都配置了一张用于记录本设备情况的设备控制表（Device Control Table，DCT），如图 9.9 所示。

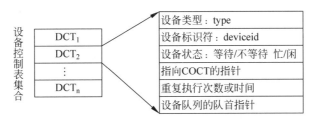

图 9.9　设备控制表

设备控制表中每个字段的功能如下。

（1）设备标识符：用来区别设备。

（2）设备类型：反映设备的特性，如是终端设备、块设备或字符设备等。

（3）设备状态：当设备自身正处于使用状态时，应将设备状态置为忙标志 1，若与该设备相连接的控制器或通道正忙，则应将等待标志置 1。

（4）COCT 指针：该指针指向该设备所连接的控制器的控制表。在具有多条通路的情况下，在 DCT 中还应设置多个控制表指针。

（5）设备队列指针：凡因请求本设备而未得到满足的进程，其 PCB 都被按照一定的策略排成一个队列，称为设备队列，队首指针指向队首 PCB。

3. 控制器控制表

系统为每一个控制器都配置了一张记录本控制器情况的控制器控制表（COntroler Control Table，COCT），如图 9.10 所示。

4. 通道控制表

系统为每个通道设置了一张通道控制表（CHannel Control Table，CHCT）。该表只有在通道控制方式的系统中存在。CHCT 包括通道标识符、通道忙/闲标识、等待获得该通道的进程等待队列的队列指针等，如图 9.11 所示。

控制器标识符
控制器状态：忙/闲
COCT 指针
控制器队列的队首指针
控制器队列的队尾指针

图 9.10　控制器控制表 COCT

通道标识符
通道状态：忙/闲
与通道相连的 CHCT 首址
通道队列的队首指针
通道队列的队尾指针

图 9.11　通道控制表 CHCT

显然,一个进程只有在获得了通道、控制器和所需的设备之后,才具备进行 I/O 操作的物理条件。

9.5.2　设备分配策略

设备分配的总原则是既要充分发挥设备的使用效率,尽可能地让设备忙,又要避免由于不合理的分配方法造成进程死锁;另外还要做到把用户程序和具体物理设备隔离开来,即用户程序面对的是逻辑设备,而分配程序则在系统中把逻辑设备转换成物理设备之后,再根据要求的物理设备号进行分配。系统在进行设备分配时应考虑以下几个因素。

1. 考虑设备的固有属性

在分配设备时,首先应考虑与设备分配有关的设备属性。设备的固有属性可分成两类,即独占和共享。此外,还有一种情况,即设备本身虽是独占设备,但经过某种技术处理,可以把它改造成虚拟设备。对上述独占设备、共享设备、虚拟设备 3 类设备应采取不同的分配策略。

(1) 独占设备的分配:对独占设备应采用独占分配策略,常采用静态分配,在将一个设备分配给某进程后,便一直由它独占,直到该进程完成或主动释放该设备,系统才能将该设备分配给其他进程使用。静态分配是指在进程运行前,完成设备的分配;运行结束时,收回设备。静态分配实现简单,能够防止系统发生死锁,也会使设备利用不充分,降低设备的利用率。例如,对打印机采用静态分配,在作业执行前分配打印机,但是直到发出打印作业的请求时才使用打印机,尽管这台打印机在大部分时间处于空闲状态,但是其他作业不能使用。

(2) 共享分配:对于共享设备应采用共享分配策略,即采用动态分配。动态分配是在进程运行过程中,当用户提出设备分配要求时,进行分配,一旦使用停止立即收回。如磁盘、打印机都可作为共享设备,因此可以将它分配给多个进程使用。但需要合理地调度这些进程对设备的访问。

如果对打印机采用动态分配,在作业执行过程中要求输出某些信息时,系统才把打印机分配给作业,当一个文件输出完毕要关闭时,系统就会收回分配给此作业的打印机。采用动态分配后,在打印机上可能要输出多个作业的信息,由于输出信息以文件为单位,每个文件的开始和结束处均设有标志,如用户名、作业名、文件名等。因此,对于独占方式使用的设备,采用动态方式分配作业可以提高设备的利用率。

还有磁盘这类共享设备,由于这类设备的存储容量大、存取速度快且可以直接访问,因此可以让多个作业同时使用。例如,磁盘上的信息是以文件的形式存储,使用信息时可按照文件名查找文件,并从磁盘中读出。当用户提出存取信息的要求时,先由文件管理进行处理,确定信息存放位置,再向设备管理提出 I/O 请求。对于这类设备,设备管理的主要工作是驱动调度和实施驱动。在多个进程请求分配设备时,应该预先检查,防止因循环等待对方占用的设备而产生死锁。

(3) 虚拟分配:因为虚拟设备已属共享设备,因而也可将它分配给多个进程使用,并可对这些进程访问该设备的先后次序进行控制。虚拟分配是针对虚拟设备而言的,其实现过程是:当进程申请独占设备时,系统给它分配设备上的一部分存储空间,当进程要与设备交换信息时,系统就把要交换的信息放在这部分存储空间中,适当的时候,将设备上的信息传输到存储空间中或将存储空间中的信息传送到设备上。

2. 设备分配算法

I/O 设备的分配除了与 I/O 设备固有的属性相关外,还与系统所采用的分配算法有关。设备的分配算法与进程的调度算法有些相似之处,但相对简单些,通常只采用以下两种分配算法。

(1) 先来先服务算法:当有多个进程对同一设备提出 I/O 请求时,该算法根据进程对某设备提出请求的先后次序,将这些进程排成一个设备请求队列,设备分配程序总是把设备分配给队首进程。

(2) 优先级高者优先算法:在进程调度中的这种策略,是优先权高的进程优先获得处理器。如果对这种高优先级的进程所提出的 I/O 请求,也赋予高优先级,显然有助于这种进程尽快地完成。在利用该算法形成设备队列时,将优先级高的进程排在设备队列前面,而对于优先级相同的 I/O 请求,则按先来先服务原则排队。

3. 设备分配中的安全性

从进程运行的安全性上考虑,设备分配应有以下两种方式。

(1) 安全分配方式:在这种分配方式中,每当进程发出 I/O 请求后,便进入阻塞状态,直至 I/O 操作完成时才被唤醒。这种分配策略中,由于已摒弃了造成死锁的 4 个必要条件之一的请求和保持条件,因而,分配是安全的。其缺点是进程进展很慢,CPU 和 I/O 设备之间是串行工作的。

(2) 不安全分配方式:在这种分配方式中,进程发出 I/O 请求后仍继续运行,需要时又可发出第 2 个 I/O 请求、第 3 个 I/O 请求。仅当进程所请求的设备已被另一进程占用时,进程才进入阻塞状态。这种分配方式的优点是一个进程可同时操作多个设备。缺点是分配不安全,因为它可能具备请求和保持条件,从而产生死锁。因此在设备分配程序中还应增加一个功能,用于对本次的设备分配是否会发生死锁进行安全性计算,仅当计算结果说明分配是安全的时,才进行分配。

9.5.3　设备独立性

设备独立性是 I/O 软件的一个关键性概念,其基本含义是用户程序独立于具体使用的物理设备。换言之,进程只需用逻辑设备名称请求使用某类设备,当系统中有多台该类设备时,系统可将其中任意一台分配给请求进程,而无须局限于某一台指定的设备,这样对改善资源利用率及其可适应性都有很大好处。

进程在执行时使用的一定是具体的物理设备,就像它必须使用实际的物理内存一样。然而,在用户程序中应避免直接使用物理设备名称,而是使用逻辑设备名称,这也正如用户程序中避免采用实际内存地址而应采用逻辑地址一样。在这种情况下,系统必须有一种映射功能,把逻辑引用映射到物理设备。为此,系统应为每一进程配置一张用于逻辑设备名到物理设备名的映像表,称为逻辑设备表(Logical Unit Table,LUT)。如表 9.1 所示为 LUT 的一种可能实现方法。当正在执行的进程发出一个 I/O 操作的请求时,系统通过查找 LUT 的索引,从 LUT 中找到相应的物理设备以及服务于该设备的驱动程序。

表 9.1　逻辑设备表

逻辑设备号	物理设备号	驱动程序地址
1	7	20420
2	7	20420
3	2	20E00
4	4	1FC10
6	1	20D02
7	7	20420
15	10	1FC10
...	...	...

在表 9.1 中,逻辑设备号这一列中有一些略去的逻辑号。这是因为执行进程当前并不请求或因某种原因不再对这些设备进行访问。这张 LUT 中也为 3 个不同的逻辑设备号 1、2、7 列出了同样的物理设备号和驱动程序地址。这说明逻辑设备 1、2、7 目前均得到同一个物理设备 7 的服务(例如激光打印机及另一台打印机正在被修理,因此本来输出到这些设备上的请求都移到行式打印机上)。在这张映射表中还可以看到物理设备 4 和 10 都是由同一个驱动程序服务的。这是假定它们是同一类型的终端,因为所有的同一类型的终端均可由一个驱动程序服务。

在具有设备独立性的系统中,用户编写的程序可访问任何设备而无须事先指定物理设备号,即程序中所指定的设备与物理设备无关,逻辑设备号是用户命名的,是可以更改的,物理设备号是系统规定的,是不可以更改的。系统提供逻辑设备号和物理设备号的对照表即 LUT 进行转换,这体现了设备管理的独立性。

设备独立性的优点是:应用程序与具体物理设备无关,系统增减或更改设备时对源程序没有影响,易于应对 I/O 设备故障。例如,某台打印机发生故障时,可以用另一台打印机替换,从而提高了系统的可靠性,增加设备分配的灵活性,有效地利用设备资源,实现多道程序设计。

9.5.4　独占设备分配方法

当系统中已经设置了 9.5.1 节中所述的数据结构,且确定了一定的分配原则后,如果某进程提出了 I/O 请求,便可按下述步骤进行设备分配。

1. 分配设备

根据与进程 n 提出的逻辑设备名所对应的物理设备名查找系统设备表 SDT,从中找到该设备的 DCT。然后,根据 DCT 中的状态信息,可知该设备的状态。若忙,便将请求 I/O 的进程的 PCB 插在该设备等待队列上;若空闲,则由系统计算本次设备分配的安全性。如果分配不会引起死锁,便将该设备分配给请求进程;否则,仍将该 PCB 插入设备等待队列。

2. 分配控制器

当系统把该设备分配给提出 I/O 请求的进程后,通过设备控制表 DCT 中的控制器指针 COCTptr,可得知与此设备连接的控制器的 COCT,通过检查该表中的状态信息可知控制器是否忙碌。若忙,便将请求 I/O 的进程的 PCB 挂在控制器等待队列上;否则,将控制器分配给进程。

3. 分配通道

分配控制器后,通过控制器控制表 COCT 中的通道表指针 CHCTptr 检查与该控制器连接的 CHCT,再根据 CHCT 中的状态信息可知通道是否忙碌。若忙,便将请求 I/O 的进程的 PCB 插在通道队列上。否则,将通道分配给进程。一旦设备、控制器和通道都分配成功,便可启动 I/O 设备进行数据传送。设备分配的全过程如图 9.12 所示。

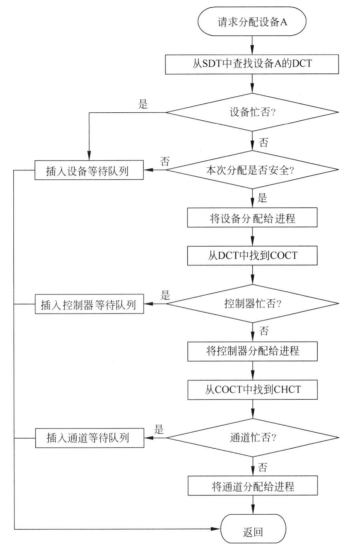

图 9.12 设备分配流程图

不难看出,上面的设备分配程序仅适用于单通路的 I/O 系统,即每个 I/O 设备只连接一个控制器,而一个控制器也只与一个通道相连接。在这种情况下,一个 I/O 设备只有一条通路与存储器连接。事实上,为了提高系统的灵活性和可靠性,往往采用多通路的 I/O 系统。此时,由于一个 I/O 设备可连接至几个控制器,而一个控制器又可与几个通道相连,因而使得设备的分配复杂化。此外,再考虑到设备的无关性,系统可选取该类设备中的任一个分配给申请进程。考虑上述因素后,设备的分配应按怎样的步骤进行? 请读者思考。

9.5.5 SPOOLing 技术

1. 什么是 SPOOLing 技术

SPOOLing 是多道程序设计系统中处理独占 I/O 设备的一种技术,可以提高设备利用率并缩短单个程序的响应时间。SPOOLing 技术就是通过共享设备来模拟独占型设备的动作,使独占型设备成为共享设备,从而提高设备利用率和系统的效率。SPOOLing 技术也称假脱机技术。

2. SPOOLing 系统的组成

SPOOLing 系统是对脱机 I/O 工作的模拟,必须有高速随机外存的支持,通常利用磁盘。SPOOLing 系统主要由以下 3 部分组成。

1)输入井和输出井

这是在磁盘上开辟的两个存储区域。输入井是模拟脱机输入时的磁盘,用于收容 I/O 设备输入的数据;输出井是模拟脱机输出时的磁盘,用于收容用户程序的输出数据。

2)输入缓冲区和输出缓冲区

这是在内存中开辟的两个缓冲区,其中输入缓冲区用于暂存由输入设备送来的数据,以后再传送到输入井;输出缓冲区用于暂存从输出井送来的数据,以后再传送给输出井。

3)输入进程 SP$_i$ 和输出进程 SP$_o$

进程 SP$_i$ 模拟脱机输入时的外围控制机,将用户要求输入的数据从输入机通过输入缓冲区再送到输入井。当 CPU 需要输入数据时,直接从输入井读入内存。SP$_o$ 进程模拟脱机输出时的外围控制机,把用户要求输出的数据先从内存送到输出井,待输出设备空闲时,再将输出井中的数据经过输出缓冲区送到输出设备上。

4)井管理程序

井管理程序用于控制作业与输入井、输出井之间信息的交换。当作业执行过程中向设备发出启动输入或输出操作请求时,由操作系统调用井管理程序,控制从输入井获取信息,并将信息输出到输出井。图 9.13 显示了 SPOOLing 系统的组成。

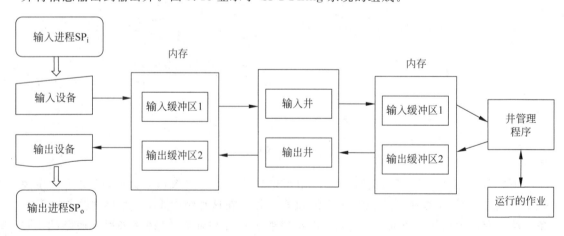

图 9.13　SPOOLing 系统的组成

3. SPOOLing 系统的工作过程

操作系统初启后激活 SPOOLing 输入程序使它处于捕获输入请求的状态。一旦有输入请求消息,SPOOLing 输入程序立即得到执行,把装在输入设备上的作业输入到硬盘的输入井中。输入井是一组硬盘扇区。SPOOLing 输出程序模块的工作原理与输入程序模块一样,它把硬盘上输出井的数据送到慢速的输出设备上。这就是说,作业调度程序不是从输入设备上装入作业,而是直接从输入井中把选中的作业装入内存,使主机等待作业输入的时间大为缩短。同样对作业的输出而言,写到输出井要比写到输出设备快得多。即使作业的 JCB 已注销,SPOOLing 输出活动仍可以从容地把输出井中没有输出完的数据继续输出到输出设备上。由此可见,引入 SPOOLing 技术,把一个共享的硬盘改造成若干台输入设备(对作业调度程序而言)和若干台输出设备(对各作业而言)。这样的设备称为虚拟设备,它们的物理实体是输入(出)井。这样改造后,保持了物理输入(出)设备繁忙地与主机并行工作,提高了整个系统的效率。

4. SPOOLing 技术的应用

SPOOLing 是多道程序系统中采用虚拟技术处理独占型设备的一种方法,这种技术被广泛应用于许多设备上,如打印输出 SPOOLing 技术、网络上的邮箱通信 SPOOLing 技术和 FTP 等。

打印机是经常用到的输出设备,属于独享设备,但通过利用 SPOOLing 技术,可将它改造为一台可供多个用户共享的设备,从而提高设备的利用率,也方便了用户。共享打印机技术已被广泛地应用于多用户系统和局域网中。当用户进程请求输出打印时,SPOOLing 系统同意为它打印输出,但并不真正把打印机分配给该用户进程,而只是做如下两件事。

(1)由输出进程在输出井中为用户进程申请一空闲缓冲区,并将要打印的数据送入其中。

(2)输出进程再为用户进程申请一张空白的用户打印请求表,并将用户的打印要求填入表中,再将该表挂到请求打印队列上。

假如还有进程要求打印输出,系统仍可接受该请求,也同样为该进程做上述两件事。

如果打印机空闲,输出进程将从请求打印队列的队首取出一张请求表,根据表中的要求将要打印的数据从输出井传送到内存缓冲区,再由打印机进行打印。打印完后,输出进程查看请求打印队列中是否还有等待打印的请求表;若有,再取出第一张表,并根据其中的打印要求进行打印,如此下去,直至请求打印队列空。

因此,在采用 SPOOLing 技术实现打印机功能时,对每个用户,系统并不是立即执行程序要执行的打印操作,而是将数据输出到缓冲区,这些数据并没有真正打印,但对于用户进程而言,其打印输出任务已经完成。真正的打印操作是假脱机打印进程负责的,当打印机空闲时,且打印任务在等待队列已排到队首时进行打印操作。一个打印任务完成后,假脱机打印进程将再次查看假脱机文件队列,若队列非空,则继续打印。当打印机空闲时,若有用户发出打印请求时,为用户进程申请一张空白的用户打印请求表,并将用户的打印要求填入表中,再将该表挂到请求打印队列上;若无用户发出打印请求时,假脱机进程将自己阻塞起来,仅当再次有打印请求时,才被重新唤醒运行。

网络上的邮箱通信与此类似,用户在客户端发送的邮件首先上传到网络邮件服务器的

SPOOLing 目录里,然后在网络传送设备不忙时,由网络值班进程定时地或者在 SPOOLing 目录下的邮件达到一定数量时,把它们取出并传递到目标地址,提高了服务器的发送效率和网络设备的利用率。

扫描二维码,观看视频

【例 9-1】 假设一个单 CPU 系统,以单道方式处理一个作业流,作业流中有两道作业,其占用 CPU 时间、输入卡片数、打印输出行数如表 9.2 所示。

表 9.2　两道作业的相关数据

作 业 号	占用 CPU 计算时间/min	输入卡片张数	输 出 行 数
1	3	100	2000
2	2	200	600

其中,卡片输入机速度为 1000 张/分钟(平均),打印机速度为 1000 行/分钟(平均),忽略读写盘时间。试计算:

(1) 不采用 SPOOLing 技术,计算这两道作业的总运行时间(从第一个作业输入开始,到最后一个作业输出完毕);

(2) 如果采用 SPOOLing 技术,计算这两道作业的总运行时间。

【解答】

(1) 由于卡片输入机速度为 1000 张/分钟(平均),则作业 1 输入 100 张卡片花 100/1000＝0.1 min＝6 秒,计算花 3 分钟。由于打印机速度为 1000 行/分钟,输出 2000 行将花 2 分钟。故合计花 5 分钟 6 秒。

作业 2 输入 200 张卡片花 12 秒,计算花 2 分钟,打印 600 行花 36 秒。故合计花 2 分 48 秒。不采用 SPOOLing 技术,两道作业的总运行时间＝7 分钟 54 秒,如图 9.14 所示。

图 9.14　不采用 SPOOLing 技术

(2) 如果采用 SPOOLing 技术,第一道作业打印命令发出后作业即可结束,无须等待,另外第二道作业的输入和第一道作业的计算可以并行进行。因此,作业运行总时间为:6 秒＋3 分钟＋2 分钟＋36 秒＝5 分钟 42 秒,如图 9.15 所示。

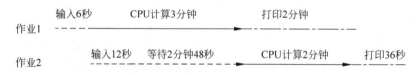

图 9.15　SPOOLing 技术工作图

从上述例题可以看出采用 SPOOLing 技术,可以节省运行的时间。

5. SPOOLing 技术的特点

(1) 提高了 I/O 速度。对数据进行的 I/O 操作,已从对低速 I/O 设备进行的 I/O 操作演变为对输入井或输出井中数据的存取。如同脱机输入/输出一样,提高了I/O速度,缓和了CPU与低速I/O设备之间速度不匹配的矛盾。

(2)设备不被任何进程独占。因为在SPOOLing系统中,实际上并未为任何进程分配设备,而只是在输入井或输出井中为进程分配一存储区和建立一张I/O请求表。

(3)实现了虚拟设备功能。宏观上,虽然多个进程在同时使用一台独占设备,但对每个进程而言,它们都认为自己在独占一个设备,而该设备只是逻辑上的设备。可见,SPOOLing系统实现了将独占设备变换为若干台对应的逻辑设备的功能。

9.6 I/O软件

I/O软件向下与硬件有密切关系,向上与文件系统、虚拟存储器系统和用户直接交互,它们都需要I/O系统来实现I/O操作。

9.6.1 中断处理程序

中断处理程序是I/O系统中最低的一层,是整个I/O系统的基础,在设备管理软件中是一个相当重要的部分。本节重点分析中断处理程序的内在工作方式,然后讨论中断在设备管理中的作用。

1. 中断的基本概念

中断是指计算机在执行期间,系统内发生了非寻常的或非预期的急需处理的事件,使得CPU暂时中断当前正在执行的程序而转去执行相应的事件处理程序,待处理完毕后又返回原来被中断处继续执行或调度新的进程执行的过程。引起中断发生的事件称为中断源。中断源向CPU发出请求中断的处理信号称为中断请求,而CPU收到中断请求后转到相应的事件处理程序称为中断响应。

在有些情况下,尽管产生了中断源并发出了中断请求,但CPU内部的处理器状态字PSW的中断允许位已被清除,从而不允许CPU响应中断,这种情况称为禁止中断。CPU禁止中断后只有等到PSW的中断允许位被重新设置后才能接收中断。禁止中断也被称为关中断,而PSW的中断允许位设置也被称为开中断。开中断和关中断是为了保证某段程序执行的原子性。

还有一个比较常用的概念是中断屏蔽。中断屏蔽是指在中断请求产生之后,系统有选择地封锁一部分中断而允许另一部分中断得到响应。不过,有些中断请求是不能屏蔽甚至不能禁止的,也就是说,这些中断具有最高优先级,中断请求一旦提出,CPU必须立即响应。例如,电源掉电事件所引起的中断就是不可禁止和不可屏蔽的。

2. 中断的分类与优先级

无论是微型计算机还是大型计算机,都有很多中断源,可将这些中断源按其处理方法以及中断请求的方式等方面的不同划分为若干中断类型。一些大型机把中断分为以下5类。

(1)机器故障中断:如电源中断、内存奇偶校验错、机器电路检验错等。

(2)外部中断:如时钟中断、控制台中断、多机系统中其他机器的通信要求中断等。

(3)输入/输出中断:用来反映输入/输出设备和通道的数据传输状态完成或出错。

(4)程序中断:程序中的问题引起的中断,如地址错、溢出、除数为零、存储保护、虚拟存储管理中的缺页、缺段等。

(5) 访管中断：用户程序提出系统调用时中断。

在以上 5 种中断类型中，(1)～(4)种为强迫性中断，第(5)种是自愿性中断。

为了按中断源的轻重缓急响应中断，操作系统为不同的中断赋予不同的优先级。例如，在 UNIX 系统中，外中断和陷阱的优先级共分为 8 级。为了禁止中断或屏蔽中断，CPU 的程序状态字 PSW 中也设有相应的优先级。如果中断源的优先级高于 PSW 的优先级，则 CPU 响应该中断源的请求；反之，CPU 屏蔽该中断源的中断请求。

各中断源的优先级在系统设计时给定，在系统运行时是固定的。而处理器的优先级则根据执行情况由系统程序动态设定。

除了在优先级的设置方面有区别之外，中断和陷阱还有如下主要区别：

(1) 陷阱通常由 CPU 正在执行的现行指令引起，而中断则是由与现行指令无关的中断源引起的。

(2) 陷阱处理程序提供的服务为当前进程所用，而中断处理程序提供的服务则不是为了当前进程。

(3) CPU 执行完一条指令后，在下一条指令开始之前响应中断，而在一条指令执行中也可以响应陷阱。例如执行指令非法时，尽管被执行的非法指令不能执行结束，但 CPU 仍可对其进行处理。

3. 软中断

软中断的概念主要来源于 UNIX 系统。软中断是对应于硬中断而言的。通过硬件产生相应的中断请求，称为硬中断。而软中断则不然，它是在通信进程之间通过模拟硬中断而实现的一种通信方式。中断源发出软中断信号后，CPU 或者接收进程在适当的时机进行中断处理，或者完成软中断信号所对应的功能。这里"适当的时机"指的是接收进程得到处理器之后才能接收软中断信号进程。如果该接收进程是占据处理器的，那么，该接收进程在接收到软中断信号后将立即转去执行该软中断信号所对应的功能。

4. 中断处理过程

一旦 CPU 响应中断，转入中断处理程序，系统就开始进行中断处理。中断处理过程如图 9.16 所示。

(1) CPU 检查响应中断的条件是否满足。CPU 响应中断的条件是有来自于中断源的中断请求且 CPU 允许中断。如果中断条件不满足，则中断处理无法进行。

(2) 如果 CPU 响应中断，则 CPU 关中断，使其进入不可再次响应中断的状态。

(3) 保存被中断进程的现场。为了在中断处理结束后能使进程正确地返回到中断点，系统必须保存当前处理器状态字 PSW 和程序计数器 PC 等的值。这些值一般保存在特定堆栈或硬件寄存器中。

(4) 分析中断原因，调用中断处理子程序。在多个中断请求同时发生时，处理优先级最高的中断源发出的中断请求。在系统中，为了处理上的方便，通常都是针对不同的中断源编制不同的中断处理子程序(陷阱处理子程序)。这些子程序的入口地址(或陷阱指令的入口地址)存放在内存的特定单元中。再者，不同的中断源也对应着不同的处理器状态字 PSW。这些不同的 PSW 被放在相应的内存单元中，与中断处理子程序入口地址一起构成中断向量。显然，根据中断或陷阱的种类，系统可由中断向量表迅速地找到该中断响应的优先级、

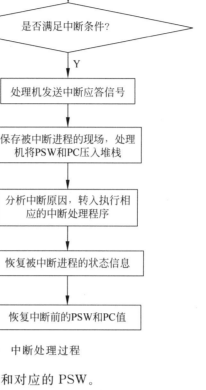

图 9.16　中断处理过程

中断处理子程序(或陷阱指令)的入口地址和对应的 PSW。

(5) 执行中断处理子程序。对陷阱来说,在有些系统中则是通过陷阱指令向当前执行进程发出软中断信号后调用对应的处理子程序执行。

(6) 退出中断,恢复被中断进程的现场或调度新进程占据处理器。

(7) 开中断,CPU 继续执行。

5. 设备管理程序与中断方式

处理器的高速和 I/O 设备低速之间的矛盾,是设备管理要解决的一个重要问题。为了提高整体效率,减少在程序直接控制方式中的 CPU 等待时间以及提高系统的并行工作效率,采用中断方式来控制 I/O 设备和内存与 CPU 之间的数据传送,是很有必要的。

在硬件结构上,这种方式要求 CPU 与 I/O 设备(或控制器)之间有相应的中断请求线,而且在 I/O 设备控制器的状态寄存器上有相应的中断允许位。

在中断方式下,处理器与 I/O 设备之间数据传输的大致步骤如下:

(1) 某个进程需要数据时,发出指令启动 I/O 设备准备数据。同时该指令还通知输入/输出设备控制状态寄存器中的中断允许位打开,以便在需要时,中断程序可以被调用执行。

(2) 在进程发出指令启动设备后,该进程放弃处理器,等待相关 I/O 操作完成。此时,进程调度程序会调度其他就绪进程使用处理器。另一种方式是该进程在能够运行的情况下将继续运行,直到中断信号来临。

(3) 当 I/O 操作完成时,I/O 设备控制器通过中断请求线向处理器发出中断信号。处理器收到中断信号之后,转向预先设计好的中断处理程序对数据传送工作进行相应的处理。

(4) 得到了数据的进程,转入就绪状态。在随后的某个时刻,进程调度程序会选中该进程继续工作。

显然,当处理器发出启动设备和允许中断指令后,处理器已被调度程序分配给其他进程。也可以启动不同的设备和允许中断指令,从而做到设备与设备间的并行操作以及设备和处理器间的并行操作。中断方式提高了处理器的利用率且能支持多道程序和设备的并行操作。

但是中断方式仍然存在一些问题。首先,在 I/O 控制器的数据缓冲寄存器装满数据之后将会发生中断。如果数据缓冲寄存器比较小,那么,在数据传送过程中,发生中断的次数较多。这将耗去大量的 CPU 处理时间。其次,现代计算机系统通常配置有各种各样的 I/O 设备,如果这些 I/O 设备都通过中断处理方式进行并行操作,那么中断次数的急剧增加会造成 CPU 无法响应中断和出现数据丢失现象。

9.6.2 设备驱动程序

设备驱动程序是直接同硬件打交道的模块。一般而言,设备驱动程序的任务是接受来自与设备无关的上层软件的抽象请求,进行与设备相关的处理。

1. 设备驱动程序的功能

设备驱动程序主要有以下 4 个方面的处理工作:

(1) 向有关的 I/O 设备的各种控制器发出控制命令,并且监督它们正确执行,进行必要的错误处理。

(2) 对各种可能的有关设备的排队、挂起、唤醒等操作进行处理。

(3) 执行确定的缓冲区策略。

(4) 进行比寄存器接口级别层次更高的一些特殊处理,如代码转换、ESC 处理等。它们均是依赖于设备的,所以不适合放在高层次的软件中处理。

2. 设备驱动程序的特性

设备驱动程序的最突出特点是,它与 I/O 设备的硬件结构联系密切。设备驱动程序中全部是依赖于设备的代码。设备驱动程序是操作系统底层中唯一知道各种 I/O 设备的控制器细节及其用途的部分。

例如,只有磁盘驱动程序具体了解磁盘的区段、磁道、柱面、磁头、臂的运动、交错访问系数、马达驱动器、磁头定位次数,以及所有保证磁盘正常工作的机制,其他软件根本不过问这些硬件操作细节。

3. 设备驱动程序的结构

首先,不同的操作系统中,对设备驱动程序结构的要求是不同的。一般而言,在操作系统的相关文档中,都有对设备驱动程序结构方面的统一要求。

其次,设备驱动程序的结构同 I/O 设备的硬件特性有关。一台彩色显示器的设备驱动程序的结构,显然同磁盘设备驱动程序的结构不同。通常,一个设备驱动程序对应处理一种设备类型,或者至多一类密切联系着的设备。系统往往对略有差异的一类设备提供一个通用的设备驱动程序。例如,在 Microsoft Windows 中,系统为 CD-ROM 提供了一个通用的设备驱动程序。对不同品牌或不同性能的 IDE CD-ROM,用户都可以用这个 CD-ROM 设备驱动程序。但是,为了追求更好的性能,用户往往放弃使用这个通用的设备驱动程序,而使用厂家提供的专为一种 CD-ROM 编写的设备驱动程序。

可见对于某一类设备而言,是采用通用的设备驱动程序,还是采用专用的设备驱动程序,取决于用户在 I/O 设备上追求的目标。如果把设备安装的便利性放在第一位,那么建议使用该类设备的通用驱动程序;如果优先考虑设备的运行效率,那么应该首选专门为这台设备编写的驱动程序。

4. 设备驱动程序层的内部策略

设备驱动程序层的内部策略包括以下几个方面。

(1) 确定是否发请求:典型的请求是读磁盘的第 n 块数据,如果驱动程序在一个请求到来时空闲,它就立即开始实施该请求;如果驱动程序已经忙于应付另一个请求,则通常把这个请求排进请求队列,并尽快予以处理。

(2) 确定发什么:譬如说对于磁盘,实际应答 I/O 请求的第一步,是把它的用语从抽象转换为具体。对一个磁盘驱动程序来说,这意味着要清楚被请求的块在磁盘上的实际位置、检查驱动器的马达是否在运转、确定磁臂是否放在恰当的柱面上等。总而言之,它决定需要控制器的哪些操作,以及按照什么样的次序执行。

(3) 发布命令:一旦明确向控制器发布哪些命令,设备驱动程序就通过写入该控制器寄存器,把命令发出去。有些控制器一次只能处理一条命令;有些控制器则可接受一张命令链接表,然后自行执行所有命令,不再求助于操作系统。

(4) 发后处理:在一条或多条指令发出以后,存在着两种做法。在多数情况下,设备驱动程序必须等待控制器为它扫清道路,所以它本身阻塞,直至中断来把它唤醒;在有些情况下,操作毫不拖延地完成,所以驱动程序无须阻塞。例如,滚动某些终端的屏幕只需把几个字节写入控制器的寄存器即可,无需任何机械的运动,整个操作可以在几微秒内完成。再例如,采用缓冲的输出过程,只需向缓冲区写入即可返回,无须阻塞,真正的输出由中断处理程序完成。在操作完成后,不管哪种做法都必须检查错误。只不过对于阻塞的情况,将在中断处理中检查,对于不阻塞的情况,在原处立即检查。

(5) 中断时被调用的驱动程序的事后处理:

① 检查结果状态和传送结果数据。如果正确,那么驱动程序可令数据流向与设备无关的软件(如刚读过的一数据块)。

② 可能的错误处理。返回一些错误状态信息,并汇报给它的调用者。

③ 可能的唤醒。即如果有因等待此操作完成而阻塞的进程,则唤醒之。

④ 可能启动下一个 I/O 操作,或者因无请求而阻塞。倘若有其他请求在排队,现在即可挑选其一加以启动;如果没有,该驱动程序则阻塞起来,等候下一请求的到来。

5. 设备驱动程序的处理过程

设备驱动程序包括与设备相关的所有代码,其任务是启动指定设备,把用户提交的逻辑 I/O 请求转化为物理 I/O 操作的启动和执行。在启动之前,先完成必要的准备工作,如检测设备状态是否为"忙"等。然后监督设备是否正确执行,管理数据缓冲区,做纠错处理。以下是设备驱动处理程序的处理过程。

(1) 将抽象要求转化为具体要求。一般每个设备控制器中都含有若干个寄存器,用于暂存命令、参数和数据等。由于上层软件无法了解控制器的具体情况,只能发出命令,即抽象的要求。如抽象要求中的盘块号转换为磁盘的盘面、设备名转化为端口地址、逻辑记录转化为物理记录等,而这些转换工作只能由驱动程序来完成。在操作系统中,只有驱动程序了解抽象要求和设备控制器中的寄存器情况。

(2) 对服务请求进行校验。驱动程序在启动 I/O 设备之前,必须先检查该设备是否能够执行用户的 I/O 请求。如果驱动程序检查不能执行,将向系统报告 I/O 请求出错。

(3) 检查设备的状态。在每一个设备控制器中都配有一个状态寄存器。驱动程序在启动设备之前,要把状态寄存器中的内容读入到 CPU 的某个寄存器中,测试寄存器中不同位置的信息,来了解设备的状态,如:设备要发送数据,应先检查状态寄存器中的发送就绪的状态位,是否处于发送就绪状态。

(4) 传送必要的参数。在确定设备处于接收(发送)就绪状态后,就可以向控制器的相应寄存器传送数据及与控制本次数据传输有关的参数。假设利用 RS232C 接口进行异步通信时,在启动该接口通信之前,应设定参数(如波特率、奇偶校验方式、停止位数目及数据字节长度等)。

(5) 启动 I/O 设备。在完成上述各项准备后,驱动程序可以向控制器中的命令寄存器传送相应的控制命令。

在多道程序系统中,驱动程序一旦发出 I/O 命令,便把自己阻塞起来,把控制返回给 I/O 系统,直到中断到来时再被唤醒。

9.6.3 与设备无关的系统软件

除某些 I/O 软件与设备相关外,大部分软件是与设备无关的。至于设备驱动程序与与设备无关的软件之间的界限如何划分,则随操作系统的不同而不同。具体划分原则取决于系统的设计者怎样权衡系统与设备的独立性、驱动程序的运行效率等诸多因素。对于一些按照设备独立方式实现的功能,出于效率和其他方面的考虑,也可以由设备驱动程序完成。

与设备无关的 I/O 软件的功能如下。

1. 统一命名

操作系统的 I/O 软件中,对输入/输出设备采用了统一命名。那么,谁来区分这些命名同文件一样的 I/O 设备呢? 就是与设备无关的软件,它负责把设备的符号名映射到相应的设备驱动程序上。

2. 设备保护

对设备进行必要的保护,防止未授权的应用或用户的非法使用,是设备保护的主要作用。

3. 提供与设备无关的逻辑块

在各种 I/O 设备中,有着不同的存储设备,其空间大小、读取速度和传输速率等各不相同。例如,在台式机和服务器中常用硬盘,其空间大小在若干个 GB。而在掌上电脑和数码相机这一类设备中,则使用闪存这种存储器,其容量一般在数十 MB。它们空间的大小、读取速度和传输速率都极不相同。因此,与设备无关的软件就有必要向较高层软件屏蔽各种 I/O 设备空间大小、处理速度和传输速率各不相同的这一事实,而向上层提供大小统一的逻辑块尺寸。这样,较高层的软件只与抽象设备打交道,不考虑物理设备空间和数据块大小而使用等长的逻辑块。这些差别在这一层都隐藏起来了。

4. 缓冲

常见的块设备和字符设备,一般都使用缓冲。对于块设备,硬件一般一次读写一个完整的块,而用户进程是按任意单位读写数据的。如果用户进程只写了半块数据,则操作系统通常将数据保存在内部缓冲区,等到用户进程写完整块数据才将缓冲区中的数据写到磁盘上。对于字符设备,当用户进程把数据写入系统的速度快于系统输出数据的速度时,也必须使用缓冲。

5. 存储设备的块分配

在创建一个文件并向其中填入数据时,通常要在硬盘中为其分配新的存储块。为完成这一分配工作,操作系统需要为每个磁盘设置一张空闲块表或位图,这种查找空闲块的算法是与设备无关的,因此可以放在设备驱动程序上面与设备无关的软件层中处理。

6. 独占设备的分配和释放

有一些设备,如打印机,在任一时刻只能被单个进程使用。这就要求操作系统对设备使用请求进行检查,并根据申请设备的可用状况决定是否接受该请求。一个简单的处理这些请求的方法是,要求进程直接通过 OPEN 打开设备的特殊文件来提出请求。若设备不能用,则 OPEN 失败。关闭这种独占设备的同时释放该设备。

7. 出错处理

一般来说,出错处理是由设备驱动程序完成的。大多数错误是与设备密切相关的,因此,只有驱动程序知道应如何处理(如重试、忽略或放弃)。但还有一些典型的错误不是 I/O 设备的错误造成的,如由于磁盘块受损而不能再读,驱动程序将尝试重读一定次数。若仍有错误,则放弃重读并通知与设备无关的软件,这样,如何处理这个错误就与设备无关了。如果在读一个用户文件时出现错误,操作系统会将错误信息报告给调用者;如果在读一些关键的系统数据结构时出现错误,如磁盘的空闲块位图,操作系统则需打印错误信息,并向系统管理员报告相应的错误。

9.6.4 用户空间的 I/O 软件

一般来说,大部分 I/O 软件都包含在操作系统中,但是用户程序仍有一小部分是与库函数连接在一起的,甚至还有在内核之外运行的程序。

1. 系统调用

通常的系统调用,包括 I/O 系统调用,是由库函数实现的。如一个用 C 语言编写的程序可含有如下的系统调用:

```
count = write(fd, buffer, nbytes)
```

2. 库函数

在上述程序运行期间,该程序将与库函数 write 连接在一起,并包含在运行时的二进制程序代码中。显然,所有这些库函数都是 I/O 设备管理系统的组成部分。通常这些库函数的主要工作是把系统调用时所用的参数放在合适的位置,由其他 I/O 过程去实现真正的操作。在这里,I/O 的格式是由库函数完成的。标准的 I/O 库包含了许多涉及 I/O 的过程,它们都是作为用户程序的一部分运行的。但是,并非所有的用户层 I/O 软件都是由库函数组成的。

这里以读硬盘文件为例说明I/O系统如何实现I/O操作。当用户程序试图读一个硬盘文件时,需要通过操作系统实现这一操作。与设备无关的软件检查高速缓存中有无要读的数据块。若没有,则调用设备驱动程序,向I/O硬件发出一个请求,然后,用户进程阻塞并等待磁盘操作的完成。当磁盘操作完成后,硬件产生一个中断,转入中断处理程序。中断处理程序检查中断的原因,当认识到这是磁盘读取操作已经完成时,唤醒用户进程取回从磁盘读取的信息,从而结束了此次I/O请求。用户进程在得到了所需的硬盘文件内容之后,继续运行。

9.7　磁盘 I/O

在现代计算机系统中都配置了磁盘,用于存放文件,因此,对文件的操作,都将涉及对磁盘的访问。磁盘不仅存储容量大,而且可以实现随机存取,也是实现虚拟存储器的必备硬件之一。磁盘I/O速度的快慢,将直接影响系统的性能,因此,提高磁盘I/O的性能,已成为现代操作系统的重要任务之一。

9.7.1　磁盘性能概述

1. 磁盘的分类

磁盘是由表面涂有磁性物质的金属或塑料构成的圆形盘片,是典型的直接存取设备,这种设备允许文件系统直接存取磁盘上的任意物理块。对磁盘可以从不同的角度进行分类,最常见的是将磁盘分成硬盘和软盘、单片盘和多片盘、固定头磁盘和移动头磁盘等,下面仅对固定头磁盘和移动头磁盘做一介绍。

1) 固定头磁盘

这种磁盘在每条磁道上都有一个读/写磁头,所有磁头都被装在一刚性磁臂中,磁臂可以伸展,通过这些磁头可访问所有的磁道,并进行并行读/写,有效地提高了磁盘的I/O速度。这种结构主要用于大容量磁盘上。

2) 移动头磁盘

这种磁盘在每一个盘面上仅配有一个读写磁头,也被装入磁臂中。每执行一次盘的操作都需先移动磁头,使其移到所要找的磁道。通常在微机中安装的温切斯特硬盘和软盘都是移动头磁盘。这种硬盘是由若干盘片所组成的盘片组,各盘片都安装在一个高速旋转的中心轴上。读写头安装在移动臂上,移动臂可沿盘半径方向移动。

2. 磁盘的参数

对于大多数磁盘,盘片的两面都有磁涂层,称为双面(double sided)磁盘。某些磁盘驱动器允许多个盘片垂直堆叠起来,同时提供多个磁头臂,如图9.17所示。为了对盘片组中的一个物理块进行定位,磁盘通常要用3个参数。

1) 柱面号

随着磁臂的移动,各盘面所有的读写头同时移动,并定位在同样的垂直位置的磁道上,这些相同半径的圆形磁道形成了一个柱面。柱面通常从外向内依次编号为:0,1,2,3……,也叫柱面号。

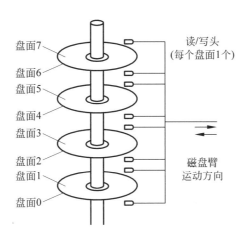

図9.17 移動頭磁盤結構示意図

2）磁頭號（也称盘面号或者磁道号）

将一个盘片组的全部有效盘面依次编以顺序号0,1,2…,称为盘面号,也称磁头号或者磁道号。

3）扇区号

在磁盘格式化时把每个盘面划分成相等数量的扇形区域,并按磁道旋转的方向从0开始编号,称为扇区号。每个扇区的各磁道上的段可存放相等数量的字符,称为"物理块",也称"扇区"。扇区是磁盘上信息读写的最小单位,硬盘一般一个扇区大小为512B,CD-ROM块的大小一般为2048B。磁盘上的信息位置由柱面号、盘面号、扇区号3个参数决定。磁盘的结构如图9.18所示。

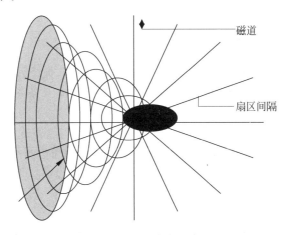

图9.18 磁盘布局示意图

现代磁盘为了提高磁盘的存储容量,充分利用磁盘外面磁道的存储能力,将盘面划分成若干条环带,同一环带内的所有磁道具有相同的扇区数。为了减少这种磁道和扇区在盘面分布的几何形式变化对驱动程序的影响,大多数现代磁盘都隐藏了这些细节,仅向操作系统提供虚拟几何的磁盘规格,而不是实际的物理规格。下面讨论的是传统的磁盘。

为了减少驱动器移动臂进行磁头定位所花费的移动时间,每个文件的信息先按照柱面顺序存放,当同一柱面上的各磁道被放满信息后,再放到下一个柱面上。所以各磁盘块的编号先按柱面顺序存放,然后每个柱面按照磁道顺序,每个磁道又按照扇区顺序进行排序。磁盘机根据柱面号控制移动臂做横向机械移动,带动读写磁头到达指定柱面,这个动作的执行时间较慢;下一步选择磁头号,然后等待被访问的扇区旋转到读写磁头下时,按扇区号存取信息,实现磁盘机操作的查找、搜索、转移和读写等操作。

9.7.2 数据的组织

磁头是一个相对较小的设备,能够从旋转到它下面的盘片部分中读或写。这就导致盘片上的数据被组织在一组同心圆中,称为磁道。每个磁道与磁头一样宽,每个盘面上有若干条磁道,相邻磁道之间通过间隙被分隔开,这样可以避免或者至少减小由于磁头未对准或磁场之间的干扰所引发的错误。为简化电子技术,每个磁道中通常保存相同数量的位。因此,从最外面的磁道到最里面的磁道,密度(即每英寸长度的位数)是越来越大的。一个磁盘中的所有盘面的相同磁道组成一个柱面。

每个盘面被划分成若干扇区,每个磁道在一个扇区中的部分称为一簇(数据块)。簇是磁盘上存放数据的基本单位。簇的大小从 512B~8KB 不等。为避免对系统强加不合理的精度要求,相邻的扇区通过扇区间的间隙来分隔。

定位一个磁道中的扇区位置需要一些方法。显然,磁道中必须有一些起始点,并且有识别每个扇区起点和终点的方法。这些要求通过记录在磁盘中的控制数据处理。因此,每个扇区中除了数据字段外,还有标识符字段用来描述定界符、磁道号、磁头号及扇区号等,并且这些数据只能由磁盘驱动器使用,用户是无法访问的。

为了对磁盘中的一个数据块进行定位,需要 3 个参数,即柱面号、磁头号和扇区号。

9.7.3 磁盘访问时间

磁盘的访问时间包括以下 3 个部分。

1. 寻道时间 T_s

寻道时间是把磁臂(磁头)从当前位置移动到指定磁道上所经历的时间。该时间由两个重要部分组成,一个是启动磁盘的时间 S,另一个是磁头移动 n 条磁道所花费的时间,即寻道时间 T_s 为:

$$T_s = mn + S$$

其中,m 是一个常数,与磁盘驱动器的速度有关,对一般磁盘而言,m=0.3;对高速度磁盘而言,m≤0.1。磁臂启动时间约为 3ms。这样,对一般的温盘(温彻斯特盘),其寻道时间将随寻道距离的增加而增大。

2. 旋转延迟时间 T_r

旋转延迟时间是指固定扇区转动到磁头下面所经历的时间。对于硬盘,假如旋转速度 r 为 5400rpm,平均旋延迟时间为 $\frac{1}{2r}$min。例如某硬盘旋转速度为 5400rpm,则平均旋转延迟时间为 $\frac{1}{2r} = \frac{1}{2 \times 5400/60}$s $= \frac{1000}{2 \times 5400/60}$ms $= 5.55$ms,每转需时为 11.1ms。对于软盘,其旋转速度若为 600r/min 时,每转需时 100ms,平均旋转延迟时间为 50ms。

3. 传输时间 T_t

传输时间是指把数据从磁盘读出或向磁盘写入数据所经历的时间。T_t 的大小与每次所读/写的字节数 b 和旋转速度有关：

$$T_t = \frac{b}{rN}$$

其中，r 为磁盘旋转速度，单位是转/秒；N 为一条磁道上的字节数（或者扇区数），当一次读/写的字节数相当于半条磁道上的字节数时，T_t 与 T_r 相同。因此，可将访问时间 T_a 表示为：

$$T_a = T_s + \frac{1}{2r} + \frac{b}{rN}$$

磁盘访问时间的组成如图 9.19 所示。

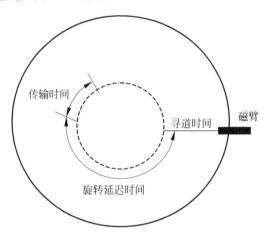

图 9.19　磁盘访问时间的组成

【例 9-2】　设某磁盘转速为 3000rpm，盘面划分成 100 个扇区，若柱面寻道时间为 200ms，计算读取一个扇区的时间。

【解答】

由于磁盘的访问时间包括以下 3 个部分：寻道时间 T_s，旋转延迟时间 T_r，传输时间 T_t。

其中寻道时间 $T_s = 200\text{ms}$

旋转延迟时间 $T_r = \frac{1}{2r} = \frac{1}{2 * 3000/60}\text{s} = \frac{1}{100}\text{s} = 10\text{ms}$

传输时间 $T_t = \frac{b}{rN} = \frac{1}{\frac{3000}{60} \times 100} = \frac{1}{5000}\text{s} = 0.2\text{ms}$

所以读取一个扇区的时间为 $200 + 10 + 0.2 = 210.2\text{ms}$。

从上面这道例题可以看出，在访问时间 $T_a = T_s + \frac{1}{2r} + \frac{b}{rN}$ 中，寻道时间和旋转时间基本上与所读写数据的多少无关，而且在整个时间中寻道时间和旋转时间占大部分。上述题目是读取一个扇区的数据，若读取 10 个扇区，则传输时间为 2ms。因此在磁盘访问时间中，主要是由寻道时间和旋转时间决定，而寻道时间又与磁盘调度的算法有着重要的关系。

9.7.4　磁盘调度算法

磁盘是可被多个进程共享的设备。在多道程序系统中，用户对磁盘等设备的访问是极其频繁的,因而对磁盘设备的使用是否适当,直接影响着系统的效率。所以需要采用一种适当的调度算法,对磁盘访问时间进行优化。由于在磁盘访问时间中,主要是寻道时间,因此,磁盘调度的目标应是使磁盘的平均寻道时间最短。目前,常用的磁盘调度算法有先来先服务、最短寻道时间优先和扫描算法等。

1. 先来先服务

先来先服务(FIFO)算法是一种最简单的磁盘调度算法。它根据进程请求访问磁盘的先后次序进行调度。

【例 9-3】 假设磁头当前位置在 100 道,进程(请求者)按其发出请求的先后次序申请访问数据的磁道号分别为 55,58,39,18,90,160,150,38,184。调度算法采用先来先服务调度算法,计算其平均寻道长度。

【解答】

如图 9.20 所示。

被访问的下一磁道号 (当前磁道为100)	移动距离 (磁道数)
55	45
58	3
39	19
18	21
90	72
160	70
150	10
38	112
184	146
平均寻道长度	55.3

扫描二维码,观看视频

图 9.20 FIFO 调度算法

磁头移动总量和为(100-55)+(58-55)+(58-39)+(39-18)+(90-18)+(160-90)+(160-150)+(150-38)+(184-38)=498(个)。

平均寻道时间为 498/9=55.3。

这样,平均寻道长度为 55.3 条磁道。

FIFO 算法的优点是公平、简单,且每个进程的请求都能依次得到处理,不会出现某一进程的请求长期得不到满足的情况。但此算法由于未对寻道进行优化,致使平均寻道时间较长,与后面要讲的几种高速度算法相比,其平均寻道长度最大。在对盘的访问请求比较多的情况下,此策略将降低设备服务的吞吐量、增加响应时间,但各进程得到服务的响应时间的变化幅度较小。

故 FIFO 算法仅适用于请求磁盘 I/O 的进程数目较少的场合,访问请求不多,磁盘 I/O 负载较轻且每次读写多个连续扇区的情况,算法实现简单。

2. 最短寻道时间优先

最短寻道时间优先(Shortest Seek Time First,SSTF)算法总是选择与当前磁头所在的磁道距离最近的请求服务,以使每次的寻道时间最短。但这种算法不能保证平均寻道时间最短。图 9.21 给出了按 SSTF 算法进行调度时,各进程被调度的次序、每次磁头的移动距离以及磁头的平均移动距离。比较图 9.19 和图 9.20 可以看出,SSTF 算法磁头移动的平均距离明显低于 FIFO 的,故 SSTF 较之 FIFO 有更好的寻道性能。

被访问的下一磁道号 (当前磁道为100)	移动距离 (磁道数)
90	10
58	32
55	3
39	16
38	1
18	20
150	132
160	10
184	24
平均寻道长度	27.6

扫描二维码,观看视频

图 9.21 SSTF 调度算法

【例 9-4】 假设磁头当前位置在 100 道,进程(请求者)按其发出请求的先后次序申请访问数据的磁道号分别为 55,58,39,18,90,160,150,38,184,调度算法采用最短寻道时间优先调度算法,计算其平均寻道长度。

【解答】 采用最短寻道时间优先调度算法(SSTF),磁头移动总量和为 $(100-90)+(90-58)+(58-55)+(55-39)+(39-38)+(38-18)+(150-18)+(160-150)+(184-160)=248$(个)。

平均寻道长度为 $248/9=27.6$(条)。

SSTF 算法存在"饥饿"现象,随着靠近当前磁头位置读写请求的不断到来,使得到来时间早但距离当前磁头位置较远的 I/O 请求服务被无限期地推迟。

3. 扫描(SCAN)算法

SSTF 算法虽能获得较好的寻道性能,但它可能导致某些进程发生"饥饿"现象。因为只要不断有新进程的请求到达,且其所要访问的磁道与磁头当前所在磁道的距离较近,这种新进程的 I/O 请求必被优先满足。对 SSTF 算法略加修改后形成的 SCAN 算法,可防止原有进程出现"饥饿"现象。

SCAN 算法不仅考虑到欲访问磁道与当前磁道间的距离,更优先考虑的是磁头的当前移动方向。例如,当磁头正在自里向外移动时,SCAN 算法所选择的下一个访问对象应是其欲访问的磁道,既在当前磁道之外,又是距离最近的。这样自里向外地访问,直至无更外的磁道需要访问时,才将磁臂换向,自外向里移动。同样也是每次选择要访问的磁道在当前位置内,且距离最近的进程来调度,这样,磁头又是逐步地从外向里移动,直至再无更里面的磁道要被访问为止,从而避免了"饥饿"现象的出现。由于这种算法中磁头的移动规律颇似电梯的运行,故又常称为电梯调度算法。

【例 9-5】 假设磁头当前位置在 100 道,正在向里移动,进程(请求者)按其发出请求的先后次序申请访问数据的磁道号分别为 55,58,39,18,90,160,150,38,184,调度算法采用扫描调度算法,计算其平均寻道长度。

【解答】 如图 9.22 所示为按 SCAN 算法对 9 个访问请求进行调度及磁头移动的情况。

从100#开始向磁道号增加方向访问	
被访问的下一磁道号 (当前磁道为100)	移动距离 (磁道数)
150	50
160	10
184	24
90	94
58	32
55	3
39	16
38	1
18	20
平均寻道长度	27.8

扫描二维码,观看视频

图 9.22　SCAN 调度算法

磁头移动总量和为 $(150-100)+(160-150)+(184-160)+(184-90)+(90-58)+(58-55)+(55-39)+(39-38)+(38-18)=250$(个)。

平均寻道长度为 $250/9=27.8$(条)。

4. 循环扫描(CSCAN)算法

SCAN 算法既能获得较好的寻道性能,又能防止进程饥饿,故被广泛应用于大、中、小型机和网络中的磁盘调度。但也存在这样的问题:当磁头刚从里向外移动过某一磁道时,恰有一进程请求访问此磁道,这时该进程必须等待,待磁头从里向外,然后再从外向里扫描完所有要访问的磁道后,才处理该进程的请求,致使该进程的请求被严重地推迟。为了减少这种延迟,CSCAN 算法规定磁头单向移动,例如只自里向外移动,当磁头移到最外的欲访问磁道时,立即返回到最里的欲访问磁道上。即将最小磁道号紧接着最大磁道号构成循环,进行循环扫描。对于 SCAN 算法,如果从最里面的磁道扫描的期望时间为 t,则这个外设上的扇区的期望服务间隔为 $2t$。采用循环扫描后,上述请求进程的请求延迟将从原来的 $2t$ 减为 $t+S_{max}$,其中 S_{max} 是将磁头从最外面被访问的磁道直接移到最里边欲访问磁道的寻道时间(或相反)。

【例 9-6】 假设磁头当前位置在 100 道,正在向里移动,进程(请求者)按其发出请求的先后次序申请访问数据的磁道号分别为 55,58,39,18,90,160,150,38,184,调度算法采用循环扫描调度算法 CSCAN,计算其平均寻道长度。

【解答】 如图 9.23 所示为按 CSCAN 算法对 9 个访问请求进行调度及磁头移动的情况。

磁头移动总量和为 $(150-100)+(160-150)+(184-160)+(184-18)+(38-18)+(39-38)+(55-39)+(58-55)+(90-58)=322$(个)。

平均寻道长度为 $322/9=35.8$(条)。

从100#开始向磁道号增加方向访问

被访问的下一磁道号 (当前磁道为100)	移动距离 (磁道数)
150	50
160	10
184	24
18	166
38	20
39	1
55	16
58	3
90	32
平均寻道长度	35.8

扫描二维码,观看视频　　　　　　图 9.23　CSCAN 调度算法

5. N 步 SCAN(N-Step-SCAN)算法

在 SSTF、SCAN、CSCAN 几种调度算法中,都可能出现磁臂停留在某处不动的情况。例如,有一个或几个进程对某一磁道有着较高的访问频率,即它们反复请求对某一磁道的 I/O,从而垄断了整个磁盘设备,我们把这一现象称为磁臂粘着(arm stickiness),在高密度盘上更容易出现此类情况。N 步 SCAN 算法是将磁盘请求队列分成若干个长度为 N 的子队列,磁盘调度将按 FCFS 算法依次处理这些子队列,而每处理一个队列时又是按 SCAN 算法,当一个队列处理完后再处理其他队列。如果在处理某子队列时出现新的磁盘 I/O 请求,便将新请求进程放入其他队列,这样就可避免出现粘着现象。当 N 的值很大时,会使 N 步扫描算法的性能接近于 SCAN 算法;当 N=1 时,N 步 SCAN 算法便退化为 FCFS 算法。

6. FSCAN 算法

FSCAN 算法实质上是 N 步 SCAN 算法的简化,它只将磁盘请求访问队列分成两个子队列,一是当前所有请求磁盘 I/O 的进程形成的队列,由磁盘调度按 SCAN 算法进行处理,在扫描期间,将新出现的所有请求磁盘 I/O 的进程,排入另一个等待处理的请求队列。这样,对新请求的服务都将被延迟到处理完所有的原有请求之后。

本 章 小 结

I/O 设备管理是操作系统的一大功能。通过本章的学习,了解设备管理需要解决的问题,掌握 I/O 系统的组成,设备控制器和通道的构成与作用,I/O 控制方式,缓冲管理的作用、方法及类型,设备独立性的概念及作用,虚拟存储器的实现方法以及磁盘 I/O 等。

设备管理需要解决的问题是:缓冲区管理、设备分配、设备处理及虚拟设备等。

I/O 系统由 4 部分构成:I/O 设备、控制器、通道及控制软件。

I/O 控制主要是控制设备和内存或 CPU 之间的数据传送,有程序 I/O 方式、中断驱动

I/O 方式、直接存储器存取方式和 I/O 通道方式 4 种。程序 I/O 方式是早期操作系统采用的 I/O 控制方式,由于 CPU 处于忙等待方式,降低了 CPU 的自用率,目前已少有使用。

缓冲区是在内存中设置的暂存区域,主要是为了缓和 CPU 与 I/O 设备间速度不匹配的矛盾,减少中断 CPU 的次数,放宽对中断响应的要求,提高 CPU、通道和 I/O 设备之间的并行性。根据系统设置的缓冲区的个数,可将缓冲技术分为:单缓冲、双缓冲、环形缓冲和缓冲池。

设备分配是设备管理的重要任务之一,掌握设备管理中的数据结构及其作用,以及设备分配策略。

设备独立性是 I/O 软件的一个关键性概念,其基本含义是用户程序独立于具体使用的物理设备。

掌握 SPOOLing 技术的基本概念、工作过程及实现方法。

掌握磁盘的构成、磁盘访问时间的构成及磁盘调度算法,并能利用先来先服务、最短寻道时间优先、扫描、循环扫描等算法计算平均寻道长度。

习　　题

1. 选择题

(1) 以下关于 I/O 设备的中断控制方式,说法正确的是(　　)。

    A. CPU 对 I/O 设备直接进行控制,采取忙等待方式

    B. 仅在传送一个或多个数据块的开始和结束时,才需 CPU 干预

    C. CPU 委托专用的 I/O 处理机来实现 I/O 设备与内存之间的信息交换

    D. 在传输过程中,CPU 与 I/O 设备处于并行工作状态,只是当传输结束时,才由控制器向 CPU 发送中断信号

(2) 通道是一种(　　)。

    A. 保存 I/O 信息的部件　　　　　　　　B. 传输信息的电子线路

    C. 通用处理机　　　　　　　　　　　　D. 专用处理机

(3) 单处理机系统中,可并行的是(　　)。

    Ⅰ. 进程与进程　　Ⅱ. 处理机与设备　　Ⅲ. 处理机与通道　　Ⅳ. 设备与设备

    A. Ⅰ、Ⅱ和Ⅲ　　　B. Ⅰ、Ⅱ和Ⅳ　　　C. Ⅰ、Ⅲ和Ⅳ　　　D. Ⅱ、Ⅲ和Ⅳ

(4) 缓冲有硬件缓冲和软件缓冲之分,硬件缓冲使用专用的寄存器作为缓冲器。软件缓冲使用(　　)作为缓冲区。

    A. 在内存中划出的单元　　　　　　　　B. 专用的寄存器

    C. 在外存中划出的单元　　　　　　　　D. 高速缓冲区

(5) 程序员利用系统调用打开 I/O 设备时,通常使用的设备标识是(　　)。

    A. 逻辑设备名　　B. 物理设备名　　C. 主设备号　　　D. 从设备号

(6) 使用户编制的程序与实际使用的物理设备无关是由(　　)功能实现的。

    A. 设备分配　　　B. 设备驱动　　　C. 虚拟设备　　　D. 设备独立性

(7) 用户程序发出磁盘 I/O 请求后,系统的正确处理流程是(　　)。

    A. 用户程序→系统调用处理程序→中断处理程序→设备驱动程序

B. 用户程序→系统调用处理程序→设备驱动程序→中断处理程序

C. 用户程序→设备驱动程序→系统调用处理程序→中断处理程序

D. 用户程序→设备驱动程序→中断处理程序→系统调用处理程序

（8）磁盘输入/输出操作中，需要做的工作可以不包括（　　）。

　　A. 移动磁臂使磁头移动到指定的柱面

　　B. 确定磁盘的容量

　　C. 旋转磁盘使指定的扇区处于磁头位置下

　　D. 让指定的磁头读写信息，完成信息传送操作

（9）执行一次磁盘输入/输出操作所花费的时间包括（　　）。

　　A. 寻道时间、延迟时间、传送时间和等待时间

　　B. 寻道时间、等待时间、传送时间

　　C. 等待时间、寻道时间、延迟时间和读写时间

　　D. 寻道时间、延迟时间、传送时间

（10）在磁盘调度算法中，（　　）算法可能导致某些访问请求长时间得不到服务，从而造成饥饿现象。

　　A. FCFS　　　　　　B. SSTF　　　　　　C. SCAN　　　　　　D. CSCAN

（11）如果有多个中断同时发生，系统将根据中断优先级响应优先级最高的中断请求。若要调整中断事件的响应次序，可以利用（　　）。

　　A. 中断向量　　　　B. 中断嵌套　　　　C. 中断响应　　　　D. 中断屏蔽

（12）下列关于中断 I/O 方式和 DMA 方式比较的叙述中，错误的是（　　）。

　　A. 中断 I/O 方式请求的是 CPU 处理时间，DMA 方式请求的是总线使用权

　　B. 中断响应发生在一条指令执行结束后，DMA 响应发生在一个总线事务完成后

　　C. 中断 I/O 适用于所有外部设备，DMA 方式仅适用于快速外部设备

　　D. 中断 I/O 方式下数据传送通过软件完成，DMA 方式下数据传送由硬件完成

2. 填空题

（1）I/O 设备按传输速率分类，可分为（　　）、（　　）和（　　）3 种；按信息交换的单位分类，可分为（　　）和（　　）。按资源分配的角度分类，可分为（　　）、（　　）和（　　）。

（2）缓冲区管理是为了（　　）、（　　）、（　　）的矛盾。

（3）按照信息交换的方式，一个系统中可设立 3 种类型的通道，即（　　）、（　　）和（　　）。

（4）（　　）也称设备无关性，其基本思想是：用户程序不直接使用（　　），而只能使用（　　）；系统在实际执行时，将（　　）转换为（　　）。

（5）打印机虽然是独享设备，但是通过（　　），可以将它改造为一台可供多个用户共享的设备。

3. 简答题

（1）有几种 I/O 控制方式？它们各有什么特点？

（2）什么是通道？通道、CPU、内存和外设之间的工作关系如何？

（3）什么是缓冲？为什么要引入缓冲？

（4）在某系统中，从磁盘将一块数据输入到缓冲区需要花费的时间为 T，CPU 对一块数据进行处理的时间为 C，将缓冲区的数据传送到用户区所花的时间为 M，那么在单缓冲和

双缓冲情况下,系统处理大量数据时,一块数据的处理时间为多少?

(5) 简述缓冲池的组成及工作原理。

(6) 为什么要引入 SPOOLing 系统?简述 SPOOLing 系统的组成及工作原理。

(7) 什么是中断?什么是中断处理?什么是中断响应?

(8) 用于设备分配的数据结构有哪些?它们之间的关系是什么?

(9) 什么叫设备独立性?如何实现设备独立性?

(10) 什么是设备驱动程序?为什么要有设备驱动程序?用户进程怎样使用驱动程序?

(11) 磁盘访问时间由哪几部分组成?每部分时间应如何估算?其中哪一个时间是磁盘调度的主要目标?

(12) 目前常用的磁盘调度算法有哪几种?每种算法优先考虑的问题是什么?

4. 应用题

(1) 某活动头磁盘有 200 个磁道,编号为 0~199。磁头当前在 143 道服务。对于请求序列 86、147、91、177、94、150、102、175、130,求在下列调度策略下的寻道顺序及寻道长度。

① FIFO。

② SSTF。

③ SCAN(磁头移动方向先从小到大)。

④ CSCAN(磁头移动方向先从小到大)。

⑤ 按移动距离大小排队,从小到大的顺序排列上述算法。

(2) 某磁盘共有 200 个柱面(0~199),移动臂当前位于 130 柱面且正向 0 柱面移动。对于下列访问柱面的要求:70、120、80、160、60、150,采用以下驱动调度算法:

① FIFO。

② SSTF。

③ SCAN。

④ CSCAN。

请分别写出移臂顺序、移动的柱面总数及平均寻道长度。

(3) 假定磁盘的当前磁头位于 1#柱面上,如表 9.3 所示,有请求者等待访问磁盘,试列出可使磁盘的旋转圈数为最少,最省时间的响应顺序的序号。

表 9.3 磁头位置信息

序 号	柱 面 号	磁 道 号	块 号
1	7	2	8
2	7	2	5
3	7	1	2
4	20	9	3
5	5	15	2

(4) 假定某文件由 60 个逻辑记录组成,每个逻辑记录长度为 125 个字符,磁盘存储空间被划分成长度为 512 个字符的块,为了有效地利用磁盘空间,采用成组方式把文件放到磁盘上,问:

① 至少应该开辟一个多大的主存缓冲区?

② 该文件至少占用磁盘的多少块?

(5) 一磁盘文件含固定长度为 32B 的一些记录,设物理 I/O 以磁盘缓冲长为 512B 的块为单位进行。如果一个进程连续地读取文件记录,则读请求将导致 I/O 操作占百分之几?

(6) 某单面磁盘转速为 6000rpm,每个磁道有 100 个扇区,相邻磁道间的平均移动时间为 1ms,若在某时刻磁头位于 110 号磁道处,并沿着磁道号增大的方向移动,磁道号请求的要求有 70、110、90、160、60,采用 CSCAN 驱动调度算法,对请求队列中的每个磁道需读取一个随机分布的扇区,则读完这 5 个请求共需多少时间?

(7) 某文件占 10 个磁备块,现要把该文件磁盘块逐个读入主存缓冲区,并送用户区进行分析,假设一个缓冲区与一个磁盘块大小相同,把一个磁盘块读入缓冲区的时间是 $100\mu s$,将缓冲区数据传送到用户区的时间是 $50\mu s$,CPU 对一个数据区的分析时间也是 $50\mu s$,请问,在双缓冲区结构下,读入并分析完该文件所需时间是多少?

第 10 章　　　文 件 系 统

　　数据处理是现代计算机系统的主要功能之一,与数据处理相关的数据管理和数据保存是必不可少的甚至是至关重要的环节。在计算机中,大量的数据和信息是通过文件的形式来存储和管理的。文件系统负责管理文件和文件系统,提供管理设备、屏蔽设备复杂性的手段,为系统内核其他部分、用户命令和系统函数调用提供统一的服务接口。

　　本章主要讨论文件和文件系统、文件的逻辑组织和外存的分配方式、文件的目录结构和管理、文件存储空间的分配和回收、实现按名存取和文件共享、文件系统的安全性等。本章最后简要介绍了 Linux 文件系统和 Windows NTFS 文件系统。

10.1　文件和文件系统

　　对于计算机中的文件,用户其实并不陌生。从使用者的角度来看,文件是一个抽象的实体,用户可以将需要保存的信息组织好,并存放在一种存储介质上,如硬盘、软盘、光盘等。在需要时按照文件名对这些实体进行查询、读写、移动或复制。操作系统中实现文件管理的软件称为文件系统。它是操作系统的一个重要组成部分。

10.1.1　文件

　　操作系统对信息的管理方法就是将它们组成一个个的文件。所谓文件,是指具有符号名的数据项的集合。符号名是用户用来标识文件的。文件可以包含范围非常广泛的内容,系统和用户都可以将具有一定独立功能的程序模块、一组数据等命名为一个文件。例如,用户的一个 C 源程序、一个目标代码程序、系统中的库程序、一篇文章等。

　　要了解文件,需要了解以下相关术语。

1. 字段

　　字段是数据的基本单位,又可称为域或数据项。字段可以通过它的长度和数据类型来描述。例如,一个学生的学号就是一个字段。可以规定学号是字符型,长度为 8 位。字段的长度可以是固定的,也可以是可变的,这取决于文件的设计。

2. 记录

　　记录是能被某些应用程序处理的相关字段的集合。例如,一个学生的记录可以包含学号、姓名、性别、选修课程等字段。根据设计的不同,记录的长度可以是固定的,也可以是可变的。如果记录中某些字段长度或字段数是可变的,那么该记录就是可变长度字段。

3. 文件

　　文件是具有符号名的相同记录的集合。文件被用户和应用程序看作是一个实体,并可以通过其名字访问。文件有一个唯一的文件名,可以被创建或删除。存取控制通常在文件级实施,在一个共享系统中,用户和应用程序可以被允许或拒绝访问整个文件。在某些复杂的系统中,存取控制能施加到记录级,甚至字段级。

此外,一些慢速字符设备也被看作是一个文件,这是因为这些设备传输的信息均可看作是一组顺序出现的字符序列。实际上,这些字符设备传输的信息可看成是一个顺序组织的文件,如键盘输入文件、打印机文件等。

引入文件的概念后,用户就可以用统一的观点来看待和处理驻留在各种存储介质上的信息了,而无须考虑保存文件的设备有何差异,这将给用户带来很大的方便。

10.1.2　文件系统

文件系统是操作系统中负责管理和存取文件信息的软件机构,简称为文件系统。文件系统由3部分组成,即与文件管理有关的软件、被管理的文件以及实施文件管理所需的数据结构(如目录表、文件控制块、存储分配表等)。从系统角度来看,文件系统是对存储器的存储空间进行组织和分配,负责文件的存储并对存入的文件进行保护和检索的系统。具体地说,它负责为用户建立文件,存入、读出、修改、转储文件,控制文件的存取,当用户不再使用时撤销文件等。

从用户角度来看,文件系统为用户带来了以下好处。

(1) 使用的方便性:由于文件系统实现了按名存取,用户不再需要为其文件考虑存储空间的分配,因而无须关心文件所存放的物理位置。特别是,假如由于某种原因,文件的位置发生了改变,甚至连文件的存储装置也更换了,只要用户知道文件名就可以存取文件中的信息,因此不会对用户产生任何影响,用户无须修改他们的程序。

(2) 数据的安全性:文件系统可以提供各种保护措施,防止无意或有意的破坏。例如,有的文件可以规定为只读文件,如果某一用户企图对其进行修改,那么文件系统可以在存取控制验证后拒绝执行,因而这个文件就不会因被误用而遭到破坏。另外,用户可以规定其文件除本人使用外,只允许被核准的几个用户共同使用。若发现事先未经核准的用户要使用该文件,则文件系统将认为其非法并予以拒绝。

(3) 接口的统一性:用户可以使用统一的广义指令或系统调用来存取各种介质上的文件。这样做简单、直观,而且摆脱了对存储介质特性的依赖以及使用I/O指令所做的烦琐处理。从这种意义上看,文件系统提供了用户和外存的接口。

文件系统的软件结构可以用图10.1来描述,在最底层,设备驱动程序直接与外围设备通信,负责启动设备上的I/O操作,处理I/O请求。在文件系统中,典型的控制设备是磁盘和磁带设备。设备驱动程序通常看作是操作系统的一部分。

设备驱动程序的上一层称为基本文件系统,或物理I/O层。它是与计算机系统外部环境的基本接口。例如,处理主存与磁盘或磁带交换数据块,这一层主要考虑外存的字符块和主存缓冲区的位置,并不关注数据的内容或所涉及的文件的结构。基本文件系统通常看作是操作系统的一部分。

基本I/O管理程序负责所有文件I/O的初始化和结束工作。在这一层,需要一定的控制结构来维护设备的I/O、调度和文件状态。基本I/O管理程序根据所选择的文件来选择执行文件I/O的设备,为优化性能,它还参与调度对磁盘和磁带的访问。I/O缓冲区的指定

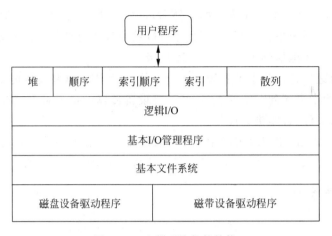

图 10.1　文件系统软件结构

和外存的分配,也是在这一层实现的。基本 I/O 管理程序是操作系统的一部分。

逻辑 I/O 使用户和应用程序能够访问到记录。因此,基本文件系统处理的是数据块,而逻辑 I/O 模块处理的是文件记录。逻辑 I/O 提供通用的记录 I/O 能力,并维护文件的基本数据。

最接近用户的是存取方法层。它提供了用户(或应用程序)和文件系统以及存储数据的设备之间的标准接口。不同的访问方法反映出不同的文件结构以及访问和处理数据的不同方法。图中列出了 5 种最常见的访问方法,对它们的具体描述见 10.2.3 节。

10.1.3　文件的分类

为便于对文件的控制和管理,通常把文件分成若干类型。以下根据不同的分类标准划分出不同的文件类型。

1. 按文件的性质和用途分类

(1) 系统文件:它是指有关操作系统及其他系统程序的信息所组成的文件。这类文件不直接对用户开放,只能通过系统调用为用户服务。

(2) 库文件:即由标准子程序及常用的应用程序组成的文件。这类文件允许用户调用,但不允许用户修改。

(3) 用户文件:指由用户委托操作系统保存的文件。例如,源程序文件、目标程序文件,以及由原始数据、计算结果等组成的文件。这类文件根据使用情况又可以再细分为 3 种类型。

① 临时文件:用户在一次算题过程中建立的"中间文件"。当用户撤离系统时,其文件也随之被撤销。

② 档案文件:只保存在作为档案的磁带上,以便考证和恢复用的文件,如日志文件。

③ 永久文件:用户要经常使用的文件。它不仅在磁盘上有文件副本,而且在"档案"上也有一个可靠的副本。

2. 按文件的保护方式分类

(1) 只读文件:允许文件的所有者及核准的用户读,但不允许写的文件。

(2) 读写文件:允许文件的所有人及核准的用户读、写,但禁止未经核准的用户读、写的文件。

（3）不保护文件：所有用户都可以存取的文件。

3. 按文件中的数据形式分类

（1）源文件：指从终端或输入设备输入的源程序或数据，以及作为处理结果输出的数据的文件，如 C 语言编写的源程序。

（2）目标文件：源文件经过编译之后生成的文件。

（3）可执行文件：由连接装配程序连接后所生成的可以直接运行的程序或文件。常见的扩展名为.exe 的文件就是可执行文件。

4. 按文件的信息流向分类

（1）输入文件：如键盘输入文件，只能输入。

（2）输出文件：如打印机文件，只能输出。

（3）I/O 文件：在磁盘、磁带上的文件，既可读，又可写。

5. UNIX 操作系统文件的分类

（1）普通文件：由内部无结构的一串平滑的字符构成的文件。这种文件既可以是系统文件，也可以是库文件或用户文件。

（2）目录文件：由文件目录构成的一类文件。对它的处理（读、写、执行）在形式上与普通文件相同。

（3）特别文件：由所有 I/O 慢速字符设备构成的文件。这类文件对于查找目录、存取权限验证等的处理与普通文件相似，而其他部分的处理要针对设备特性要求做相应的特殊处理。

根据存取方法和物理结构，文件还可以划分为不同类型，这些划分将在后面的章节中进一步介绍。

10.1.4　文件系统的功能和基本操作

从用户角度来看，文件系统主要实现了按名存取；从系统角度来看，文件系统主要实现了对存储器空间的组织和分配、对文件信息的存储以及存储保护和检索。具体地说，文件系统要借助于组织良好的数据结构和算法有效地对文件信息进行管理，使用户能够方便地存取信息。综合上述两方面的考虑，操作系统中的文件管理部分应具有如下功能：

（1）文件的操作和使用。

（2）文件的结构及有关存取方法。

（3）文件的目录机构和有关处理。

（4）文件存储空间的管理。

（5）文件的共享和存取控制。

下面先介绍文件的基本操作，以后各节中将分别讲述另外 4 个功能，以便读者对文件系统有一个全面的了解。

用户利用文件来存放数据，是为了以后检索和使用数据。不同的系统提供给用户不同的对文件的操作手段，但所有系统一般都提供以下的文件基本操作：

1. 对整体文件而言

（1）打开（open）文件，以准备对该文件进行访问。

(2) 关闭(close)文件,结束对该文件的使用。

(3) 建立(create)文件,构造一个新文件。

(4) 撤销(destroy)文件,删除一个文件。

(5) 复制(copy)文件,产生一个文件副本。

2. 对文件中的数据项而言

(1) 读(read)操作,把文件中的一个数据项输入给进程。

(2) 写(write)操作,进程输出一个数据项到文件中。

(3) 修改(update)操作,修改一个已经存在的数据项。

(4) 插入(insert)操作,添加一个新数据项。

(5) 删除(delete)操作,从文件中移走一个数据项。

10.2 文件的逻辑结构

如前所述,文件是操作系统中信息管理的基本单元。为了便于实现对文件的控制,需要确定文件的内部组织和存储结构。事实上,由于用户和系统设计人员看待文件的角度不同,可以将文件的组织结构分为文件的逻辑结构和文件的物理结构。从用户的观点出发,观察到的文件组织形式就是文件的逻辑结构。

10.2.1 文件逻辑结构的定义

任何一种文件都有其内在的文件结构。文件的逻辑结构(file logical structure)指的就是用户看到的文件的组织形式,是用户可以直接处理的数据及其结构。它独立于文件的物理特性,又被称为文件组织(file organization)。

文件的逻辑结构通常采用两种形式:一种是有结构的记录式文件,另一种是无结构的流式文件。

1. 有结构的记录式文件

有结构的记录式文件在逻辑上被看成是一组连续顺序的记录的集合。每个记录由彼此相关的域构成。记录可以按顺序编号为记录 1、记录 2、……、记录 N。如果文件中所有记录的长度都相同,则这种文件称为定长记录文件。定长记录文件的长度可由记录个数决定;如果记录长度不等,则称为变长记录文件,其文件长度为各记录长度之和。由于变长记录文件中的每个记录长度都不相等,因此通常在每个记录前部用固定的字节数来表示该记录的长度。在数据库管理系统中,使用有结构的记录式文件较多。

2. 无结构的流式文件

无结构的流式文件是相关的有序字符的集合。文件长度即为所含字符数。流式文件不分成记录,而是直接由一连串信息组成。对流式文件而言,它是按信息的个数或以特殊字符为界进行存取的。

对于操作系统所管理的一些程序和数据信息而言,把它们看作无内部结构的简单的字符流形式是有好处的。一是在空间利用上比较节省,因为没有额外的说明(如记录长度)和控制信息等。二是对于慢速字符设备传输的信息,如穿孔卡片或纸带上的源程序,以及由装配程序产生的中间代码等信息,采用流式文件也是一种最方便的存储形式。

对于各种慢速字符设备(如纸带机、行式打印机等)以及某些终端设备来说,由于它们只能顺序存放,并且是按连续字符流形式传输信息的,所以系统只要把字符流中的字符依次映像为逻辑文件中的元素,就可以非常简单地建立逻辑文件和物理文件之间的联系,从而可以方便用户把需要使用的这些设备也统一看作为文件。

UNIX 文件的逻辑结构就是采用这种方式。流式文件对操作系统而言管理比较方便;对用户而言,适于进行字符流的正文处理,也可以不受束缚地灵活组织其文件内部的逻辑结构。

10.2.2 文件的组织和存取

本节中的"文件组织"指的是由存取方法决定的记录的逻辑结构。在外存中,文件的物理组织取决于分块策略和文件分配策略。在选择文件的组织方法时,有以下重要原则:

(1) 存取快速。

(2) 容易修改。

(3) 节省存储单元。

(4) 管理简单。

(5) 可靠性高。

下面主要介绍 5 种基本组织。

1. 堆文件

堆(pile)是最简单的文件组织形式。按数据到达的顺序进行采集,每个记录包含一堆集中到达的数据。堆的作用只是简单地聚集大量的数据,并进行存储。记录中可以包含不同的字段,或包含相同的字段,但次序不同。

由于堆文件包含不规则的记录结构,记录的存取只能通过穷举搜索的方式。如果想找到含有一个特定字段值的记录,必须要检索堆中的每一个记录,直到找到所要查找的记录,或者搜索完毕整个文件。

当收集数据时,如果需要先存储再处理或者数据不容易组织时,就可以用到堆文件。当保存的数据大小和结构是变化的,使用堆文件能充分利用存储空间。当需要穷尽搜索文件时,这种组织方法也易于修改。但是,除了这些有限用途之外,这种类型的文件对大多数应用都是不适合的。

可变长度记录
可变字段集合
按时间先后顺序排列

图 10.2　堆文件示意图

堆文件的组织形式如图 10.2 所示。

2. 顺序文件

最普通的文件结构是顺序文件(sequential file)。在这种形式的文件中,使用固定格式的记录。所有记录的长度相等,含有相同个数、特定次序的固定长度字段。可以选取记录中的某个字段作为关键字字段,关键字字段唯一地标识了每条记录,因此,不同记录的关键字值总是不同的。进一步说,记录可按关键字顺序存储,如文本文件可以按字母顺序存储。

顺序文件的最佳应用场合是在对大量记录进行批量存取时,即每次要读或写一大批记录时。此时,对顺序文件的存取效率是所有存取方式中最高的;顺序结构最适合于建立在顺序存取设备——磁带机上。但是在交互应用的场合,如果用户(程序)要求查找或修改单个记录,系统便要逐个地查找诸记录。这时,顺序文件所表现出来的性能就可能很差,尤其是当文件较大时,情况更为严重。

典型情况下,在一个块中,顺序文件中的记录一般以简单的顺序依次存放,如图 10.3 所示。也就是说,文件在磁带和磁盘上的物理组织直接对应于文件的逻辑组织。顺序文件的另一种组织方法是采用链表。在一个物理块中存放一条或多条记录,每一个磁盘块含有指向下一个块的指针。插入新记录的操作只涉及指针操作,新记录不需要占据一个特定的物理块位置。增加记录的操作很方便,当然也多了额外的处理和开销。

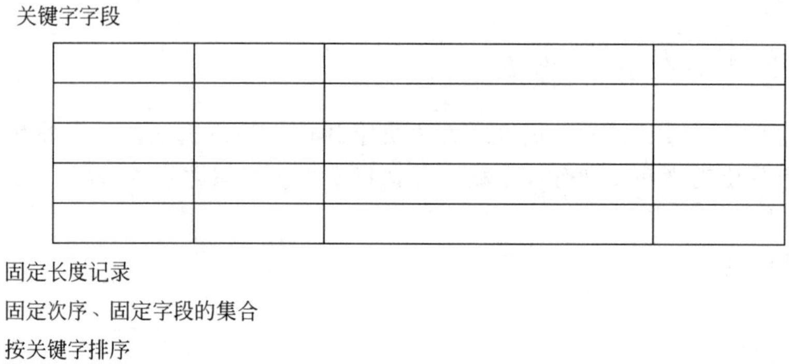

关键字字段
固定长度记录
固定次序、固定字段的集合
按关键字排序

图 10.3　顺序文件示意图

3. 索引文件

当需要根据其他属性而不是关键字来搜索记录时,就要使用多索引的结构,称为索引文件(Index File),如图 10.4 所示。每一个索引针对一个搜索对象的字段。只能通过索引来存取记录,其结果是对记录存取的位置没有任何限制,只要至少有一个索引中的指针指向那个记录即可。

可变长度记录主文件
详尽
索引1
详尽
索引2
部分
索引1

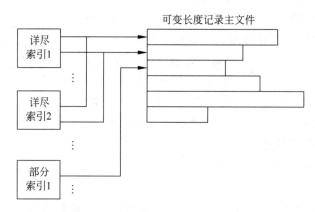

图 10.4　索引文件示意图

可为变长记录文件建立一张索引表,在索引表中为主文件中的每个记录设有一个相应的表项,用于记录该记录的长度 L 及指向该记录的指针(指向该记录在逻辑地址空间的首址)。由于索引表本身是一个定长记录的顺序文件,从而可以方便地实现直接存取。

索引文件大多用于对信息的及时性要求比较严格,并且很少会对所有数据进行处理的应用程序中,如机票预定系统和商品库存控制系统等。

4. 索引顺序文件

索引顺序文件(index sequential file)有效地克服了变长记录文件不便于直接存取的缺点,而且所付出的代价也不算太大。它是顺序文件和索引文件相结合的产物。它将顺序文件中的所有记录分为若干个组(如 50 个记录为一个组);为顺序文件建立一张索引表,在索引表中为每组中的第一个记录建立一个索引项,其中含有该记录的关键字段值和指向该记录的指针。索引顺序文件结构如图 10.5 所示。

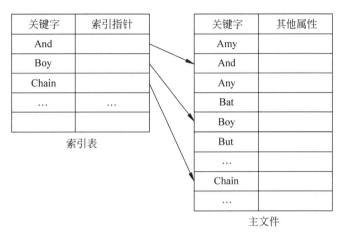

图 10.5 索引顺序文件示意图

在对索引顺序文件进行检索时,首先利用关键字以及某种算法检索索引表,找到该记录所在记录组中第一个记录的表项,从中得到该记录组第一个记录在文件中的位置。然后,再利用顺序查找法查找主文件,从中找到所要的记录。

对于一个非常大的文件,为找到一个记录而需要查找的记录数目仍然很多。为了进一步提高检索效率,可以为顺序文件建立多级索引,即为索引文件再建立一张索引表,从而形成两级索引表,根据需要,甚至可以建立三级索引表等。

5. 直接文件和哈希文件

1) 直接文件

采用前述几种文件结构对记录进行存取时,都需利用给定的记录键值,先对线性表或链表进行检索,以找到指定记录的物理地址。然而对于直接文件,则可根据给定的记录键值,直接获得指定记录的物理地址。换言之,记录键值本身就决定了记录的物理地址。这种由记录键值到记录物理地址的转换被称为键值转换(key to address transformation)。组织直接文件关键在于用什么方法进行从记录键值到物理地址的转换。

2) 哈希(Hash)文件

在直接存取存储设备上,还有一种组织方式,即采用计算寻址结构。在这种方式中,把记录中的关键码通过某种计算,转换为记录的相应地址。这种存储结构是通过指定记录在存储介质上的位置进行直接存取的,记录无所谓次序。一般来说,由于地址的总数比可能的关键码总数要少得多,所以不会出现一一对应关系。那么就有可能对不同的关键码计算之后,得到了相同的地址,这种现象称为地址冲突(collision)。而这种通过对记录的关键码施加变换而获得相应地址的变换方法,通常就称为哈希方法,或称散列法、杂凑法。利用哈希方法建立的文件结构称为哈希文件。这种物理结构适用于不宜采用连续结构、记录次序较混乱,又需要快速存取的情况。例如,用在实时处理文件、操作系统目录文件、编译程序变量名表等方面特别有效。因此,哈希文件的优点就是查找不需要通过索引,可以快速地直接存取。哈希文件示意图如图 10.6 所示。

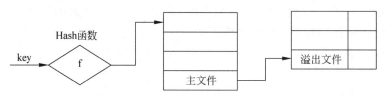

图 10.6　哈希文件示意图

哈希文件的缺点是当地址冲突发生时,需要有解决冲突的方法,这叫作溢出处理技术,也是设计哈希文件需要考虑的主要内容。常用的溢出处理技术有线性探测法、二次探测法、拉链法和独立溢出区法等。由于这些内容在“数据结构”课程中都有讲解,所以具体计算方法请参阅其他教程。

10.3　外　存　分　配

系统设计人员看待文件时要考虑文件在存储设备中如何放置、如何组织、如何实现存取等细节,这与存储介质的性能也相关。怎样才能有效地利用存储空间、如何提高对文件的访问速度,都是需要考虑的问题,因此需要了解文件的物理结构和外存分配方式。

10.3.1　文件的物理结构

文件的物理结构是指文件在存储器上的存储结构。这不仅与存储介质的存储性能有关,而且与所采用的外存分配方式有关。文件物理结构的好坏,直接影响文件系统的性能。因此,只有针对文件或系统的适用范围建立起合适的物理结构,才能有效地利用存储空间,便于系统对文件的管理。

为了有效地分配存储器的空间,通常把它们分成若干块,并以块为单位进行分配和传送。每个块称为物理块,而块中的信息称为物理记录。物理块长通常是固定的,在磁盘上经常以 512B～8KB 为一块。文件在逻辑上可以看成是连续的,但在物理介质上存放时可以有多种形式。文件的物理结构直接与外存分配方式有关,目前常用的外存分配方式有连续分配、链接分配和索引分配 3 种。通常,在一个系统中,只采用其中的一种方法来为文件分配外存空间。以下逐一介绍。

10.3.2　连续分配

连续分配(continuous allocation)要求为每一个文件分配一组相邻接的盘块。一组盘块的地址定义了磁盘上的一段线性地址。例如,第一个盘块的地址为 b,则第二个盘块的地址为 b+1,第三个盘块的地址为 b+2……

把逻辑文件中连续的信息顺序地存储到连续的物理盘块中,这样形成的物理文件称为顺序文件。这种分配方式保证了逻辑文件中的记录顺序与文件在存储器中占用盘块的顺序的一致性。假定有一个文件,其逻辑记录长和物理块长都是 512B,该文件有 6 个逻辑记录,那么在存储器上占用 6 块,在目录(或文件控制块,详细说明见 10.4.1 节)中存放文件的第一个记录所在的盘块号和文件总的盘块数。如图 10.7 所示是该文件的连续分配示意图。

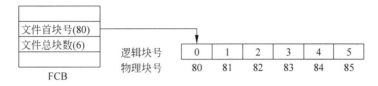

图 10.7 连续分配示意图

连续分配的优点是:

(1) 管理简单。一旦知道文件存储的起始块号和文件块数,就可以立即找到所需的文件信息。访问一个占有连续空间的文件非常容易,系统可从目录中找到该顺序文件所在的第一个盘块号,从此开始顺序地、逐个盘块地往下读/写。

(2) 顺序存取速度快。当要获得一批相邻的记录时,其存取速度在所有文件物理结构中是最快的。因为由连续分配所装入的文件,其所占用的盘块可能位于一条或几条相邻的磁道上,这时,磁头的移动距离最少。

连续分配的缺点是:

(1) 修改记录困难。如果要修改指定记录,或增加、删除某个记录都相当困难。

(2) 要求连续存储空间。要为每一个文件分配一段连续的存储空间,就如同内存的连续分配一样,可能形成许多存储空间的碎片,严重地降低了外存空间的利用率。

(3) 必须事先知道文件的长度。要将一个文件装入一个连续的存储区中,必须事先知道文件的大小,然后根据其大小,在存储空间中找出一块大小足够的存储区,将文件装入。在有些情况下,知道文件的大小是件非常容易的事,如可复制一个已存文件,但有时很困难。

10.3.3 链接分配

如果在存储文件时,并不要求为整个文件分配连续的空间,而是可以将文件装在多个离散的盘块上,就形成了链接分配(chained allocation)方式。为了使系统能方便地找到逻辑上连续的下一块的物理位置,在每个物理块中设置一个指针,指向该文件的下一个物理块号。第一块文件信息的物理地址由文件目录给出。如图 10.8 所示为链接分配示意图。

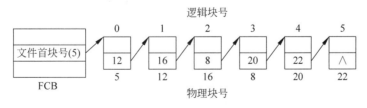

图 10.8 链接分配示意图

通过每个物理块上的指针,将属于一个文件的多个离散的盘块链接成一个链表,这样形成的物理文件叫作链接文件。

链接分配的优点是:

（1）存储空间利用率高。由于不要求分配连续的物理块,而是采取离散分配方式,因此消除了外部碎片,显著地提高了外存空间的利用率。

（2）不必事先知道文件的最大长度,可以根据文件的当前需求为其分配必需的盘块。因此适用于动态增长记录。

（3）文件的增加和删除非常方便。

链接分配的缺点是:

（1）只适合于顺序存取,不便于直接存取。为了找到某个物理块的信息,必须从头开始,逐一查找每个物理块,直到找到为止。因此降低了查找速度。

（2）在每个物理块中都要设置一个指针,因此破坏了物理信息的完整性。

10.3.4　索引分配

索引分配(index allocation)是实现非连续存储的另一种方法,适用于数据记录保存在随机存取存储设备上的文件。这种方式要求为每一个文件建立一张索引表。其中,每一表目指出文件逻辑记录所在的物理块号,索引表指针由文件控制块(FCB)给出。如图 10.9 所示为索引分配的示意图。

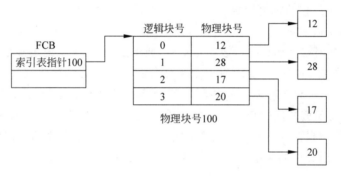

图 10.9　索引分配示意图

可以想到,当文件很大时,索引表也将很大,需要占用多个盘块。管理多个盘块的索引表有两种方法:一种方法是将存放索引表的盘块用指针链接起来,称为链接索引。链接索引需要顺序地读取索引表各索引表项。因此,与链接文件相似,读取后面的索引表项需进行多次磁盘 I/O 操作。另一种方法是采用多级索引,即为多个索引表再建立一张索引表(称为主索引表),形成二级索引。如果二级索引的主索引表仍然不能存放在一个盘块中,甚至可以使用三级索引、四级索引等。如图 10.10 所示为二级索引文件结构。

在一个系统中所能管理的最大索引文件是受到一定限制的。如果每个盘块的大小为 4KB,每个盘块号占 4B,则一个盘块可有 1K 个索引表项。一级索引所能管理的最大文件是 $1K \times 4KB = 4MB$,二级索引可以管理的最大文件是 $1K \times 1K \times 4KB = 4GB$,而三级索引可以管理的最大文件是 $1K \times 1K \times 1K \times 4KB = 4TB$。

在 UNIX 系统中,为了同时解决高速存取小文件和管理大文件的矛盾,将直接寻址、一级索引、二级索引和三级索引结合起来,形成了混合寻址方式。在 UNIX System V 的索引结点中,共设置了 13 个地址项,即 di_addr[0]～di_addr[12],如图 10.11 所示。

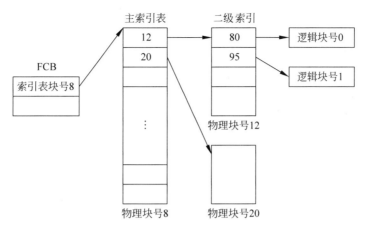

图 10.10　二级索引文件结构

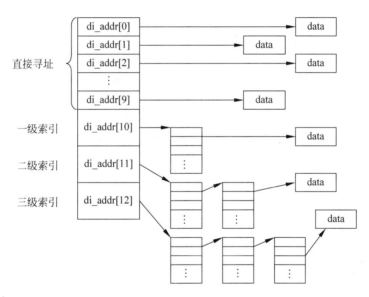

图 10.11　UNIX 混合寻址方式

（1）直接寻址。

为了提高对文件的检索速度,在索引结点可设置 10 个直接地址项,即用 di_addr[0]～di_addr[9]来存放直接地址。换言之,这里的每项中所存放的是该文件数据所在盘块的盘块号。假如每个盘块的大小为 4KB,当文件不大于 40KB 时,便可直接从索引结点中读出该文件的全部盘块号。

（2）一级索引。

对于大中型文件,只采用直接地址是不现实的。为此,可再利用索引结点中的地址项 di_addr[10]来提供一次间接地址。这种方式的实质就是一级索引分配方式。假如每个盘块的大小为 4KB,每个盘块号占 4B,则一个盘块可有 1K 个索引表项时。因而允许文件的最大长度为 $1K \times 4KB = 4MB$。

（3）多级索引。

当文件长度大于 4MB+40KB(一次间址与 10 个直接地址项),系统还需采用二次间址

238

分配方式。这时,用地址项 di_addr[11]提供二次间接地址。该方式的实质是两级索引分配方式。系统此时是在二次间址块中记入所有一次间址块的盘号。在采用二次间址方式时,文件的最大长度可达 1K×1K×4KB=4GB。同理,地址项 di_addr[12]作为三次间接地址,其所允许的文件最大长度可达 1K×1K×1K×4KB=4TB。

索引分配实质上是链接分配的一种扩展,除具备链接分配的优点外,还克服了链接分配只能做顺序存取的缺点,具有直接读写任意一个记录的能力,便于文件的增加和删除,可以方便地进行随机存取。

索引分配的缺点是:

(1)增加了索引表的空间开销和查找时间,索引表的信息量甚至可能远远超过文件记录本身的信息量。

(2)在存取文件时首先查找索引表,这样要增加一次读盘操作,从而降低了文件访问的速度。当然也可以采取补救措施,如在文件存取前,事先把索引表放在内存中,这样以后的文件访问可以直接在内存中查询索引表,以加快访问速度。

10.3.5 文件分配表

FAT 就是文件分配表(file allocation table),用来记录分配给文件的分区。在 MS-DOS 操作系统中,早期使用 12 位的 FAT12 文件系统,后来发展为 16 位的 FAT16 文件系统,在 Windows 95 和 Windows 98 操作系统中升级为 32 位的 FAT 32,Windows NT、Windows 2000 和 Windows XP 操作系统又进一步发展为新技术文件系统 NTFS(New Technology File System)。上述几种文件系统都采用前述的链接分配方式进行文件分配。

在磁盘空间管理中,FAT 文件系统使用了以下概念。

(1)扇区(sector):它是磁盘中最小的物理存储单元,也称为物理块或盘块。一个扇区中能存储的数据量字节数总是 2 的幂,通常是 512B。

(2)簇(cluster):一个簇包含一个或多个连续的扇区,这些扇区在同一个磁道上相互邻接。一个簇中扇区的数目也是 2 的幂。

(3)卷(volume):也称为分区,指磁盘上的逻辑分区,由一个或多个簇组成,供文件系统分配空间时使用。

在 FAT 文件系统中,由于引入了卷的概念,可以将一个物理磁盘分成多个逻辑磁盘,每个逻辑磁盘就是一个卷。每个卷都是一个能被单独格式化和使用的逻辑单元,供文件系统分配空间时使用。每个卷都专门划出一个单独区域来存放自己的目录和 FAT 表等。一般一个物理磁盘最多可以划分为"C:""D:""E:""F:"4 个卷(逻辑磁盘)。现代 OS 中,一个物理磁盘可以划分为多个卷,一个卷也可以由多个物理磁盘组成,如 RAID 磁盘阵列。

1. FAT12

早期 MS-DOS 操作系统使用的是 FAT12 文件系统,整个系统有一张文件分配表 FAT,在 FAT 的每个表项中存放一个盘块号,它实际上是用于盘块之间链接的指针,通过它可以将一个文件的所有盘块链接起来,而将文件的第一个盘块号放在自己的文件目录项(或 FCB)中。

FAT 表是一个简单的线性表,由若干项组成。FAT 表的头两项用来标记磁盘的类型,其余的每个项包含 3 个十六进制的字符:若为 000,则表示该物理块是空闲的;若为 FFF,

则表示该块是一个文件的最后一块；若为其他任何十六进制数,则表示该块是某一文件的下一个块号。

一个文件占用了磁盘上的哪些块,可用 FAT 表中形成的链表结构来说明。文件的第一块的块号记录在该文件的文件目录中。第一个块号所在的项中包含了该文件的下一块的块号。这样,依次指出下一块的块号,直到文件的最后一块,相应项中的内容为 FFF。在图 10.12 中,有一文件目录项,其中一个字段包含了该文件的第一块的块号 002,由 002 可以找到下一块号为 004,依次找下去,可以发现这个文件在磁盘上共占用了 4 个块,分别是 002、004、007、006。

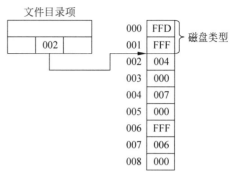

图 10.12　MS-DOS 的文件物理结构

现在来计算以盘块为分配单位时,所允许的最大磁盘容量。由于每个 FAT 表项为 12 位,因此,在 FAT 表中最多允许有 $2^{12}=4096$ 个表项,如果以盘块作为基本分配单位,每个盘块(也称扇区 Sector)的大小一般是 512B,那么,每个磁盘分区的容量为 2MB(4096×512B=2MB)。同时,一个物理磁盘支持 4 个逻辑磁盘分区,所以相应的磁盘最大容量仅为 8MB。这对最早时期的硬盘还可以,但很快磁盘的容量就超过了 8MB,FAT12 是否还可继续使用呢?回答虽是肯定的,但需要引入一个新的分配单位——簇(cluster)。

簇包括一组连续的扇区,在 FAT 中作为一个虚拟扇区。簇的大小一般是 $2n$(n 为整数)个扇区,在 MS-DOS 的实际运用中,簇的容量可以仅有 1 个扇区(512B)、2 个扇区(1KB)、4 个扇区(2KB)、8 个扇区(4KB)等。一个簇应包含扇区的数量与磁盘容量的大小直接相关。例如,当一个簇仅有 1 个扇区时,磁盘的最大容量为 8MB;当一个簇包含 2 个扇区时,磁盘的最大容量可以达到 16MB;当一个簇包含了 8 个扇区时,磁盘的最大容量便可达到 64MB。

以簇为基本的分配单位所带来的最主要的好处是能适应磁盘容量不断增大的情况。但是,随着磁盘容量的增加,必定会引起簇的大小和簇内碎片的增加。也就是与存储器管理中的页内零头相似,会造成更大的簇内零头。此外,FAT12 只能支持 8+3 格式的文件名。因此,可以增加 FAT 表的位数。

2. FAT16

如果将 FAT 表的宽度增至 16 位,最大表项数将增至 $2^{16}=65\,536$ 个,此时便能将一个磁盘分区分为 65 536 个簇。我们把具有 16 位表宽的 FAT 表称为 FAT16。在 FAT16 的每个簇中可以有的扇区数为 4、8、16、32 个,直到 64 个,由此得出 FAT16 可以管理的最大分区空间为 $2^{16}×64×512B=2048MB=2GB$。

不难看出,FAT16 对 FAT12 的局限性有所改善,但改善很有限。目前,单个硬盘容量早已超过 2GB。当磁盘容量迅速增加时,如果再继续使用 FAT16,由此所形成的簇内碎片而造成的浪费就越来越大。为了解决这一问题,Microsoft 公司推出了 FAT32。

3. FAT32

FAT32 是 FAT 系列文件系统的最后一个产品。每一簇在 FAT 表中的表项占据 4B,FAT 表中最多允许 2^{32} 个表项,也就是说,FAT32 可以管理比 FAT16 更多的簇,这样就允许在 FAT32 中采用较小的簇。利用 FAT32 所能使用的单个分区,最大可达到 2TB (2048GB),而且各种大小的分区所能用到的簇的大小,也是恰如其分。假设将 FAT 32 的每个簇的大小设定为 4KB,即每个簇包含 8 个扇区。

现对 FAT16 和 FAT32 中的分区与簇的大小进行整理,如表 10.1 所示。

表 10.1　FAT16 和 FAT32 中分区与簇的大小

分 区 大 小	FAT16 簇大小	FAT32 簇大小
16～32MB	2KB	不支持
32～127MB	2KB	512B
128～255MB	4KB	512B
256～259MB	8KB	512B
260～511MB	8KB	4KB
512～1023MB	16KB	4KB
1024～2047MB	32KB	4KB
2048MB～8GB	不支持	4KB
8～16GB	不支持	8KB
16～32GB	不支持	16KB
32GB 以上	不支持	32KB

FAT32 比 FAT16 支持更小的簇和更大的磁盘容量,减少了磁盘空间的浪费,使得 FAT32 分区的空间分配更有效率。FAT32 主要应用于 Windows 98 及后续的 Windows 系统。它可以增强磁盘性能,而且它的文件名长度可以达到 255 个字符,支持长文件名。但是 FAT32 仍然有着不足之处:

(1) 由于 FAT 表位数的增加,文件分配表扩大,造成运行速度比 FAT16 变慢。

(2) FAT32 有最小管理空间的限制,不支持容量小于 512MB 的分区。

(3) FAT32 的单个文件长度不能大于 4GB。

(4) FAT32 不能保持向下兼容。

因此,Microsoft 公司推出了专为 Windows NT 开发的全新的文件系统 NTFS,也适用于 Windows XP/2003 操作系统。关于 NTFS 的具体介绍详见 10.9 节。

10.4　文件目录

在现代计算机系统中,通常都要存储大量的文件,为了有效地管理这些文件,必须对它们加以妥善组织。为了让用户方便地找到所需的文件,需要在系统中建立一套目录结构,就像图书馆中的藏书需要编目一样。文件目录组织的原则是能够使用户方便、迅速地对目录进行检索,从而准确地找到所需文件。下面将介绍文件目录的相关概念,以及几种目录结构。

10.4.1　文件控制块

为能对一个文件进行正确的存取,必须为文件设置用于描述和控制的数据结构(其中包含了文件名及文件的各种属性),称为文件控制块。文件管理程序借助于文件控制块中的信息,实现对文件的各种操作。文件与文件控制块一一对应,而把文件控制块的有序集合称为文件目录。换言之,一个文件控制块就是一个文件目录项。通常,一个文件目录也被看作是一个文件,称为目录文件。

FCB 中所包含的信息通常分为 3 类,即基本信息类、存取控制信息类和使用信息类。

1. 基本信息类

(1) 文件名:用于标识一个文件的符号名。在每个系统中,文件必须具有唯一的名字,用户可利用该名字进行存取。

(2) 文件物理位置:指示文件在外存上的存储位置。包括存放文件的设备名、文件在外存上的盘块号、指示文件所占用磁盘块数或字节数的文件长度。

(3) 文件逻辑结构:指示文件是流式文件还是记录式文件。如果是记录式文件,则需进一步说明是定长记录还是变长记录等。

(4) 文件的物理结构:指示文件是顺序结构的文件,还是链接文件或索引文件。

2. 存取控制信息类

(1) 文件主人的存取权限。

(2) 同组用户的存取权限。

(3) 一般用户的存取权限。

3. 使用信息类

(1) 文件建立日期和时间。

(2) 文件上一次修改的日期和时间。

(3) 当前使用信息。包括当前已打开该文件的进程数、是否被其他进程锁住、文件在内存中是否被修改过但尚未复制到盘上。

应该说明,对于不同操作系统的文件系统,由于功能的不同而可能只含有上述信息中的部分信息。

如图 10.13 所示为 MS-DOS 中的文件控制块 FCB。其长度为 32B,图中字节 0~1F 以十六进制表示,上方是 0~FH,下方是 10H~1FH,共 32B。如果是 360KB 的软盘,那么根据软盘的设计,最多可含有 112 个 FCB,共占 32B×112=3584B,由于软盘中每个块的大小为 512B,因此要分配 4KB 的存储空间用来存放该 FCB。

图 10.13   MS-DOS 的文件控制块

10.4.2 索引结点

由于在检索目录文件的过程中只用到了文件名,仅当找到一个目录项(即其中的文件名与指定要查找的文件名相匹配)时,才需从该目录项中读出该文件的物理地址。而其他一些对该文件进行描述的信息,在检索目录时无用。因此,在有的系统中,如 UNIX 系统中,便采用了把文件名与文件描述信息分开的办法,亦即,使文件描述信息单独形成一个称为索引结点的数据结构,简称为 i 结点。在文件目录中的每个目录项仅由文件名和指向该文件所对应的 i 结点的指针构成。

在 UNIX 系统中一个目录仅占 16B,其中 14B 是文件名,2B 为 i 结点指针。如图 10.14 所示为 UNIX 的文件目录项。

存放在磁盘上的索引结点叫作磁盘索引结点。每个文件有唯一的一个磁盘索引结点,它主要包括文件标识符、文件类型、存取权限、文件物理地址、文件长度、文件存取时间等描述文件的诸多信息。

文件名	索引结点指针
But	
Chain	
...	...

0   13   14   15

图 10.14 UNIX 的文件目录

相对应地,存放在内存中的索引结点称为内存索引结点。当文件被打开时,要将磁盘索引结点复制到内存的索引结点中,便于以后使用。在内存索引结点中除了磁盘索引结点中已包含的文件信息外,又增加了一些内容用来描述文件,如文件所属的逻辑磁盘号、链接指针等。

10.4.3 单级目录结构

单级目录(Single Level Directory)结构是最简单的目录结构。在整个系统中只建立一张目录表,为每个文件分配一个目录项。目录项中包含以下几个数据:

(1) 文件名;

(2) 文件的起始块号;

(3) 其他属性,如文件长度、文件类型等。

此外,为了表明一个目录项是否空闲,再设置一个状态位。单级目录如图 10.15 所示。

文件名	文件起始块号	其他属性	状态位
admin			
china			
...			

图 10.15 单级目录

当要创建一个新文件时,首先,应去查看所有的目录项,看新文件名在目录中是否是唯一的,然后,从目录中找出一个空目录项,把新文件名、物理地址和其他属性填入目录项中,并置状态位为 1。

在删除一个文件时,首先,到目录中找到该文件的目录项,从中找到该文件的起始块号,按照文件长度对它们进行回收。然后,清除该文件所占用的目录项。

单级目录结构的优点是简单,且能实现目录管理的基本功能,即按名存取。但却存在下述缺点:

(1) 查找速度慢。对于稍具规模的文件系统,都会拥有数目可观的目录项,致使找出一个指定的目录项要花费较多的时间。对于一个具有 N 个目录项的单级目录,为检索出一个目录项,平均需查找 N/2 个目录项。

(2) 不允许重名。在一个目录表中的所有文件,都不能重名。然而,重名问题在多道程序环境下,却又是难以避免的;即使在单用户环境下,当文件数较多时,也难以做到不重名。

（3）不便于实现文件共享。通常每个用户都具有自己的名字空间或命名习惯,因此,应当允许不同用户使用不同的文件名来访问同一个文件。然而,单级目录却要求所有用户都用同一个名字来访问同一文件。

综上所述,由于单级目录的缺点,它只适用于单用户环境。

10.4.4　二级目录结构

为了克服单级目录结构的缺点,可以为每一个用户建立一个单独的用户文件目录(User File Directory,UFD)。这些文件目录具有相似的结构,由用户所有文件的文件控制块组成。此外,在系统中再建立一个主文件目录(Master File Directory,MFD),在主文件目录中,每个用户文件目录都占有一个目录项,其目录项中包括用户名和指向该用户目录文件的指针。这种组织方式形成了二级目录结构,如图 10.16 所示。图中的主目录中表明有两个用户名,即 wang 和 zhang。

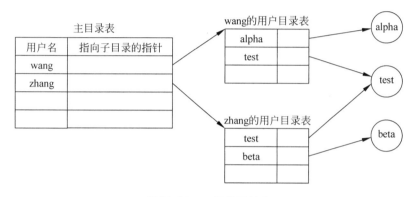

图 10.16　二级目录结构

当用户要存取一个文件时,系统根据用户名,在主目录表中查出该用户的文件目录表,然后再根据文件名,在其用户目录表中找出相应的目录项,这样便找到了该文件的物理地址,从而得到所需的文件。

当用户要建立一个文件时,如果是新用户,即主目录表中无此用户的相应登记项,则在主目录表中申请一个空闲项,然后再为其分配存放用户目录表的空间,新建文件的目录项就登记在这个用户目录中。

当用户删除一个文件时,只在用户目录中删除该文件的目录项。如果删除后该用户目录表为空,则表明该用户已脱离了系统,从而可以删除该用户在主目录表中的对应项。

二级目录结构解决了重名问题,即使两个用户的文件名相同,但由于用户名不同,也能准确地区别这两个不同的文件。显然,二级目录的查找速度提高了很多。此外,不同用户还可使用不同的文件名,来访问系统中的同一个共享文件。

采用二级目录结构也存在一些问题。该结构虽然能有效地将多个用户区分开,在各用户之间完全无关时,这种隔离是一个优点,但当多个用户需要相互合作去共同完成一个任务,且一用户又需访问其他用户的文件时,这种隔离便成为一个缺点,因为它不便于诸用户之间共享文件。

10.4.5 多级目录结构

由单级、二级目录结构自身的缺点所限,它们都不能反映现实世界中复杂的多层次的文件结构形式,为了便于系统和用户更灵活、更方便地组织、管理和使用各类文件,在二级目录结构的基础上进一步加以扩充,就形成了多级目录结构,也称为树状目录结构。它具有检索效率高、允许重名、便于实现文件共享等一系列优点,故被广泛使用。例如,常见的 MS-DOS、Windows、OS/2、UNIX、Linux 等系统,都是采用多级目录结构。

主目录在树形目录结构中,作为树的根结点,称为根目录。数据文件作为树叶,其他所有目录均作为树的结点。如图 10.17 所示为多级目录结构。以图中 TurboC 目录为例,它的下一级又有 Bin、Include 等许多子目录,在 Include 目录下可以看到具体的数据文件,如stdio. h、math. h 等。

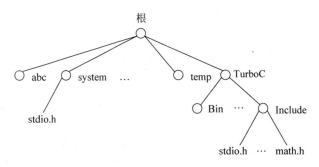

图 10.17 多级目录结构

在树形目录结构中,从根目录到任何数据文件之间,只有一条唯一的通路,在该路径上从树的根(即主目录)开始,把全部目录文件名与数据文件名,依次用"/"连接起来,即构成该数据文件的路径名(path name)。系统中的每个数据文件都有唯一的路径名。用户访问文件时,为保证访问的唯一性,必须使用文件的路径名。

从根开始到达文件的路径,称为绝对路径(absolute path)。例如,文件 stdio. h 的绝对路径名为:

/TurboC/include/stdio. h

如果用户已指定当前的某个工作目录,如果当前工作目录是 TurboC 目录,那么可以简单地用 include/stdio. h 来找到 stdio. h 文件。这种不是从根目录出发而到达文件的路径叫作相对路径(relative path)。

值得注意的是,在树形目录结构中,允许文件有相同的文件名,只要它们不在同一个目录下即可,也就是保证它们的路径名是唯一的。例如,系统中可以有另外一个 stdio. h 文件,它的路径名为/system/stdio. h。

10.4.6 目录查询技术

为了实现用户对文件的按名存取,系统需按下述步骤为用户找到其所需的文件:首先,系统利用用户提供的文件名,对文件目录进行查询,找出该文件的文件控制块;然后,根据找到的 FCB 中所记录的文件物理地址(即盘块号),换算出文件在磁盘上的物理位置;最后,启动磁盘驱动程序,将所需文件读到内存中。目前,对目录进行查询的方式有两种:线性检索法和哈希方法。由于哈希方法的主要思想在 10.2 节中已介绍过,因此下面着重介绍线性检索法。

线性检索法又称为顺序检索法。在单级目录中,利用用户提供的文件名,用顺序查找法直接从文件目录表中找到此文件名的目录项。在树形目录中,用户提供的文件名是绝对路径名或相对路径名,此时需对多级目录进行查找。假定用户给定的文件路径名为/TurboC/include/stdio.h,其查找过程如图 10.18 所示。一般情况下,在 MS-DOS 和 UNIX 操作系统中,都可以看到,用单独的"."来表示当前工作目录,用".."表示上一级父目录。

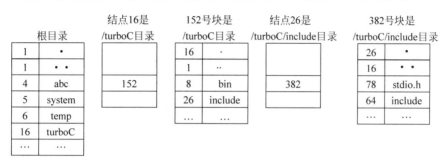

图 10.18　查找/TurboC/include/stdio.h 的过程

系统先读入第一个文件分量名 TurboC,用它与根目录文件(或当前目录文件)中的各个目录项的文件名顺序地进行比较,从中找到匹配项,得到结点 16,由结点 16 可知/TurboC目录文件放在 152 号盘块中,将该块读入内存。接下来,系统再将路径名中的第二个文件分量名 include 读入,用它与放在 152 号盘块中的第二级目录文件中的各目录项内的文件名顺序进行比较,又找到匹配项,从中得到结点 26,由结点 26 可知/TurboC/include 目录文件放在 382 号盘块中,依上述方法继续类推,最终找到需要查找的 stdio.h 文件的物理地址,文件查询到此结束。如果在顺序查找过程中,发现有一个文件分量名未能找到,则应停止查找并返回"文件未找到"信息。

10.5　文件存储空间的管理

文件存储空间的有效分配是所有文件系统要解决的一个重要问题。为了方便用户按名存取所需要的文件,系统应该能自动地为用户分配存储空间,实现管理存储空间的功能。为此,存储空间管理程序应解决如下几个问题:

(1) 如何登记空闲块的分布情况。

(2) 如何按需要给一个文件分配存储空间。

(3) 当某一文件或某一部分不再需要保留时,如何收回它所占用的存储空间。

以上 3 个问题归结为对磁盘空闲块的管理问题。以下介绍几种常用的文件存储空间管理方法。

10.5.1　空闲表法

磁盘空间上一个连续的未分配区域称为空闲区。系统为所有空闲区单独建立一张空闲盘块表,而每个空闲区在这个表中均有一条表目。表目的内容包括该空闲区的第一个空闲块号和空闲块个数,如表 10.2 所示。

表 10.2　空闲盘块表

序　号	第一个空闲块号	空闲块个数	空闲物理块号
1	3	4	3,4,5,6
2	12	3	12,13,14
3	35	5	35,36,37,38,39
4	—	—	—

空闲表法类似于内存分区的管理。当用户提出请求分配存储空间时,系统依次扫描空闲表的各表目,直到找到一个满足要求的空闲区。当请求的块数正好等于表目中的空闲块数时,就把这些空闲块全部分配给该文件并把该表目标记为空。如果该项中的块数多于请求的块数,则把多余的块号留在表中,并修改该表目中的各项。

当用户删除一个文件时,系统回收空间。这时,也需要顺序扫描空闲表,找出一个空表目,将释放空间的第一个物理块号及其占用的块数填入这个表目中。同样,在释放过程中,如果被释放的物理块号与某一表目中的物理块号相邻,则要进行空闲区的合并。

空闲表法仅当有少量的空闲区时才有较好的效果。因为,如果存储空间中有着大量小的空闲区,那么空闲表会变得很大,会使扫描效率大为降低。因此,空闲表法适用于连续分配文件。

10.5.2　空闲链表法

空闲链表法是将所有空闲盘区拉成一条空闲链。根据构成链所用的基本元素的不同,可把链表分成空闲盘块链和空闲盘区链两种形式。

(1) 空闲盘块链。这是将磁盘上的所有空闲空间,以盘块为单位拉成一条链。当用户因创建文件而请求分配存储空间时,系统从链首开始,依次摘下适当数目的空闲盘块分配给用户;当用户因删除文件而释放存储空间时,系统将回收的盘块依次插到空闲盘块链的末尾。这种方法的优点是用于分配和回收一个盘块的过程非常简单,但在为一个文件分配盘块时,可能要重复操作多次。

(2) 空闲盘区链。这是将磁盘上的所有空闲盘区(每个盘区可包含若干个盘块)拉成一条链。在每个盘区上除含有用于指示下一个空闲盘区的指针外,还应有能指明本盘区大小(盘块数)的信息。分配盘区的方法与内存的动态分区分配类似,通常采用首次适应算法。在回收盘区时,同样也要将回收区与相邻接的空闲盘区相合并。在采用首次适应算法时,为了提高对空闲盘区的检索速度,可以采用显式链接方法,亦即,在内存中为空闲盘区建立一张链表。

空闲链表法只要在内存中保存一个指针,令它指向第一个空闲块或空闲区即可。其优点是简单、不需专用块存储管理信息;但工作效率低,原因是每当在链上增加或移动空闲块或空闲区时需要做多次 I/O 操作。

10.5.3　位示图

另一种通行的办法是建立一张位示图,以反映整个存储空间的分配情况。多种操作系统的都采用这种方法。例如,NOVA 机的 RDOS、PDP-11 的 DOS 和微型机的 CP/M 操作系统。其基本思想是：用若干个字节组成一张图，每个字节中的每一位对应存储空间中的一个物理块。若某位为1，则表示对应的物理块已分配；若某位为0，则表示对应的物理块未分配，处于空闲态。所以此图称为位示图。如图10.19所示，物理块依次编号为1，2，3，4，…，在位示图中的第一个字节对应第1，2，3，4，…，8号块，第二个字节对应第9，10，11，…，16号块，以此类推。从图10.19中可以看出，字节1显示物理块的3号块、4号块、8号块已分配，而1号块、2号块、5号块、6号块和7号块尚未分配。由于磁盘上的所有物理块都有一个二进制位与之对应，这样，由所有盘块所对应的位构成一个m×n个位数的二维表，并使m×n大于等于磁盘的总块数。如图10.19所示的位示图，每个字节只有8位。如果位示图的每个字占16位，那么每行能够表示16个物理块，如图10.20所示。如果位示图的每个字占32位，那么每行能够表示32个物理块。以此类推。

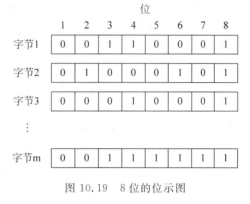

位

	1	2	3	4	5	6	7	8
字节1	0	0	1	1	0	0	0	1
字节2	0	1	0	0	0	1	0	1
字节3	0	0	0	1	0	0	0	1
⋮								
字节m	0	0	1	1	1	1	1	1

图10.19　8位的位示图

位

	1	2	3	4	5	6	7	8	9	10	11	12	13	14	15	16
字1	0	0	1	1	0	0	0	1	0	1	0	0	0	1	0	1
字2	0	0	0	1	0	0	0	1	0	0	1	0	0	0	1	0
⋮																
字m																

图10.20　16位的位示图

假定位示图的每个字有16位，磁盘的块大小为1KB，那么对于400MB的磁盘需要400K个位(400MB÷1KB=400K)来映射，即需要(400×1024)÷16=25 600个字来构成位示图，由于磁盘的一个块大小为1KB，也就是25 600÷1024=25个物理块来构成一个位示图。

根据位示图进行盘块分配时，可分3步进行：

(1) 顺序扫描位示图，从中找出一个或一组值为0的二进制位(0表示空闲态)。

(2) 将所找到的一个或一组二进制位转换成与之相应的盘块号。假定找到的值为0的二进制位位于位示图的第i行、第j列，则其相应的盘块号b应按下面的公式计算：

$$b = n(i-1) + j$$

式中，n代表每行的位数。

(3) 修改位示图，令第i行、第j列的值为1。

盘块的回收分两步：

(1) 将回收盘块的盘块号转换成位示图中的行号和列号。转换可以按照下面的公式进行：

$$i = (b-1)\text{DIV } n + 1$$

$$j = (b-1)\text{MOD } n + 1$$

(2) 修改位示图，令第i行、第j列的值为0。

【例10-1】 某系统采用位示图法管理磁盘空闲块，设磁盘有18 000个空闲盘块，位示

图的每个字有 32 位,并且物理块号、字号、位号均从 1 开始。试问:

(1) 位示图需用多少字构成?

(2) 计算位示图第 8 个字第 20 位对应的物理块号。

(3) 求物理块号 86 对应的字和位。

扫描二维码,
观看视频

解答:根据计算公式:

(1) 构成位示图所需的字为 int(18 000/32)+1=563 个字

(2) 物理块号 b=n(i−1)+j=32×(8−1)+20=224+20=244

(3) 对应的行号 i=(b−1) DIV n+1=85 DIV 32 +1=3

对应的列号 j=(b−1) MOD n+1=85 MOD 32 +1=21+1=22

所以物理块号 86 对应第 3 个字第 22 位。

位示图的大小由磁盘空间的大小(物理块总数)决定,而且仅用位示图的一位代表一个物理块,所以有可能用较小的位示图就把整个磁盘空间的分配情况反映出来。故通常把位示图保存在内存中。分配物理块时,只要把找到的空闲块所对应的位由 0 改为 1;而在释放时,把位示图中被释放的物理块相对应的位由 1 改为 0 即可。分配和释放都可以在内存中的位示图上完成,速度较快,这一优点是它能被广泛采用的原因。其缺点是,尽管位示图较小,但还要占用存储空间。

综上所述,空闲表法、空闲链表法、位示图 3 种方法都可以用来管理存储器的自由空间。然而,它们又各有不足之处。例如,为了迅速完成空闲块的分配,使用位示图的效果最好,因为它可以存放在内存中。但分配时需要顺序扫描空闲区(标志为 0 的空闲块),而且物理块号并未在图中直接反映出来,需要进一步计算。空闲表法是一张连续表,它要占用较大的外存空间。采用空闲链表法,每次分配和释放物理块时要完成对链的操作,工作量也是比较大的。

10.5.4 成组链接法

在 UNIX 系统中采用成组链接法对磁盘空间进行管理。通常在每个卷(也叫分区、逻辑磁盘)上可以存放一个具有独立目录结构的文件系统。一个卷包含许多物理块。其中,0 号块为引导块,用于引导操作系统,1 号块为资源管理块,也称超级块,用于存放卷的资源管理信息。

在资源管理块中用于一般数据块管理的项主要有以下两个。

• s-nfree:当前在此登记的空闲盘块数,假设为 50。

• S. free[ ]:当前在此登记的空闲盘块号。

1. 空闲盘块的分组

首先把外存的所有空闲块按固定数量(一般为 50 块)划分为若干组。组的划分方法是从后往前顺序划分,每组 50 块。每组的第一块用来存放前一组中各块的块号和块数。由于第一组前面没有其他组存在,所以第一组的块数为 49。最后一组可能不足 50 块,而且由于该组后面再也没有其他组,所以该组的物理块号和块数只能存放在资源管理块(1 号块)中。系统在启动时把资源管理块复制到内存,从而使得空闲块的分配和释放可在内存中进行,如图 10.21 所示。

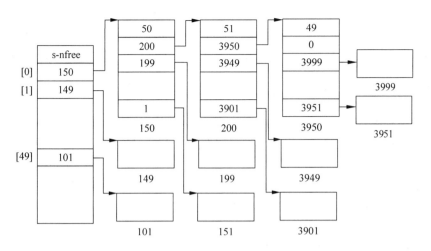

图 10.21　UNIX 系统中空闲块成组链接法

空闲盘块号栈用来存放当前可用的一组空闲盘块的盘块号(最多含 100 个号),以及栈中尚有的空闲盘块号数 N。例如,图 10.21 中 s-nfree:50 就表示存放了 50 个空闲盘块号,左部为空闲盘块号栈的结构。其中,S.free[0]是栈底,栈满时的栈顶为 S.free[49]。

文件区中的所有空闲盘块被分成若干个组,例如,将每 50 个盘块作为一组。假定盘上共有 4000 个盘块,每块大小为 1KB,其中第 101～3999 号盘块用于存放文件,即作为文件区,这样,该区的第一组盘块号为 101～150,第二组的盘块号为 151～200,以此类推,最末一组盘块号应为 3951～3999,如图 10.21 右部所示。

将第一组的盘块总数和所有的盘块号记入超级块中,作为当前可供分配的空闲盘块号。将每一组含有的盘块总数 N 和该组所有的盘块号记入其前一组的第一个盘块的 S.free[0]～S.free[49]中。这样,由各组的第一个盘块可链成一条链。

注意,由于使用了 1 号块作为超级块,因此最末一组只有 49 个盘块,其盘块号分别记入其前一组的 S.free[1]～S.free[49]中,而在 S.free[0]中则存放 0,作为空闲盘块链的结束标志。

2. 空闲块的分配与释放

当申请者提出空闲块请求时,磁盘块的分配程序从栈顶弹出一空闲盘块号,将其对应的盘块分配给申请者。然后栈顶指针下移一格,总块数减 1。若该块处于栈底,则将该块中存放的下一组的各块号及块数读入内存,然后才将该盘块分配给申请者,并重置栈顶指针。

在系统释放盘块时,栈顶指针加 1,把释放的块号压入栈顶位置,空闲块数加 1。如果栈顶指针等于 50,表示该组已满,需把当前栈中的 50 个块号及块数 50 写入新释放的空闲块中,使栈顶指针置 0,然后将新释放的空闲块号压入堆栈,栈顶指针加 1,空闲块数置 1。

10.6　文件的共享

在现代计算机系统中,都存放了大量的文件。其中有些文件可供许多用户共享,如编辑程序、常用的例程和函数。此外,还经常出现这种情况,即有若干人在共同为一个项目工作,有关该项目的所有文件应能供这一组人员共同使用。为此,在现代计算机系统中,必须提供文件共享功能,即系统应允许多个用户访问同一个文件。这样,在系统中只需保存该共享文件的一个副本。如果系统不能提供共享功能,则凡是使用该文件的用户均需备有此文件的副本,这样势必造成存储空间的极大浪费。本节将介绍目前常用的两种文件共享方法。

10.6.1　目录结构中的共享

在目录结构中,可以采用同名或异名的方式来实现文件的共享。所谓同名共享,是指各个用户使用同一文件名(包括其路径名)来访问某一文件。所谓异名共享,是指各个用户使用各自不同的文件名来访问某个文件。异名共享所采用的方法称为文件的勾连。在树形结构的目录中,当有两个或多个用户要共享一个子目录或文件时,必须将共享的文件或子目录链接到两个或多个用户的目录中,此时文件系统的目录结构已不再是树形结构,而是一个有向的非循环图,如图 10.22 所示,例如图中的目录(或文件)Wang 既可以通过路径 user/user1/Wang 进行访问,也可以通过路径 user/user2/Wang 进行访问。

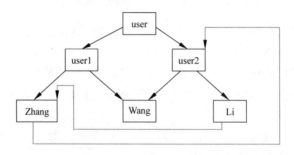

图 10.22　目录结构中的文件共享

勾连有两种形式:一种是允许目录项链接到目录树中的任一结点上;另一种则只允许目录项链接到数据文件的叶子结点上。前一种形式既可以链接到目录树中的叶子结点,也可以链接到子目录结点。如果链接到子目录结点,则表示可以共享该目录及其后继目录所包含的所有文件。这种勾连方式功能很强,其不足之处是允许共享的范围过宽,不易控制和管理,使用不当会造成循环勾连。例如,图 10.22 中的 user/user2/Li 勾连到/user/user1/Zhang 上,而/user/user1/Zhang 又勾连到/user/user2 上,这样就形成了循环勾连,造成了目录结构的混乱。后一种方式虽不如前一种方式功能强,但同样可以达到共享的目的,且实现简单。

实现勾连的方法有基于索引结点的共享和基于符号链的共享两种。

1. 基于索引结点的共享方法

UNIX 系统中,文件的目录结构由两部分构成,即目录项和索引结点(也称 i 结点)。其中,目录项由文件名和索引结点号组成;索引结点中包含文件属性,文件共享目录数、与时间有关的文件管理参数以及文件存放的物理地址的索引区等。

在创建文件时,系统在目录项中填入其文件名和分配的相应的索引结点号。当某用户希望共享该文件时,则在某目录的一个目录项中填入该文件的别名,而索引结点仍然填写创建时的索引结点号。这时,两个具有不同文件名的文件指向同一个索引结点,共享该文件的用户对文件的操作都将引起对同一索引结点的访问,从而提供了多用户对该文件的共享。在索引结点中包含一个链接计数,用于表示链接到该索引结点上目录项的个数。每当有一个用户要共享该文件时,索引结点中的链接计数则加 1,当用户使用自己的文件名删除该文件时,链接计数便减 1。只要链接计数不为 0,则该文件一直存在。仅当链接计数为 0 时,该文件才真正被删除。这种基于索引结点的共享方法也称硬连接。

2. 基于符号链的共享方法

为共享一个文件,由系统创建一个 Link 类型的新文件,将新文件写入用户目录中,以实现目录与文件的链接。在新文件中只包含被链接文件的路径名,这样的链接方法称为符号链接。新文件的路径名只是被看成一个符号链。在利用符号链接方法实现文件共享时,只有文件的主人才拥有指向其索引结点的指针(索引结点号),而共享该文件的其他用户只有该文件的路径名,没有指向索引结点的指针。

符号链实际上是一个文件,尽管该文件非常简单,却仍然要为它分配一个索引结点,也要占用一定的磁盘空间。这种方法的优点是能够通过计算机网络,链接世界上任何地方的计算机中的文件,只需知道该文件所在机器的网络地址以及该机器中的文件路径即可。

10.6.2　打开文件结构中的共享

文件在目录结构中的共享是一种静态的共享。当多个用户同时打开某一文件对其进行访问时,将在内存中建立打开文件结构,这时的共享称为打开文件结构的共享,这是一种动态的共享。文件系统中的打开文件结构由 3 部分组成,即进程打开文件表、系统打开文件表和内存结点 inode,如图 10.23 所示。

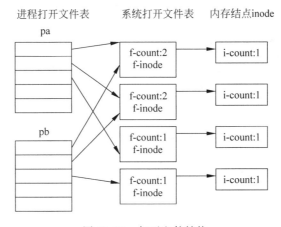

图 10.23　打开文件结构

(1) 进程打开文件表。每个进程都有一个进程打开文件表,其中每一项是一个指针,指向系统打开文件表。

(2) 系统打开文件表。也叫打开文件控制块。一个进程每打开一个文件都有一个系统打开文件表,其中包含:

f-count——指向该系统打开文件表的进程数。

f-inode——指向一个打开文件的内存 inode。

(3) 内存结点 inode,主要包括:

i-addr——文件在盘上的位置信息。

i-count——与此内存 inode 相连系统打开文件表的个数。

1. 子进程打开文件的共享

父进程创建子进程时,除状态、标识以及与时间有关的少数控制项外,基本上是复制父进程的所有信息。子进程被创建后将拥有自己的进程打开文件表,其中的内容是复制父进程的。这时对于父进程打开的所有文件,子进程都可以使用,也就是说,子进程与父进程共享父进程所打开的文件。在此以后,父、子进程可以并发运行。它们还可以各自独立地打开文件,但这些文件不能共享。

图 10.23 中进程 pb 是进程 pa 的子进程,它保留了两个从进程 pa 继承过来的打开文件,又自行打开了一个文件。进程 pa 还有一个自己打开的文件。

2. 同名或异名打开文件的共享

上述文件共享的方式仅限于父、子进程之间。更一般的方法是不同进程通过同名或异名方式打开同一文件实现共享。这时,各进程使用各自的进程打开文件表和系统打开文件表,但这些系统打开文件表指向同一内存索引结点,从而达到文件共享的目的。图 10.23 中进程 pa 和进程 pb 打开了同一文件,实现了文件的共享。

当文件被首次打开时,系统将在打开该文件的进程打开文件表中分配一个表项、一个系统打开文件表和一个内存索引结点,同时把外存索引结点中的一些内容复制到内存索引结点中并建立起打开文件结构。当其他进程使用同名或异名再次打开该文件时,发现其索引结点已在内存中,这时系统在该进程的进程打开文件表中分配一个表项,同时也分配一个系统打开文件表,但不再分配内存索引结点,而是与另一进程共享。在这种共享方式中,共享文件的各个进程拥有各自的文件读、写指针,可以独立地对文件进行操作。

10.6.3　管道文件

采用管道(Pipe)进行通信就像在两个进程之间架设了一条管道,通信一方能够将消息源源不断地写入管道,通信的另一方不断地从管道中读出消息。它能够实现大量消息的通信。

1. 管道的构成

管道是一种特殊的文件,确切地说,它是一个特殊的打开文件。管道由以下部分组成:

(1) 外存索引结点。

(2) 相应的内存索引结点。

(3) 两个系统打开文件表。

管道文件的结构如图 10.24 所示。

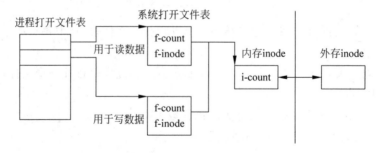

图 10.24　管道文件的结构

图中进程打开文件表中的两个表项各自指向一个系统打开文件表,两个系统打开文件表都指向同一内存索引结点,其中一个用于向管道写数据,另一个用于从管道读数据。

2. 进程使用管道的一般形式

进程创建一个管道文件后,通常接着创建一个或几个子进程。子进程把父进程的打开文件全部继承下来,于是由父进程创建的管道文件就为父、子进程所共享。

当父、子进程通过管道进行通信时,该管道文件最好由两个进程专用,而且一个进程只向管道中写数据,另一个只从管道中读数据,所以它们应该分别关闭管道文件的接收端和发送端。这时对于管道文件的理解可以用图 10.25 来形象地描述。

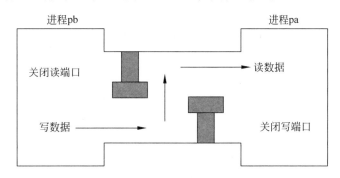

图 10.25　进程使用管道通信的示意图

在文件系统中,管道文件的结构如图 10.26 所示。需注意图中进程 pa 只从管道中读数据,进程 pb 只向管道中写数据。用户进程简单而且易于管理。

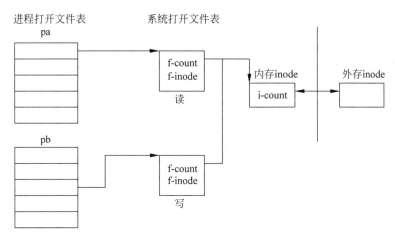

图 10.26　两个进程使用一个通信管道

管道文件实际上是一个临时文件,它以磁盘为中介实现进程间的通信,与内存相比,其通信速度较慢。此外,它只适用于父、子进程之间的通信。

3. 管道文件的读写

与一般文件相比,管道文件的使用要解决两个特殊问题,即管道文件读/写的同步和互斥。

1) 管道文件读/写的同步

作为一种通信方式,写入管道中的数据被读出后就没有存在的价值了。为了避免占用过多的存储资源,系统对管道文件的大小做了限制,通常取 1KB、2KB 或 4KB。那么,如何实现任意长度信息的传递呢?方法是:进程向管道中写入数据时,若写入的数据大于规定的长度,就要使写进程挂起,等到数据被读进程取走后再唤醒写进程;在读进程从管道中读数据时,当管道中的数据被读完,读进程也要被挂起,等写进程再次向管道中写数据后唤醒读进程。上述的同步过程类似于第 4 章介绍过的进程同步问题,此处不再赘述。

2) 管道文件读/写的互斥

为了防止几个进程同时对管道文件进行读/写,在对管道文件实施读/写时要先对其加锁,如果发现该管道文件已被加锁,则要等待其他进程解锁后才可操作。

10.7 文件系统的安全性

文件的共享和文件的保护是一个问题的两个方面。所谓文件共享,是指某一个或某一些文件由事先规定好的一些用户共同使用。文件的共享体现了系统内各用户之间以及用户和系统之间的协作关系。这无疑有助于系统资源的充分利用,而且每个用户也没有必要自己建立所有要用的文件。另一方面,由于文件的共享可能导致文件被破坏或某个用户的文件被盗,造成这种情况的原因是未经文件主人授权的擅自存取,以及某些用户的误操作,当然也包括文件主人本人的误操作。关于文件的共享,10.6 节已做过介绍。本节只介绍文件的存取控制和文件的保护,它是对文件共享的一种限制。在文件系统中应具有文件保护的功能,并建立文件保护机制。文件保护机制应具有下述功能:

(1) 防止未核准的用户存取文件。

(2) 防止一个用户冒充另一个用户存取文件。

(3) 防止同组用户(包括文件主人)误用文件。

文件保护机制通常由存取控制验证模块来充当。该模块的主要任务是:

(1) 审定用户的存取权限。

(2) 比较用户的存取权限和本次的存取要求。

(3) 比较本次存取要求和被访问文件的存取保护信息。

在实现具体的存取控制时,不同的系统采用了不同的方案。下面介绍几种常用的方法。

10.7.1 文件的存取控制

1. 存取控制矩阵

可利用一个矩阵来描述系统的存取控制,并把该矩阵称为存取控制矩阵。这是一个二维矩阵,可以用二维矩阵的行来列出所有的用户,用二维矩阵的列表示所有的文件。对应的矩阵元素则是用户对文件的存取权限,存取控制矩阵通过查访矩阵来确定某一用户对某一文件的可访问性。例如,假设计算机系统中有 n 个用户 $U_1, U_2, \cdots, U_n$;系统中有 m 个文件 $F_1, F_2, \cdots, F_m$,于是可以得到存取控制矩阵如下:

$$\mathbf{R} = \begin{bmatrix} R_{11} & R_{12} & \cdots & R_{1n} \\ R_{21} & R_{22} & \cdots & R_{2n} \\ \vdots & \vdots & & \vdots \\ R_{m1} & R_{m2} & \cdots & R_{mn} \end{bmatrix}$$

矩阵中元素 R_{ij} 就表示用户 U_i 对文件 F_j 的存取权限。存取权限可以是读（R）、写（W）、执行（E）以及它们的任意组合。表 10.3 是一个存取控制矩阵的例子。

表 10.3　存取控制矩阵

文件 ＼ 用户	Zhang	Wang	Li	…
File1	RE	RW	E	…
File2	REW	None	R	…
File3	RW	E	None	…
…	…	…	…	…

当用户向文件系统提出存取要求时，由存取控制验证模块根据该矩阵内容对本次存取要求进行比较，如果不匹配，则系统拒绝执行。

存取控制矩阵的方法虽然在概念上比较简单，但是，当文件和用户较多时，存取控制矩阵将变得非常庞大，这无论是在占用内存空间的大小上，还是在为使用文件而对矩阵进行扫描的时间开销上都是不合适的。因此，在实现时往往采取某些辅助措施以减少时间和空间的开销。

2. 存取控制表

对存取控制矩阵进行分析，可以发现某一文件只与少数几个用户有关，也就是说，这样的矩阵是一个稀疏矩阵，因而可以简化。我们可以把对某一文件有存取要求的用户按某种关系分成几种类型，文件主人、A 组、B 组和其他。同时规定每一类用户的存取权限，这样就得到了一个文件的存取控制表，如表 10.4 所示。

表 10.4　文件 file1 的存取控制表

用　户　组	file1	用　户　组	file1
文件主	REW	B 组	R
A 组	RE	其他	None

显然，每一个文件都应有一张存取控制表，实际上，该表的项数较少，可以把它放在文件目录项中。当文件被打开时，它的目录项被复制到内存，供存取控制验证模块检验存取要求的合法性。

3. 用户权限表

上面介绍的存取控制表是以文件为单位建立的，但也可以以用户或用户组为单位建立存取控制表，这样的表称为用户权限表。将一个用户（或用户组）所要存取的文件集中起来存入一张表中，其中每个表目指明用户（或用户组）对相应文件的存取权限，如表 10.5 所示。

表 10.5　用户权限表

文　　件	用户 Zhang	文　　件	用户 Zhang
File1	RE	File3	RW
File2	REW	…	

通常把所有用户的用户权限表存放在一个用特定存储保护键保护的存储区中,且只允许存取控制验证模块访问这些权限表,当用户对一个文件提出存取要求时,系统通过查访相应的权限表,就可判定其存取的合法性。

4. 口令

口令方式有两种。一种是当用户进入系统,为建立终端进程时获得系统使用权的口令。显然,如果用户输入的口令(password)与原来设置的口令不一致,那么该用户将被系统拒绝。另一种口令方式是,每个用户在创建文件时,为每一个创建的文件设置一个口令,且将其置于文件说明中。当任一用户想使用该文件时,都必须首先提供口令,只有当两者相符时才允许存取。显然,口令只有设置者自己知道,若允许其他用户使用自己的文件,口令设置者可将口令赋予其他用户。这样,既可以做到文件共享,又可做到保密。而且,由于口令较简单,占用的内存单元以及验证口令所费时间都将非常少。不过,相对来说,口令方式保密性能较差。口令一旦被别人掌握,就可以获得同文件主人一样的权利而没有任何等级差别。这就使得文件失窃的可能性大大增加。再者,当要修改某个用户的存取权限时,文件主人必须修改口令,这样,所有共享该文件的用户的存取权限都被取消,除非文件主人将新的口令通知他们。

口令还可以规定文件的保护方式,例如下述几种:

(1) 无条件地允许读,口令正确时允许写。

(2) 口令正确时允许读,也允许写。

(3) 口令正确时允许读,不管口令正确与否均不能写。

(4) 无条件地允许读,不管口令正确与否均不允许写。

设置口令保护文件后,系统在下述条件下进行口令核对,以实现对文件的保护:

(1) 打开文件时。

(2) 作业结束要删除文件时。

(3) 文件改名时。

(4) 系统要求删除该文件时。

采用口令方式实现对文件的存取控制,优点是对每个需要保护的文件只需提供少量的保护信息,口令的管理也比较简单且易于实现。但是,这种方法保密性不够强,而且更换口令时比较麻烦,要通知所有能访问该文件的用户。

5. 密码

密码方式是在用户创建源文件并将其写入存储设备时对文件进行编码加密,在读出文件时对其进行译码解密。显然,只有能够进行译码解密的用户才能读出被加密的文件信息,从而起到文件保密的作用。

文件的加密和解密都需要用户提供一个代码键(KEY)。加密程序根据这一代码键对用户文件进行编码变换,然后将其写入存储设备。在读取文件时,只有用户给定的代码键与加密时的代码键相一致时,解密程序才能对加密文件进行解密,将其还原为源文件。

加密方式具有保密性强的优点,与口令不同,进行编码解码的代码键没有存放在系统中,而是由用户自己掌握,因此其保密性较强。但是,由于编码解码工作要耗费大量的处理时间,因此,加密技术是以牺牲系统开销为代价的。

10.7.2 文件的转储和恢复

一个文件往往是用户在一段时间内辛勤工作的成果,也可能包含着无法再次获得的珍贵信息。因此,万一发生由于软、硬件故障而造成系统失效时,应当有相应的措施来保证被破坏的文件能进行有效的恢复。为此,系统应保存所有文件的双份副本,一旦被破坏后,就可以使用另一份。

形成文件备份的方法基本上有两种:一种是周期性的全量转储(massive dump),另一种是增量转储(incremental dump)。

周期性的全量转储,是指按固定的时间间隔,把文件系统存储空间中的全部文件都转存入某存储介质上,如磁盘或磁带上。系统失效时,使用这些备份的磁盘或磁带,将文件系统恢复到上次转储时的状态。周期性转储有如下缺点:

(1) 在转存期间,应停止对文件系统的其他操作,以免造成混乱。因此,全量转储影响系统对文件的操作,不应转存正在打开进行写操作的文件。

(2) 转存时间长。如果使用磁带,一次转存可能长达几十分钟,因而不能经常进行,一般每周一次。这样,从转存介质上恢复的文件系统可能与被破坏前那一时刻的文件系统差别较大。

增量转储是对部分文件的转存,如把用户从进入系统到退出系统期间所建立的或修改过的文件以及有关的控制信息转存到磁盘上。这段时间可能比较长,因而也可以每隔一定时间或到达一定阶段时将变化了的信息文件转存到存储介质上。增量转储的功能是,系统一旦遭到破坏,至少可以将文件系统恢复到数小时前的状态,从而使损失减少到最低。

在实际工作中,文件转储非常重要,不可忽视,否则会造成严重后果。在转储时,两种方法要配合使用,根据实际情况,确定全量转储的周期和增量转储的时间间隔。

一旦系统发生故障,文件系统的恢复过程大致如下:

(1) 从最近一次全量转储中装入全部系统文件,使系统得以重新启动,并在其控制下进行后续的恢复工作。

(2) 从近到远从增量转储盘上恢复文件。可能同一文件曾被转存过若干次,但只恢复最近一次转存的副本,其他则被略去。

(3) 从最近一次全量转储盘中,恢复没有恢复过的文件。

10.8 Linux 文件系统

Linux 操作系统最重要的特征之一是支持许多不同的文件系统,这使得它可以与其他操作系统很好地兼容。目前,Linux 主要支持的有第二扩充文件系统(ext2)、MS-DOS 文件系统、Windows 文件系统(FAT 系列、NTFS)、IBM JFS 文件系统等。每一种文件系统都有自己的组织结构和文件操作函数,它们之间的差异很大。在 Linux 环境中,这些不同类型的文件系统的数据可以方便地进行交换。Linux 系统可以将不同的文件系统构建成一个单一的树状层次结构的文件系统。当安装(mount)某个文件系统时,Linux 将它挂接到统一的文件系统树形结构的某个结点(即目录)下,文件系统的所有文件和目录就是该目录下的文件或子目录。这个目录叫做安装目录或者安装点。在 Linux 中可以使用 mount、umount 命令随时安装或拆卸文件系统。

Linux 包含一个通用的文件处理机制,该机制利用虚拟文件系统(Virtual File System, VFS)来支持大量的文件管理系统和文件结构。Linux 将已安装的所有文件系统集成到一个统一的虚拟文件系统 VFS 中,用户和进程不用过问某个文件位于哪种文件系统中,只需按名访问。

虚拟文件系统(VFS)将各种不同文件系统的内部实现隐藏起来,无论内核或用户进程对文件进行何种操作,各种不同的文件系统都使用一样的接口。当一个进程进行一个面向文件的系统调用时,内核将调用 VFS 中相应的函数,这个函数处理一些与物理结构无关的操作,并把它转换为实际文件系统中的相应函数调用,由函数调用处理那些与物理结构相关的操作。因此在 VFS 中,对于任意一个文件系统,都需要从实际文件系统到虚拟文件系统的映射和转换。

图 10.27 展示了 Linux 文件系统策略的关键组成部分。用户进程通过使用系统调用接口,如 open()、read()、write()、lseek()等来开始文件系统调用。VFS 将该系统调用转换为内部的一个特定文件系统的映射函数。在很多情况下,映射函数只是从一个文件系统功能调用到另一个文件系统功能调用的映射。但是有时候,映射函数会比较复杂。无论如何,最终用户进程的系统调用必须转换成目标文件系统的调用。此时,具体的文件系统中的相应函数与具体的物理结构相关。设备驱动程序将传递的数据保存在高速缓存(buffer cache)中。该操作的结果以类似的方式返回给用户。

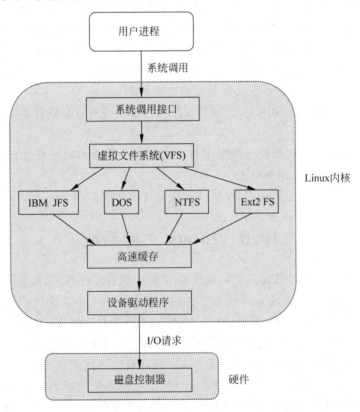

图 10.27　Linux 虚拟文件系统的工作方式

VFS 在 Linux 内核中所扮演的作用如图 10.28 所示。当进程开始一个面向文件的系统调用时,内核调用 VFS 中的一个函数。该函数处理完与具体文件系统无关的处理后,调用目标文件系统中的相应函数。这个调用通过一个映射函数来实现,映射函数转换 VFS 的调用到目标文件系统调用。映射函数的实现是文件系统在 Linux 上进行的。目标文件系统转换到请求设备的指令。

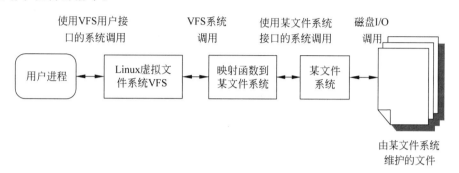

图 10.28　Linux 虚拟文件系统的作用

VFS 与任何具体的文件系统都无关,它是一个面向对象的设计。由于 VFS 不是用面向对象的编程语言(如 C++ 和 Java)来开发的,而是使用 C 语言来实现,因此 VFS 的对象用 C 语言中的结构体来描述。每一个对象都是一个结构体类型,包含数据和函数指针。这些函数指针指向具体文件系统中的实现函数。VFS 中主要有以下 4 个对象。

(1) 超级块对象(superblock object):表示一个特定的已挂接的文件系统。

(2) 索引结点对象(inode object):表示一个特定的文件。

(3) 目录项对象(dentry object):表示一个特定的目录项。

(4) 文件对象(file object):表示一个与进程相关的打开的文件对象。

Linux 中的概念与 UNIX 一致。一个文件系统是树状目录结构,从根结点开始的路径由一系列目录项组成,最终到达文件。一个目录就是一个文件夹,可以包含文件和子目录。因此,文件操作能同时应用于文件或目录。

需要注意的是,VFS 并不是存在于任何存储设备中的一种实际文件系统,它只存在于内存中。VFS 在系统启动时建立,在系统关闭时消亡,所以被称为虚拟文件系统。

10.9　Windows NTFS

NTFS(New Technology File System)是一个专门为 Windows NT 开发的、全新的文件系统,并适用于 Windows 2000/XP/2003。NTFS 可以满足工作站和服务器中的高级要求,并增加了一些新的处理功能,包括网络文件系统、磁盘配额管理、文件安全加密管理等。

10.9.1　NTFS 的重要特征

NTFS 具有许多新的特征:

(1) 大磁盘和大文件。它使用了 64 位磁盘地址,理论上可以支持 2^{64}B 的磁盘分区,能够有效地支持非常大的磁盘和非常大的文件。

(2) 在 NTFS 中可以很好地支持长文件名。单个文件名限制在 255 个字符以内,全路径名为 32 767 个字符。

(3) 具有系统容错功能,即在系统出现故障或差错时,仍能保证系统正常运行。NTFS 具备从系统崩溃和磁盘故障中恢复数据的能力。当发生这类故障时,NTFS 能够重建文件卷,并使它们返回到一致的状态。

(4) 提供了数据的一致性,这是一个非常有用的功能。

此外,NTFS 还提供了文件加密、文件压缩等功能。

10.9.2　NTFS 的磁盘组织

NTFS 中延续了磁盘管理的基本概念,同 FAT 文件系统一样,NTFS 也是以簇作为磁盘空间分配和回收的基本单位。一个文件占用若干个簇,一个簇只属于一个文件。分配给一个文件的簇不一定是连续的,即允许一个文件在磁盘上被分成几段。例如,每个扇区为 512B,系统为每个簇配置两个扇区,那么一簇大小为 1KB。假设一个用户创建了一个 1500B 的文件,则需要给该文件分配两个簇。如果用户后来把文件修改成 3200B,那么需再分配另外两个簇给该文件。

通过簇来间接管理磁盘,可以不需要知道盘块(扇区)的大小,使 NTFS 具有了与磁盘物理扇区大小无关的独立性,很容易支持扇区大小不是 512B 的非标准磁盘,从而可以根据不同的磁盘选择匹配的簇大小。并且能够通过使用比较大的簇,有效地支持非常大的磁盘和非常大的文件。表 10.6 给出了 NTFS 默认的簇大小。默认值取决于卷的大小。当用户要求对某个卷进行格式化时,用于该卷的簇大小是由 NTFS 确定的。

表 10.6　Windows NTFS 分区和簇大小

卷 大 小	每簇的扇区数	簇 大 小
≤512MB	1	512B
512MB～1GB	2	1KB
1～2GB	4	2KB
2～4GB	8	4KB
4～8GB	16	8KB
8～16GB	32	16KB
16～32GB	64	32KB
>32GB	128	64KB

10.9.3　NTFS 的文件组织

NTFS 卷中的每个元素都是一个文件,如图 10.29 所示是一个 NTFS 卷的布局,由 4 个区域组成。在任何卷中,开始的一些扇区称为分区引导扇区,虽然称之为扇区,但是它可能有 16 个扇区那么长。分区引导扇区包含卷的布局信息、文件系统的结构以及引导启动信息。

| 分区引导扇区 | 主文件表 | 系统文件 | 文件区域 |

图 10.29　NTFS 卷布局

接下来是主文件表(Master File Table,MFT)。主文件表中包括在这个 NTFS 卷中所有文件和目录的信息,以及可用的未分配空间信息。MFT 是 NTFS 卷的核心,被组织成一张每行长度可变的表,卷中的每个文件作为一条记录,在 MFT 表中占有一行,MFT 自身也占用一行。MFT 也被看作是一个文件。

如果文件的内容足够小,则整个文件位于 MFT 的一行中;否则,这一行包含文件的部分信息,其余溢出部分放到这个卷中的其他可用簇中,指向这些簇的指针保存在 MFT 中对应该文件的行中。由于文件在实际存储过程中,数据往往连续存放在若干个相邻的簇中,仅用一个指针记录这几个相邻的簇即可,而不是每簇需要一个指针,因此可以节省指针占用的空间。采用这种方式,只需十几个字节就可以含有 FAT32 所需几百个千字节才拥有的信息量。

MFT 后面的区域为系统文件(system file),其长度大约为 1MB。这个区域中的文件有日志文件、关于卷中簇的使用情况以及属性定义表等。

10.9.4　NTFS 的可恢复性

NTFS 可以在系统崩溃和磁盘发生故障后,把文件系统恢复到一致的状态。Windows NTFS 组件如图 10.30 所示。其中,支持可恢复性的重要组件有以下方面。

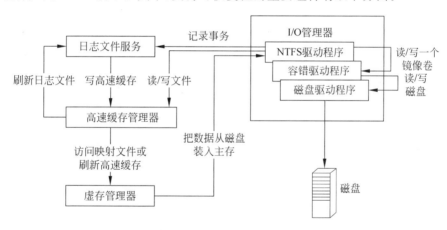

图 10.30　Windows NTFS 组件示意图

(1) I/O 管理器:包括 NTFS 驱动程序,用于处理 NTFS 中基本的打开、关闭、读、写功能。

(2) 日志文件服务:维护一个关于磁盘写的日志。这个日志文件用于在系统失败时恢复一个 NTFS 格式的卷。

(3) 高速缓存管理器:负责对文件的读/写进行高速缓存,以提高性能。

(4) 虚存管理器:NTFS 通过把对文件的引用映射到虚存引用以及读写虚存,来访问被缓存的文件。

注意,NTFS 的恢复过程是为恢复文件系统的数据而设计的,不是用于恢复文件中的内容。也就是说,用户永远不会因为系统崩溃而丢失应用程序的卷或目录结构,但是文件系统并不保证用户数据不会丢失。要提供完全的恢复能力,包括恢复用户的数据,则需要更精细、更复杂的恢复机制。

NTFS 的可恢复性实质上与"数据库原理"这门课程中所讲到的事务和日志文件有关。在 NTFS 中,每个改变文件系统的操作都被当作一个事务(transaction)来处理。改变重要的文件系统数据结构的事务的每个子操作在被记录到磁盘卷中之前,首先记录在日志文件中。使用这个日志,一个在系统崩溃时完成了一部分的事务可以在系统恢复后重做(redo)或者撤销(undo)。

一般来说,为确定可恢复性,需要以下 4 个步骤:

(1) NTFS 首先调用日志文件系统,在高速缓存内的日志文件中记录任何会修改卷结构的事务。

(2) NTFS 修改这个卷。

(3) 高速缓存管理器调用日志文件系统,提示它刷新磁盘中的日志文件。

(4) 如果日志文件在磁盘上的更新是安全的,则高速缓存管理器把该卷的变化刷新到磁盘中。

如上所述,NTFS 具有相当多的优点,但是它也有不足之处:只能被 Windows NT 所识别。NTFS 文件系统可以存取 FAT 文件系统的文件,但是 NTFS 文件却不能被 FAT 等文件系统所存取,缺乏兼容性。Windows 95/98/98SE 和 Windows Me 版本都不能识别 NTFS 文件系统。

本 章 小 结

文件管理是操作系统五大功能中非常重要的一块,本章主要介绍了文件和文件系统的基本概念。文件系统是一组系统软件,为使用文件的用户和应用程序提供服务,包括文件访问、目录维护和访问控制等。

本章重点介绍了文件的逻辑结构,如果一个文件主要是作为一个整体处理,那么顺序文件是最简单的、最适合的;如果需要对单个文件进行顺序访问,同时也有随机访问,则索引顺序文件可以有最佳的性能;如果对文件的访问主要是随机访问,那么索引文件或者哈希文件可能是比较适合的。

不论选择哪种文件组织,文件在存储器上的物理结构都与所采用的外存分配方式有关。外存分配方式主要有连续分配、链接分配和索引分配。本章以 FAT 表为例,介绍了如何实现链接分配。

文件系统都需要提供目录服务,使得文件可以按所在层次方式组织,便于实现按名存取和访问。目录服务有助于用户了解文件,也有助于文件系统给用户提供访问控制和其他服务。

文件管理的一个重要功能是管理磁盘空间。本章重点介绍了空闲表法、空闲链表法、位示图法和成组链接法。要实现文件的共享,主要有基于索引结点的共享方式和基于符号链的共享方式。

Linux 文件系统和 Windows NTFS 文件系统是目前比较重要的两种文件系统。读者可以在学习和实践的过程中,加深对文件系统的了解。

习　题

1. 单项选择题

(1) 文件系统中,文件访问控制信息存储的合理位置是(　　)。

    A. 文件控制块　　　　B. 文件分配表　　　C. 用户口令表　　　D. 系统注册表

(2) 文件的逻辑记录的大小是(　　)。

    A. 不相同的　　　　　　　　　　　　　B. 相同的

    C. 恒定的　　　　　　　　　　　　　　D. 可相同也可不相同

(3) 下列关于管道通信的叙述中,(　　)是正确的。

    A. 一个管道可实现双向数据传输

    B. 管道的容量仅受磁盘容量大小限制

    C. 进程对管道进行读操作和写操作都可能被阻塞

    D. 一个管道只能有一个读进程或一个写进程对其操作

(4) 同一个文件存储在不同的存储介质上,其组织形式(　　)。

    A. 必定不同　　　　B. 可以不同　　　　C. 必定相同　　　D. 应该不同

(5) 下列文件物理结构中,适合随机访问且易于文件扩展的是(　　)。

    A. 连续结构　　　　　　　　　　　　　B. 索引结构

    C. 链式结构且磁盘块定长　　　　　　　D. 链式结构且磁盘块变长

(6) 为支持 CD-ROM 中视频文件的快速随机播放,播放性能最好的文件数据块组织方式是(　　)。

    A. 连续结构　　　　　　　　　　　　　B. 链式结构

    C. 直接索引结构　　　　　　　　　　　D. 多级索引结构

(7) 在 MS-DOS 中,文件在磁盘上的存储结构是(　　)。

    A. 连续结构　　　　B. 链接结构　　　　C. 索引结构　　　D. 流式结构

(8) 用户在删除某文件的过程中,操作系统不可能执行的操作是(　　)。

    A. 删除此文件所在的目录　　　　　　　B. 删除与此文件关联的目录项

    C. 删除与此文件对应的文件控制块　　　D. 释放与此文件关联的内存缓冲区

(9) 设置当前工作目录的主要目的是(　　)。

    A. 节省外存空间　　　　　　　　　　　B. 节省内存空间

    C. 加快文件的读/写速度　　　　　　　D. 加快文件的检索速度

(10) 文件系统实现按名存取主要是靠(　　)来实现的。

    A. 查找作业表　　　B. 查找文件目录　　C. 地址转换机构　　D. 查找位示图

(11) 文件系统中用(　　)管理文件。

    A. 指针　　　　　　B. 目录　　　　　　C. 页表　　　　　D. 堆栈结构

(12) 在下列选项中,不能改善磁盘设备 I/O 性能的是(　　)。

    A. 重排 I/O 请求次序　　　　　　　　B. 优化文件物理块的分布

    C. 预读和滞后写　　　　　　　　　　D. 在一个磁盘上设置多个分区

(13) 下面( )不是实现文件存取控制的方法。

    A. 安全登录   B. 用户权限表

    C. 存取控制矩阵   D. 存取控制表

(14) NTFS 是( )操作系统使用的文件系统。

    A. Windows NT/2000   B. Windows 98

    C. UNIX   D. Linux

(15) ( )操作系统不能访问 FAT 文件系统。

    A. Windows NT/2000   B. Windows 98

    C. Macintosh   D. Linux

2. 填空题

(1) 由用户确定的文件结构称为文件的逻辑结构,逻辑文件从结构上分为( )和( )两种。

(2) 从用户观点出发观察到的文件组织结构称为文件的( ),而文件在外存上的存储组织形式称为文件的( )。

(3) 文件的外存分配方式有连续分配、( )和( )。

(4) ( )的有序集合称为文件目录。

(5) 如果每个盘块的大小为 4KB,每个盘块号占 4B,则一个盘块可有( )个索引表项,一级索引可以管理的最大文件为( ),二级索引可以管理的最大文件为( )。

(6) 从用户的角度看,文件系统的功能是要实现( )为了达到这一目的,一般要建立( )。

(7) 为了实现按名存取,系统为每个文件设置用于描述和控制文件的数据结构,它至少要包括( )和存放文件的( ),这个数据结构称为( )。

(8) 用( )指示磁盘空间使用情况时,其中的每一位与一个( )对应。

(9) 文件控制块的有序集合称为( ),一个文件控制块 FCB 就是一个( )。

(10) 目录查询技术有( )和( )两种。

3. 问答题

(1) 名词解释: 数据项、记录、文件和文件系统。

(2) 请按各种不同方法对文件进行分类。

(3) 文件系统应具备哪些功能?

(4) 文件的逻辑组织和物理组织各指什么?

(5) 文件的组织和存取中哈希文件有何优点? 有何局限性?

(6) 文件存储空间的管理有哪几种常用的方法? 试比较各种方法的优缺点。

(7) 文件目录的作用是什么? 一个目录项中应包括哪些信息?

(8) 目前广泛采用的目录结构形式是哪种? 它有什么优点?

(9) 设某系统的磁盘空间共有 5000 块,若用位示图管理磁盘空间,位示图的每个字有 32 位,并且物理块号、字号、位号均从 1 开始。

① 位示图需要多少个字构成?

② 计算位示图第 9 个字第 22 位对应的物理块号。

③ 求物理块号 106 对应的字和位。

（10）设文件索引结点中有 7 个地址项，其中 4 个地址项是直接地址索引，2 个地址项是一级间接地址索引，1 个地址项是二级间接地址索引，每个地址项的大小为 4B。若磁盘索引块和磁盘数据块大小均为 256B，则可表示的单个文件最大长度是多少？

（11）为什么要对文件进行保护？有哪些常用的方法？

（12）文件的转储有几种方法？文件恢复的过程是什么？

第11章　操作系统的安全性

随着计算机技术和信息技术的发展,人们在工作和生活中对计算机系统的依赖性越来越强。企事业单位的重要信息高度集中在计算机系统中,个人的重要信息(如网上银行等)也越来越多地存储在计算机系统中。因此,如何确保这些信息在存储和传输时的保密性、完整性,是计算机系统亟待解决的问题。

计算机网络给人们带来了极大的方便,扩大了人们资源共享的程度和通信范围,但计算机网络却是相对复杂和脆弱的,容易受到"黑客"的攻击,带来严重的损失。

上述问题的解决,责无旁贷地落到了操作系统身上。本章介绍操作系统的安全机制及数据安全管理等方面的内容。

11.1　操作系统安全性概述

计算机的安全性涉及的内容非常广泛,它既包括物理方面的,如计算机环境、设施、设备、载体和人员等;又包括逻辑方面的,特别是计算机软件系统的安全和保护,严防信息被窃取和破坏。影响计算机系统安全性的因素很多。首先,操作系统是一个共享资源系统,支持多用户同时共享计算机系统的资源,有资源共享就需要有资源保护,涉及各种安全性问题;其次,随着计算机网络的迅速发展,要对网络安全和数据信息进行保护,防止入侵者恶意破坏;再次,在应用系统中,数据库中的数据会被广泛应用,特别是在网络环境中的数据库,这就提出了信息系统-数据库的安全问题;最后,计算机安全中的一个特殊问题是计算机病毒,需要采取措施预防、发现、清除它。

上述计算机安全性问题大部分要求操作系统来保证,所以操作系统的安全性是计算机系统安全性的基础。按照 ISO 通过的"信息技术安全评价通用准则",关于操作系统、数据库这类系统的安全等级从低到高分为 7 个级别:

(1) D　最低安全性。

(2) C1　自主存取控制。

(3) C2　较完善的自主存取控制、审计。

(4) B1　强制存取控制。

(5) B2　良好的结构化设计、形式化安全模型。

(6) B3　全面的访问控制、可信恢复。

(7) A1　形式化认证。

目前,流行的几个操作系统的安全性级别分别为 Windows 和 Saloris,C2 级;OSF/1,B1 级;UNIX Ware 2.1,B2 级。

11.1.1 操作系统安全性的内容

系统安全性包括 3 个方面的内容,即物理安全、逻辑安全和安全管理。物理安全是指系统设备及相关设施受到物理保护,使之免遭破坏或丢失;安全管理包括各种安全管理的政策和机制;而逻辑安全则是指系统中信息资源的安全,它又包括以下 3 个方面。

(1) 数据机密性(data secrecy):指将机密的数据置于保密状态,仅允许被授权的用户访问计算机系统中的信息。

(2) 数据完整性(data integrity):指未经授权的用户不能擅自修改系统中所保存的信息,且能保持系统中数据的一致性。这里的修改包括建立和删除文件以及在文件中增加新内容和改变原有内容等。

(3) 系统可用性(system availability):指被授权用户的正常请求能及时、正确、安全地得到服务或响应。或者说,计算机中的资源可供被授权用户随时进行访问,系统不会拒绝服务。但是系统拒绝服务的情况在互联网中很容易出现,因为连续不断地向某个服务器发送请求可能会使该服务器瘫痪,以致系统无法提供服务,表现为拒绝服务。

计算机系统的资源分为硬件、软件、数据,以及通信线路与网络等几种。下面分别从几个方面对安全威胁加以叙述。

1. 硬件安全性

对计算机系统硬件(中央处理器、存储器、磁带、打印机、磁盘等)的威胁主要表现在可用性方面。硬件最容易受到攻击,也最不容易得到自动控制。威胁包括对设备的有意或无意的破坏及偷窃。个人计算机和工作站的急剧增加以及局域网的日益广泛应用增加了这方面的潜在损失,需要物理上和行政管理上的安全措施来处理这些威胁。

2. 软件安全性

软件(操作系统、实用程序、应用程序等)所面临的一个主要威胁是对可用性的威胁。软件,尤其是应用软件,非常容易被删除。软件也可能被修改或破坏,从而失效。较好的软件配置管理(如最新版本备份)可以获得高可用性。另一个更难处理的问题是对软件的修改导致程序仍能运行但其行为却发生了变化。计算机病毒和相关的威胁就属于这一类。最后一个问题是软件的保密性,尽管采取了许多措施,但对软件进行非法复制问题仍然未获解决。

3. 数据安全性

硬件与软件的安全性一般与计算机中心的专业人员有关,个别的与个人计算机用户有关。一个更普遍的问题是数据的安全性,它包括个人、小组以及企业所控制的文件和其他形式的数据。与数据有关的安全性涉及面广,包括可用性、机密性和完整性。对于可用性,主要是对数据文件有意或无意地窃取和破坏。机密性方面最受关注的是对数据文件或数据库的未授权访问,这一领域已成为计算机安全性研究的一个重要课题。另一个安全威胁涉及数据分析,通常在提供摘要和合计信息的统计数据库的使用中出现。合计信息的存在可能不会威胁到所涉及的个人信息的私密性,然而,随着对统计数据库的使用增加,个人信息被暴露的可能性就随之增加。

4. 通信线路和网络安全性

通信系统是用来传送数据的,与数据相关的可用性、机密性、完整性和真实性对网络安全同样重要,这里的威胁分为被动的和主动的。数据的请求和获得要先通过代理服务器,所以,恶意侵害很难损害内部网络系统,安全性高于过滤型产品;监测型防火墙能够对各层数据进行主动和实时监测,在对数据进行分析的基础上,有效地判断出各层的非法侵入,同时它还带有分布式探测器,不仅检测来自网络外部的攻击,还能防范来自内部的恶意破坏,具有安全性好及功能强的特点。

11.1.2 操作系统安全性的特性

系统安全问题涉及面较广,它不仅与系统中所用的软硬件的安全性能有关,而且也与构造系统时所采用的方法有关,这就导致了系统安全问题的性质更为复杂,主要表现为如下几点。

1. 多面性

在较大规模的系统中,通常都存在着多个风险点,在这些风险点处又都包括物理安全、逻辑安全以及安全管理 3 方面的内容,其中任一方面出现问题,都可能引起安全事故。

2. 动态性

由于信息技术的不断发展和攻击者的攻击手段层出不穷,使得系统的安全问题呈现出动态性。例如,在今天还是十分紧要的信息,到明天可能就失去了作用,而同时可能又产生了新的紧要信息。这种系统安全的动态性,导致人们无法找到一种能一劳永逸地解决安全问题的方案。

3. 层次性

系统安全问题是一个涉及诸多方面且相当复杂的问题,因此需要采用系统工程的方法来解决。如同大型软件工程一样,解决系统安全问题通常也采用层次化方法,将系统安全的功能按层次化方式加以组织,即首先将系统安全问题划分为若干个安全主题(功能)作为最高层;然后将其中一个安全主题划分成若干个子功能作为次高层;最低一层是一组最小可选择的安全功能,不可再分解。这样,利用多个层次的安全功能来覆盖系统安全的各个方面。

4. 适度性

当前几乎所有的企事业单位在实现系统安全工程时,都遵循了适度安全的准则,即根据实际需要,提供适度的安全目标加以实现。这是因为:一方面,由于系统安全的多面性和动态性,使得对安全问题的全面覆盖难以实现;另一方面,即使存在着实现的可能,其所需的资源和成本之高,也难以令人接受。这就是系统安全的适度性。

11.2 数据的安全管理与保护

在操作系统内部,可以采用文件的存取控制实现对数据的保护;而在网络环境中,对数据的保护主要是依赖数据加密技术;而要对数据的真伪进行鉴别或验证,又要使用到认证技术。本节简要介绍上述技术。

11.2.1 数据加密技术

1. 数据加密的基本概念

数据加密是采用一定的算法,对数据进行加密,使之成为无法识别的密文。攻击者在截获到数据后,无法了解数据的内容。而被授权者在获得数据后,可以进行解密,还原出明文,从而了解其内容。数据加密是在网络上传输数据时,对数据最有效的保护方法之一。

密码学可分为两个领域。

(1) 密码编码学(Cryptography):指按照某种加密算法,实现信息的保密性和可鉴别性的科学。

(2) 密码分析学(Cryptanalysis):指如何破解密码系统,或仿造信息使密码系统误以为真的科学。

2. 数据加密系统

数据加密系统如图 11.1 所示,由 4 个部分组成。

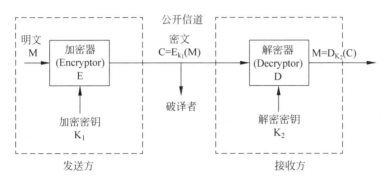

图 11.1 典型的密码系统

(1) 明文(plaintext):未经加密的原始消息。

(2) 密文(ciphertext):按照某种规则隐蔽后的消息。

(3) 加密/解密算法:实现从明文到密文(从密文到明文)转换的公式、规则或程序。

(4) 密钥:加密/解密算法中的关键参数。

一个密码系统由发送方、接收方和破译者三方组成。发送方首先将明文 M 利用加密器 E 及加密密钥 K_1 加密成密文 $C=E_{k_1}(M)$。接着将 C 利用公开信道(public channel)发送给接收方。接收方接收到密文 C 后,利用解密器 D 及解密密钥 K_2,将 C 解密成明文 $M=D_{k_2}(C)=D_{k_2}(E_{k_1}(M))$。在该密码系统中,假设有一破译者也在公开信道中,破译者并不知道解密密钥 K_2,但欲利用各种方法得知明文 M,或假冒发送方发送一条伪造信息让接收方误以为真。

3. 密码系统的功能

密码系统应具有如下功能。

(1) 秘密性(secrecy or privacy):防止非法的接收者发现明文。

(2) 鉴别性(authenticity):确定信息来源的合法性,亦即此信息是由发送方所发送,而非别人伪造。

(3) 完整性(integrity):确定信息没有被有意或无意地更改,或被部分取代、加入或删除等。

(4) 不可否认性(nonrepudiation):发送方在事后不可否认其发送过的信息。

4. 加密算法

下面简要介绍古典加密算法和现代加密算法的基本概念,有兴趣的读者可参阅相关密码学教程了解其详细内容。

1) 古典密码体制

(1) 简单代替密码：简单代替密码算法的典型代表是恺撒(Caesar)密码，即将明文的字符替换为密文中的另一种字符，接收者只要对密文做反向替换就可以恢复出明文。最为简单的方法是将当前字母后移 n 位进行加密而产生。简单密码算法的另一个实例是维吉尼亚(Vigenere)密码。维吉尼亚密码由字母表和密钥表组成，密钥表中是字母表中对应位置的移位数字。加密时，把明文表中的字母按密钥表中对应的移位数字后移形成密文；解密时把密文表中的字母按密钥表中对应的移位数字前移形成明文。

(2) 双重置换密码：双重置换密码的原理是先将明文写成规定大小的矩阵形式，然后根据设置好的规则进行行和列的置换，从而形成密文。对密文矩阵按密钥规则进行逆置换，便可对密文进行解密。

(3) 一次一密：一次一密密码又称 Vernam 密码，这种密码体制被证明是一种安全的密码体制。但是，由于在传递密钥的过程中存在安全隐患，因此在很多场合不很实用，但其所展示的思想对现代密码学却有着重要的意义。

一次一密的加密方法是把字母表中的每一个字母与一个 5 位的二进制数对应；然后给出一个和明文一样长的随机比特串作为密钥，把明文与密钥通过异或(XOR)操作得到密文比特串；最后将密文比特串转换成相应的字母即完成加密过程。

2) 现代密码体制

现代加密技术所采用的基本手段，仍然是移位法和置换法，分为对称加密算法和非对称加密算法两类。

(1) 对称加密算法。

对称加密算法采用美国的数据加密标准(Data Encryption Standard,DES)。

DES 是在 20 世纪 70 年代中期由美国 IBM 发展出来的，后被美国国家标准局公布为一种分组加密法。直到今日，尽管 DES 已发展了几十年，但在已知的公开文献中，还是无法完全、彻底地把 DES 破解掉。换句话说，DES 算法至今仍被认为是安全的。

DES 属于分组加密法，而分组加密法就是对一定大小的明文或密文进行加密或解密。在 DES 中，每次加密或解密的分组大小为 64 位。加密/解密时，将明文/密文中每 64 位切割成一个分组，再对每一个分组进行加密/解密即可。但对明文/密文做分组切割时，可能最后一个分组不足 64 位，此时要在分组之后附加 0，直到此分组的大小达到 64 位为止。

DES 所用的加密/解密密钥也是 64 位，但因其中有 8 位是用来做奇偶校验的，所以真正起密钥作用的只有 56 位。

DES 加密算法属于对称加密算法。加密和解密使用同一把密钥。DES 的保密性主要取决于对密钥的保密程度。如果通过计算机网络传输密钥，则必须先对密钥本身进行加密后再传送。

(2) 非对称加密算法。

在对称加密算法中，一个主要的问题是密钥。由于加密/解密使用同一把密钥，每个有权访问明文的人都必须具有该密钥。密钥的发布成了这些算法的一个弱点。因为如果有一个用户泄露了密钥，就等于泄露了所有的密文。

为了解决这个问题，Diffie 和 Hellmann 于 1976 年提出了非对称加密算法。这种加密算法有两个不同的密钥：一个用来加密,另一个用来解密。加密密钥可以是公开的,称为公钥,公钥不能用来解密；而解密密钥是保密的,称为私钥,私钥用来解密。非对称加密算法也称为公钥加密算法。

最常见的非对称加密算法之一是 RSA(以其发明者 Rivest、Shamir 和 Adleman 命名),RSA 已被 ISO 推荐为公钥数据加密标准。它是基于指数概念的。指数加密就是使用乘法来生成密钥,其过程是首先将明文字符转换成数字,即将明文字符的 ASCII 码的数值除以该整数值的 e 次幂,再对该值取模,即可计算出密文。

5．数字签名和数字证书

1) 数字签名

数字签名技术即进行身份认证的技术。在数字化文档上的数字签名类似于纸张上的手写签名,是不可伪造的。接收者能够验证文档确实来自签名者,并且签名后文档没有被修改过,从而保证信息的真实性和完整性。

数字签名的作用必须满足下述 4 个条件:
- 接收者能够核实发送者对报文的签名。
- 发送者事后不能抵赖对报文的签名。
- 接收者无法伪造对报文的签名。
- 如果当事人双方对于签名的真伪发生争执,能够在公正的仲裁者面前通过验证签名来确认其真伪。

实现数字签名的方法有多种,下面介绍常用的两种。

(1) 简单数字签名。

在这种数字签名方式中,发送者有一对密钥——私钥和公钥。发送者使用私钥对报文进行加密,形成密文,然后传送给接收者。接收者可使用发送者的公钥进行解密,形成明文。

对这种数字签名方式进行分析后得知:
- 接收者可以用发送者的公钥进行解密,因此证实了发送者对报文的签名。
- 只有发送者才能发送出用发送者私钥加密的密文,故不容发送者抵赖。
- 由于接收者没有发送者拥有的私钥,故接收者无法伪造对报文的签名。

这种数字签名方式可以实现对报文的签名,但由于接收者使用公钥进行解密,因此,不能达到保密的目的。

(2) 保密数字签名。

在这种数字签名方式中,发送者和接收者都拥有一对公钥和私钥,加密/解密过程描述如下:

① 发送者先用自己的私钥对明文进行加密,得到密文 1。

② 发送者再用接收者的公钥对密文 1 再次加密,得到密文 2,并把密文 2 传送给接收者。

③ 接收者收到后,先用自己的私钥对密文 2 进行解密,得到密文 3。

④ 接收者再用发送者的公钥对密文 3 进行解密,得到明文。

由上述过程可以看到,保密数字签名不仅满足了数字签名 4 个条件的前 3 条,而且具有保密性。

数字签名 4 个条件中的第 4 条,有赖于数字证书来实现。

2) 数字证书

假如当事人双方对于签名的真伪发生争执,如果没有一个公正的仲裁机构,那么上述数字签名是不具备法律效力的。因此,必须有一个大家都信得过的认证机构(Certification Authority,CA),由该机构为公开密钥发放一份公开密钥证明书,称为数字证书。

数字证书是能提供在 Internet 上进行身份验证的一种权威性电子文档,人们可以用它在互联网交往中来证明自己的身份和识别对方的身份。在国际电信联盟(International Telecommunication Union,ITU)制定的 X.509 标准中,规定了数字证书的内容应包括用户名称、发证机构名称、公开密钥、公开密钥的有效日期、证书的编号、发证者的签名等。

下面介绍数字证书的申请、发放和使用过程。

(1) 用户 A 在使用数字证书之前,应先向 CA 申请数字证书,用户 A 应提供身份证明和希望使用的公开密钥 Kea。

(2) CA 在收到用户 A 发来的申请报告后,便发给 A 一份数字证书,在证书中包括公开密钥 Kea 和 CA 发证者的签名等信息,并对所有这些信息利用 CA 的私用密钥进行加密(即 CA 进行数字签名)。

(3) 用户 A 在向用户 B 发送报文信息时,由 A 用私钥对报文进行加密(数字签名),并且把已加密的数字证书一起发送给 B。

(4) 为了能对所收到的 A 的数字证书进行解密,用户 B 需向 CA 机构申请获得 CA 的公开密钥 Keb,CA 收到 B 的申请后,可将公开密钥 Keb 发送给用户 B。

(5) 用户 B 利用 CA 的公开密钥 Keb 对数字证书进行解密,从数字证书中获得公开密钥 Kea,并且确认该公开密钥确系用户 A 的密钥。

(6) 用户 B 用公开密钥 Kea 对用户 A 发来的加密报文进行解密,得到用户 A 发来的报文的明文。

11.2.2 认证技术

安全认证技术是计算机和网络安全技术的重要组成部分之一。认证(authentication)是指证实被认证对象是否属实和有效的一个过程。其基本思想是通过验证被认证对象的属性来达到确认被认证对象是否真实有效的目的。被认证对象的属性可以是口令、磁卡、IC卡、数字签名或者像指纹、声音、虹膜这样的生理特征。认证常常被用于通信双方相互确认身份,以保证通信的安全。

1. 基于口令的身份认证技术

一个用户要登录计算机系统时,操作系统通常都要进行用户身份认证。利用口令进行身份认证是最常用的认证技术。

1) 口令

口令认证由用户名和口令组成,用户在进入系统时首先要输入用户名和口令,登录程序利用用户名和口令去查找用户注册表或口令文件。在该表中记录了注册用户的用户名和口令,每个用户一个表目。登录程序在该表中找到匹配的用户名后,与口令进行比较,如果口令也与注册表中的口令一致,便允许该用户进入系统;否则将拒绝用户登录。

2) 口令机制的基本要求

(1) 口令长度适中。口令由一个数目不等的字符串组成。如果口令太短或过于简单,则很容易被攻击者猜中。例如,一个由 4 位 ASCII 码字符组成的口令,其搜索空间仅为 95^4 (可显示的 ASCII 码字符有 95 个),在利用一个专门的程序破解时,平均只需 $95^4/2$ 次,假如每猜一次口令需花费 0.1ms 的时间,则平均猜中一个口令仅需 $(95^4/2)\times0.1/1000=4072s$,即一个小时多一点。如果口令由 7 位 ASCII 码字符组成,其搜索空间变为 95^7,则平均每猜中一个口令需要几十年。因此,建议口令长度不少于 7 个字符,且要在口令中包含大写字符、小写字符、数字,最好还能包含特殊字符。

(2) 隐蔽回显。为防止口令被别人偷窥,口令在计算机屏幕上不能明码回显,在 Windows 系统中口令以"＊"号回显;而在 UNIX 系统中则不回显。

(3) 自动断开链接。在一些系统中,规定了口令输入次数,如果用户输入不正确的口令超过规定的次数,系统便自动断开该终端与系统的链接,这样可以有效地防止攻击者使用程序破解口令。

(4) 验证码。验证码是一个随机产生的 4 位字符串,以图像形式显示在屏幕上。由于图像识别技术不是很成熟,因此计算机无法识别验证码,从而可以防止攻击者使用程序破解系统。

3)一次性口令

为了把由于口令泄露所造成的损失降到最低,用户应当经常改变口令。如一个月改变一次,或者一个星期改变一次。一种极端的情况是采用一次性口令机制,即口令被使用一次后就换另一个口令。在利用该机制时,用户必须提供一张记录其使用的口令序列的口令表。系统为该表设置一个指针,用于指示下次用户登录时应使用的口令。这样用户登录时,将用户输入的口令与该指针所指示的口令比较是否相同,若相同则可以进入系统,并将指针指向下一个口令。在采用一次性口令机制时,即使攻击者获得本次登录时的密码,也无法进入系统。但必须妥善保存用户的口令表。然而,一次性口令要求用户经常改变口令的做法,给用户使用带来不便,所以很多用户都不愿意使用这种方法。

4)口令文件

通常在口令机制中都配有一份口令文件,用于保存合法用户的标识和口令等。保证口令文件的安全性是至关重要的。通常口令文件采用加密技术,口令文件中不再保存原始注册口令的明文,而是保存加密后的密文。当用户登录系统输入用户的口令时,系统利用加密函数对该口令加密,然后将加密后的结果与存储在口令文件中的口令密文进行比较,如果两者匹配,则认为是合法用户,允许登录。即使攻击者获得口令文件中已加密的口令,也无法对其进行译码,因此不会影响系统的安全。

口令文件的威胁主要有两个方面:一个是当攻击者已掌握口令的解密密钥时,可以破译口令;另一个是可以利用加密程序破译口令,如果运行加密程序的计算机速度足够快,常常几个小时就可以破译口令。所以要妥善保管已加密的口令文件。

2. 基于物理标志的身份认证技术

物理标志有传统的身份证、学生证、磁卡、IC 卡等,下面分别介绍。

1)磁卡认证技术

磁卡是基于磁性原理来记录数据的。目前信用卡和银行卡等都普遍采用磁卡技术。磁卡上记录了持有人的身份信息,可以通过磁卡读卡器将其读出,并通过通信线路传送到相应的计算机系统中。用户识别程序根据读出的信息查找相关的用户信息表。若找到匹配的表目,便认为该用户是合法用户,否则便认为是非法用户。

为了保证持卡人是该卡的主人,一般在基于磁卡认证的基础上,又增加了口令机制。当进行用户身份认证时,要求用户输入口令。

2) IC 卡认证技术

IC 卡全称为集成电路卡(integrated circuit card),又称智能卡(smart card)。IC 卡在外观上与磁卡没有多大区别,但 IC 卡中可以装入处理器和存储器芯片,使该卡具有一定的智能。

(1) 存储卡:这种 IC 卡内封装的集成电路一般为电可擦除的可编程只读存储器(EEPROM)。这种器件的特点是存储数据量大(容量为几千字节到几十千字节)、信息可以长期保存,也可以在读写器中擦除或改写、读写速度快、操作简单,卡上数据的保护主要依赖于读写器中的软件口令以及向卡上加密写入信息,软件读出时破译,因此这种 IC 卡安全性稍差,但这种 IC 卡结构简单、使用方便、成本低,与磁卡相比又有存储容量大、信息在卡上存储不需读写器联网的特点,因此也得到广泛的应用。主要用于安全性要求不高的场合,如电话卡、水电费卡、医疗卡等。

(2) 逻辑加密卡:这种 IC 卡中除了封装了上述 EEPROM 外,还专设有逻辑加密电路,提供了硬件加密手段,不但存储量大,而且安全性强;不但可保证卡上存储数据读写安全,而且能进行用户身份的认证。由于密码不是在读写器软件中而是存储于 IC 卡上,所以几乎没有破密的可能性。例如,美国 ATMEL1604 逻辑加密卡,卡上设有 3 级保密功能,总密码用于身份的认证,非法用户 3 次密码核对错误即可使卡报废。4 个数据存储区可分别存储不同的信息,又有各自独立的读写密码,可以做到一卡多用。在不同读写器件中核实相应密码进行某一业务操作时,不会影响其他存储区。卡上信息不能随意改写,改写前需先擦除,而擦除需要核对擦除密码。这样即使是持卡人自己也不能随意更改卡上的数据,因此这种逻辑加密卡保密性极强,能自动识别读写器、持卡人和控制操作类型,常用于安全性要求高的场合。

(3) 微处理器卡:这是真正的卡上单片机系统,IC 卡片内集成了中央处理器(CPU)、程序存储器 ROM、数据存储器 EEPROM 和 RAM。一般 ROM 中还配有卡上操作系统软件(Chip Operating System,COS),IC 卡上的微处理器可以执行 COS 监控程序,接收从读写器送来的命令和数据,分析命令后控制对存储器的访问。由于这种卡具有智能,读写器对卡的操作要经过卡上的 COS,所以保密性更强。而且微处理器具有数据加工和处理的能力,可以对读写数据进行逻辑和算术运算。这种 IC 卡存储的数据对外相当于一个"黑盒子",保密性极强。目前 IC 卡上用的微处理器一般为 8 位 CPU,存储容量为几十千字节左右。此种智能卡常用于重要场合,作为证件和信用卡。

3. 基于生物识别的认证技术

生物识别是利用人体既有的、不可模仿的、难于伪造的特定生物标志来进行验证,可靠性、安全性更高。最常用的是利用人体固有的生理特性,如指纹、人脸、虹膜等,还可以利用人体的行为特征,如笔迹、声音、步态等来进行个人身份的鉴定。

1) 指纹

由于每个人的指纹不同,就是同一人的十个手指,指纹也有明显区别,每个人包括指纹在内的皮肤纹路在图案、断点和交叉点上各不相同,呈现唯一性且终生不变,因此指纹可用于身份鉴定。指纹验证很早就用于契约签证和侦查破案,目前指纹识别已经广泛应用于人们的生活中,很多手机开机以及手机支付依靠指纹识别。

2)人脸

人脸识别是基于人的脸部特征信息进行身份识别的一种生物识别技术。用摄像机或摄像头采集含有人脸的图像或视频流,并自动在图像中检测和跟踪人脸,进而对检测到的人脸进行脸部的一系列相关技术。基于人脸识别技术的最大优点是非接触式的操作方法。目前很多银行在开设账户时采用人脸识别技术,也有很多银行在取款时采用人脸识别技术,还有很多单位的考勤机采用人脸识别技术,人脸识别技术已经在很多方面得到应用。

3)虹膜

虹膜识别技术是基于眼睛中的虹膜进行身份识别,应用于安防设备(如门禁等),以及有高度保密需求的场所。人的眼睛结构由巩膜、虹膜、瞳孔晶状体、视网膜等部分组成。虹膜是位于黑色瞳孔和白色巩膜之间的圆环状部分,其包含有很多相互交错的斑点、细丝、冠状、条纹、隐窝等的细节特征。而且虹膜在胎儿发育阶段形成后,在整个生命历程中将保持不变。这些特征决定了虹膜特征的唯一性,同时也决定了身份识别的唯一性。因此,可以将眼睛的虹膜特征作为每个人的身份识别对象。2004年雅典奥运会中,雅典奥组委启用了包括虹膜识别在内的生物特征识别身份鉴别系统对进入会场的人进行身份验证。目前很多银行、煤矿、监狱、门禁、社保单位在使用这种技术。

4. 公开密钥认证技术

目前,一个崭新的电子商务时代已经到来。但是,要利用 Internet 进行网上电子购物业务,就要求能够确保电子交易的安全性。这不仅要对网上传输的数据进行加密,还要对交易双方进行身份验证。目前已开发出多种用于身份认证的协议,如 Kerberos 身份认证协议、安全套接层(Secure Socket Layer,SSL)协议和电子安全交易(Secure Electronic Transactions,SET)协议等。

11.3　系　统　攻　击

目前,计算机已经融入人类的日常生活中,人们对计算机的使用越来越多。互联网技术近年来的发展满足了人们对于信息的及时性的要求。人们在网络中相互共享资源,达到共同进步的目标,各个行业也通过计算机得到了好的发展。当然,人们成为网络受益者的同时,也成了网络发展的受害者。当我们使用计算机网络时,计算机系统会受到攻击者的攻击,这种攻击主要分为两大类:内部攻击和外部攻击。通常把来自系统内部的攻击称为内部攻击,内部攻击是指控制或保护资产的内部人员利用安全漏洞进行的攻击。随着 Internet 应用的普及,来自系统外部的威胁更大,使联网机器受到远方的攻击,这称为外部攻击。

11.3.1　内部攻击

1. 内部攻击的分类

内部攻击一般是指攻击来自于系统内部,在恶意软件中,内部攻击是由受信方发起的,嵌入的程序可能是计算机操作系统的一部分,或者是后面用户或系统管理员要安装的程序。

内部攻击可以分为两类：

(1) 以合法用户身份直接进行攻击。攻击者通过各种途径先进入系统内部,窃取合法用户的身份,或者冒充某真实用户的身份,然后利用合法用户身份所拥有的权限,读取、修改、删除系统中的文件,或对系统进行破坏。

(2) 通过代理功能进行间接攻击。攻击者把一个代理程序植入被攻击系统的一个应用程序中,当应用程序执行并调用该代理程序时,就会执行攻击者预先设计的破坏程序,对系统造成破坏。

2. 常采用的攻击方式

目前常用的内部攻击方式有：

(1) 窃取尚未清楚的有用信息。在许多操作系统中,在进程结束归还资源时,系统留存了很多有用的信息,未删除。攻击者为了窃取这些信息,会请求调用许多内存页面来读取其中的有用信息。

(2) 通过非法系统调用,或者在合法的系统调用中使用非法的参数,还可能使用虽然合法、但不合理的参数来进行系统调用,进而搅乱系统。

(3) 尝试许多在明文规定中不允许做的操作。为了确保系统的正常运行,在操作系统手册中告知用户,哪些操作用户不可以做。但是攻击者通常反其道行之,专门去执行这些不允许做的操作,企图破坏系统的正常运行。

(4) 在操作系统中增加陷阱门,陷阱门亦称"后门",还有称"活门"。陷阱门是一段程序代码,是进入程序的隐蔽入口点。按照正常方式,程序员在调试多台计算机时,必须先在每台计算机上进行注册,然后输入自己的用户名和密码,有了陷阱门,程序员可以不经过安全检查就可访问程序,即程序员通过陷阱门可跳过正常的验证过程。但是如果攻击者利用陷阱门用于未授权的访问,就会威胁系统的安全。

有时在完全调试之后,程序员还故意插入后门,以便以后能执行恶意操作。这种后门是恶意的,不允许执行这些操作。

创建后门的另一种方式是在程序中故意引入脆弱性,如缓冲区溢出。攻击有时是针对开源项目部署的,在开源项目中,志愿者贡献自己的代码,攻击者在开源项目的代码中故意引入可利用的漏洞,以便能非法访问其他计算机上的系统。

阻止陷阱门产生的一个常用手段就是代码审查。当一个程序员编写测试完成一个代码模块后,该代码放入一个代码库中,通常是为调试插入的后门。开发组的所有开发成员定期聚到一起,每一位开发人员都要向组的成员逐行地讲述自己所写代码执行的操作。这就大大增加了发现陷阱门的可能性,减少陷阱门对系统的危害。

(5) 骗取口令。攻击者可能伪装成一个忘记了口令的用户,找到系统管理员,请求帮助查找用户的口令。一旦攻击者获得这些用户的口令后,便可以用合法的用户身份登录系统。

(6) 恶意软件。所谓恶意软件,是指攻击者专门编制的一种程序,用来造成破坏。它们通常伪装成合法软件,或隐藏在合法软件中,使人难以发现。恶意软件分为两类：一个是独立运行类恶意软件,它可以通过操作系统调度执行,主要来自于系统外部的攻击,如蠕虫、僵尸等；另一类是寄生类恶意软件,来自于系统内部的攻击,本身不能独立运行,经常寄生在某个应用程序中,如逻辑炸弹、特洛伊木马、病毒等。

逻辑炸弹是预先放入操作系统中的一个破坏程序,每当寄生的应用程序运行时,它会检查爆炸条件是否满足,如果满足爆炸条件,就会运行逻辑炸弹程序。触发逻辑炸弹的条件通常有:时间触发,即在一年或者一个星期的某个特定的日期爆炸;事件触发,即当所设置的事件发生时,引发爆炸;计数器触发,即在计数器达到所设置的值时引发爆炸。

特洛伊木马是一个嵌入到有用程序中的、隐蔽的、危害安全的程序。编写特洛伊木马程序的人,将其隐藏在应用程序中,并将该应用程序发送给计算机系统的系统操作员。当操作员执行该应用程序时,前台是在执行该应用程序,不会产生明显的影响,用户很难发现,但隐藏在后台运行的特洛伊木马程序却将系统中的口令文件复制到攻击者的文件中。因此,攻击者就能够访问口令文件。特洛伊木马程序可以继承它所依附的应用程序的标识符、存取权限以及某些特权。因此,特洛伊木马程序能够在合法的情况下执行非法操作,如修改文件的存取控制权限、删除文件,或者将文件复制到某个特定的地方。一旦激活,就可以在远程客户端控制程序的操作下对计算机进行用户文件的修改、删除或加密等,还可以将文件复制到攻击者可以安全获取的地方,甚至将文件直接发送给攻击者,或是通过电子邮件或FTP方式将文件传到一个临时的安全隐蔽的地方。

3. 内部攻击的防御

对内部攻击的防御措施主要包括以下几方面。

(1) 避免单点故障。不要只让一个人创建备份或管理重要系统。

(2) 使用代码走查。让每个程序员都将自己的源代码交给另一个程序员,以便另一个程序员能够一行一行地检查代码,帮他找出任何缺失的条件或未被发现的逻辑错误。

(3) 使用归档和报告工具。一些软件工程工具,如自动文档生成器和软件存档工具对揭露或记录内部攻击是非常有用的。

(4) 限制授权和权限。使用最小权限原则,在保证系统中的每个程序或用户能有效工作的前提条件下,授予它们最小权限。

(5) 监控员工的行为。

(6) 控制软件的安装。对已审核且来自于可靠源的程序,要限制其安装新的软件。

11.3.2 外部攻击

随着Internet应用的迅速普及,来自系统外部的威胁也随之增多,使得联网计算机更容易受到来自远方的攻击。常用的外部攻击是将一段带有破坏性的代码通过网络传递给目标计算机,等待时机,时机一到便执行该代码来破坏目标计算机。目前的外来威胁主要是病毒、蠕虫和移动代码等。

1. 病毒

病毒是一种可执行程序,它能进行自我复制,并将自身的代码插入到其他程序中,其过程类似生物病毒的传播。同时,病毒还可做一些破坏文件、系统等行为。病毒是当前操作系统的主要威胁之一。病毒一般镶嵌在主机的程序中,当被感染文件执行操作的时候,病毒就会自我繁殖。由于设计者的目的不同,病毒也拥有不同的功能,一些病毒只是简单地用于恶作剧,而另一些则是以破坏为目的,还有一些病毒表面上看是恶作剧,但实际上隐含破坏功能,如删除文件、篡改数据、破坏和窃取文件等。

2. 蠕虫

蠕虫和病毒相似但有很大的不同,现在还没有一个成套的理论体系来表述它。1982

年,Shock 和 Hupp 根据 *The Shockwave Rider* 一书中的一种概念提出了蠕虫程序的思想。这种蠕虫程序常驻于一台或多台计算机中,并有自动重新定位的能力。如果它检测到网络中的某台计算机未被占用,就把自身的一个程序段发送给那台计算机。每个程序段都能把自身的副本重新定位到另一台计算机中,并且能识别它占用的是哪一台计算机。

一般认为,蠕虫是一种通过网络传播的恶性病毒,通过分布式网络来扩散传播特定的信息或错误,进而造成网络服务遭到拒绝并发生死锁。它具有病毒的一些共性,如可传播性、较高的隐蔽性、破坏性等,同时具有自己的一些特征,如不通过文件寄生传播,对网络造成拒绝服务等。在产生的破坏性上,蠕虫也不是普通病毒所能比拟的,网络的发展使得蠕虫可以在短短的时间内蔓延至整个网络,造成网络服务瘫痪。

蠕虫由两部分组成,即引导程序和蠕虫本身。这两部分是可以分开独立运行的。主程序一旦在计算机操作系统上运行,就会去收集与当前计算机联网的其他计算机的信息。通过读取系统公共配置文件并运行显示当前联机状态信息。随后,它尝试利用网络上计算机的操作系统漏洞缺陷,在这些远程计算机上创建其引导程序。正是这个一般称作引导程序或"钓鱼"程序的小小程序,把蠕虫带入到它感染的每一台计算机。

根据攻击情况可将蠕虫分为两类:一种是面向企业用户和局域网的,这种病毒利用系统漏洞,主动进行攻击,可以使整个互联网瘫痪;另一种是针对个人用户的,通过网络,主要是电子邮件、恶意网页形式迅速传播蠕虫,如"爱虫"病毒、"求职信"病毒。在这两类蠕虫中,第一类具有很大的主动攻击性,而且爆发也有一定的突发性,但相对来说,查杀这种病毒并不是很困难。第二种病毒的传播方式比较复杂和多样,少数利用了微软的应用程序的漏洞,更多的是对用户进行欺骗和诱使,这样的病毒造成的损失是非常大的,同时也是很难根除的。

病毒的传染目标主要是计算机操作系统内的文件系统,而蠕虫的传染目标是互联网内的所有计算机。局域网内的共享文件夹、电子邮件、网络中的恶意网页、大量存在漏洞的服务器等,都可以成为蠕虫传播的良好途径。网络的发展使得蠕虫可以在几个小时内蔓延至全球,而且蠕虫的主动攻击性和突然爆发性使得人们手足无措。蠕虫和普通病毒的比较如表 11.1 所示。

表 11.1 病毒和蠕虫的比较

比 较 项 目	病　　毒	蠕　　虫
存在形式	寄存文件	独立完整的程序
传染方式	宿主程序运行	主动攻击
传染目标	本地文件	网络计算机

3. 移动代码

在互联网世界中,过去的 Web 页面大多采用静态的 HTML 文件,因此不存在移动代码的问题。随着互联网的发展,越来越多的 Web 服务器采用动态网页形式,网页中通常含有许多称为 applets 的小程序代码。当包含有 applets 的网页被访问下载时,applets 就开始执行指令,进入自己的系统。这种能在计算机系统之间移动的小应用程序就是一种移动代码。

如果在一个用户程序中包含了移动代码,那么为该用户程序建立进程后,该移动代码将占用该进程的内存空间,并作为合法用户的一部分运行,拥有用户的访问权限。别有用心的人借助于移动代码进入系统,以合法用户的身份进行窃取和破坏,就威胁到系统的安全。因此,必须采取措施来保证移动代码的安全运行。

11.4 计算机病毒

1983 年,美国人 Skrenta 创造了第一个计算机病毒 Elk Cloner,但当时并未引起人们的足够重视。自此以后,病毒越来越多,手段越来越高明,危害性也越来越大,这才逐渐引起全世界的广泛重视。

随着 Internet 的普及,病毒的传播有了更为通畅的渠道,传播范围和传播速度是前所未有的,使得计算机病毒泛滥成灾,给全球经济带来巨大的损失。

11.4.1 计算机病毒概述

1. 病毒定义

计算机病毒在《中华人民共和国计算机信息系统安全保护条例》中被定义为:"计算机病毒指编制或者在计算机程序中插入的破坏计算机功能或者破坏数据,影响计算机使用,并能自我复制的一组计算机指令或者程序代码。"

2. 计算机病毒的特征

计算机病毒与一般程序有着明显的区别,它具有以下特征。

(1)寄生性:计算机病毒不是一段独立的程序,而是寄生在其他文件中或磁盘的系统区中。寄生在文件中的病毒称为文件型病毒,而侵入磁盘系统区的病毒称为系统型病毒。

(2)传染性:传染性是病毒的基本特征。计算机病毒会通过各种渠道从已被感染的计算机扩散到未被感染的计算机。病毒程序代码一旦进入计算机并得以执行,就会搜寻其他符合传染条件的程序或存储介质,把自身代码插入其中,达到自我繁殖的目的。

(3)潜伏性:一个编制精巧的计算机病毒程序,进入系统之后一般不会马上发作,可以在几周或者几个月甚至几年内隐藏在合法文件中,对其他系统进行传染,而不被人发现。潜伏性越好,其在系统中的存在时间就会越长,病毒的传染范围就会越大。

(4)隐蔽性:为了逃避反病毒软件的检测,计算机病毒的设计者通过伪装、隐藏、变态等手段,将病毒隐藏起来,使病毒能在系统中长期存在。

(5)触发性:因某个事件或数值的出现,诱使病毒实施感染或进行攻击的特性称为触发性。病毒的发作通常是在一定的条件下实现的,这些条件可能是时间、日期、文件类型或某些特定数据等。一旦满足这些条件,病毒就会发作,被感染的文件或系统将被破坏。

(6)破坏性:计算机病毒的破坏性可表现在 4 个方面,即占用系统时间、占用处理器时间、破坏文件、使机器运行产生异常。

3. 计算机病毒的危害

计算机病毒的主要危害有以下方面。

(1)抢占系统资源:既然病毒是一种程序,又可以大量地自我复制,必然要占用一定的磁盘空间;病毒大部分又是常驻内存的,也会占用一定的内存空间。

(2)占用处理器时间:病毒在执行时会占用处理器时间,随着病毒的增加,将会占用更多的处理器时间,这会使系统运行的速度变得异常缓慢,还可能进一步完全独占处理器时间,而使计算机系统无法再向用户提供服务。

(3) 对文件造成破坏:计算机病毒可以使文件的长度增加或减少,使文件的内容发生改变,甚至被删除,使文件丢失。它还可以通过对磁盘的格式化使整个系统中的文件全部消失。

(4) 使机器运行异常:计算机病毒可使计算机屏幕出现异常情况,如提供一些莫名其妙的指示信息、屏幕发生异常滚动、显示异常图形等。还可使机器发生异常情况,使系统的运行明显放缓,以至于完全停机。

11.4.2 计算机病毒的分类

根据计算机病毒的特点及特性,对计算机病毒进行分类的方法有许多种。因此,同一种病毒可能有多种不同的分类方法。

1. 按链接方式分类

由于计算机病毒必须有一个具体的攻击对象以实施攻击,按照病毒感染方式的不同,可分为以下几种类型。

(1) 源码型病毒:这种病毒攻击高级语言编写的程序,在高级语言所编写的程序编译前插入到源程序中,经编译成为合法程序的一部分。

(2) 嵌入型病毒:这种病毒是将自身嵌入到现有程序中,把计算机病毒的主体程序与其攻击的对象以插入的方式链接。这种计算机病毒是难以编写的,一旦侵入程序体后也较难消除。如果同时采用多态性病毒技术、超级病毒技术和隐蔽性病毒技术,将给当前的反病毒技术带来严峻的挑战。

(3) 外壳型病毒:外壳型病毒将其自身包围在主程序的四周,对原来的程序不做修改。这种病毒最为常见,易于编写,也易于发现,一般测试文件的大小即可知。

(4) 操作系统型病毒:这种病毒意图用它自己的程序加入或取代部分操作系统进行工作,具有很强的破坏力,可以导致整个系统的瘫痪。圆点病毒和大麻病毒就是典型的操作系统型病毒。

2. 按病毒的破坏情况分类

根据计算机病毒的破坏情况,可把计算机病毒分为两类。

(1) 良性病毒:良性病毒不对计算机系统产生直接破坏作用。这类病毒为了表现其存在,只是不停地进行扩散,从一台计算机传染到另一台,并不破坏计算机内的数据,但会大量占据磁盘空间。

(2) 恶性病毒:恶性病毒破坏计算机系统的操作和文件,在其发作时会对系统产生直接的破坏作用。

3. 按病毒的寄生方式分类

根据计算机病毒的寄生方式,可把计算机病毒分为 4 类。

(1) 文件型病毒:病毒程序把自己附着于正常程序之中,病毒发作时,原来程序仍能正常运行,以至用户不能及时发现,病毒就有可能长期潜伏下来。这种病毒有两种传播方式:一是当病毒程序执行时,会主动搜索磁盘上可以感染的文件,如果文件没有被感染,就去感染它,使其携带病毒,称为主动攻击型感染;二是一个未被感染的病毒所期待的文件执行时,该程序就会被感染病毒,称为执行时感染。

（2）引导扇区病毒：这种病毒寄生于磁盘的引导扇区中，每当启动系统时，病毒便借助于引导过程进入系统。

（3）宏病毒：许多软件（如 Word、Excel）都提供了宏命令，宏病毒利用软件所提供的宏功能能将病毒插入到宏中，当宏病毒发作时，便会对计算机系统造成破坏。

（4）电子邮件病毒：病毒被嵌入到电子邮件中，通过电子邮件传播。只要用户打开带有病毒的电子邮件，病毒就会被激活。由于这种病毒是通过 Internet 进行传播的，所以传播速度快，可以在短时间内造成大规模破坏。

11.4.3　常用反病毒技术

1. 反病毒技术分类

从研究的角度，反病毒技术主要分为以下 3 类。

（1）预防病毒技术：通过自身常驻于系统内存中，优先获得系统的控制权，监视和判断系统中是否有病毒存在，进而阻止计算机病毒进入计算机系统和对系统进行破坏。主要手段包括加密可执行程序、引导区保护、系统监控与读写控制等。

（2）检测病毒技术：是通过对计算机病毒的特征来进行判断的侦测技术，如自身校验、关键字等。

（3）消除病毒技术：通过对病毒的分析，杀除病毒并恢复原文件。

2. 常用反病毒技术

从具体实现技术的角度，常用的反病毒技术有以下几种。

（1）病毒代码扫描法：将新发现的病毒加以分析后根据其特征编成病毒代码，加入病毒特征库中。每当执行杀毒程序时，便立刻扫描程序文件，并与病毒代码比对，便能检测到是否有病毒。病毒代码扫描法速度快、效率高。大多数防毒软件均采用这种方式，但是无法检测到未知的新病毒以及变种病毒。

（2）加总比对法（check-sum）：根据每个程序的文件名称、大小、时间、日期及内容，加总为一个检查码，然后将检查码附在程序后面，或是将所有检查码放在同一个资料库中，再利用 Check-sum 系统，追踪并记录每个程序的检查码是否遭到更改，以判断是否中毒。这种技术可检测到各种病毒，但最大的缺点就是误判率高，且无法确认感染的是哪种病毒。

（3）人工智能陷阱（rule-based）：它是一种监测计算机行为的常驻式扫描技术。它将所有病毒所产生的行为归纳起来，一旦发现内存的程序有任何不当行为，系统就会有所警觉，并告知用户。其优点是执行速度快、手续简便，且可以检测到各式病毒；其缺点是程序设计难，且不容易考虑周全。

（4）空中抓毒（catch virus on the fly）：在资料传输过程中经过的一个结点即一台计算机上设计一套防毒软件，对网络中所有可能带有病毒的信息进行扫描，接收从网络中送来的资料。把用户要扫描的资料暂时存储在这台计算机中，然后扫描存储的资料，并根据管理员的设定处理中毒的文件，最后把检查过或处理过的资料传送到它原来要传送的计算机上。

（5）主动内核技术（activeK）：它是将已经开发的各种网络防病毒技术从源程序级嵌入到操作系统或网络系统的内核中，实现网络防病毒产品与操作系统的无缝连接。这种技术可以保证网络防病毒模块从系统的底层内核与各种操作系统和应用环境密切协调，确保防毒操作不会伤及操作系统内核，同时确保消除病毒。

11.4.4 未来计算机病毒的发展趋势

随着互联网的日益发展,计算机病毒的传播途径、传播手段等都发生了变化,从而呈现出新的发展趋势。

1. 利用网络进行传播的病毒成为最主要的病毒类型

互联网改变了人们的生活方式,也改变了病毒的传播途径。随着网络覆盖面的不断延伸,利用网络进行传播已成为病毒制造者发布病毒的首选途径。通过网络进行传播的病毒在短时间内就能遍布整个网络,从而造成巨大的损害。如电子邮件病毒、网络蠕虫、木马等都是网络病毒。

2. 木马病毒日益突显

与普通病毒的破坏性不同,木马病毒并不直接感染易染主机,而是像间谍一样潜伏在主机中,并通过远程控制,由另外一台计算机来对受控主机进行破坏,盗取有用的机密信息。木马病毒自身不会复制,也不会直接造成破坏,它只充当一个桥梁的作用,为远程的黑客主机提供方便。《2008 年全国信息网络安全状况与计算机病毒疫情调查分析报告》显示,木马在我国的恶意代码中已占有绝对多数。2008 年"十大流行病毒"中,主要以木马、后门程序为主。

3. 病毒技术不断发展

病毒制造者擅长利用一些先进的计算机技术。当一种新的计算机技术出现时,病毒制造者就会迅速学习该技术并将其融入病毒程序的编写中,使得病毒程序具有更大的破坏力且不易被反病毒程序检测到。如主动防御技术、Rootkit 技术、映像劫持技术、磁盘过滤驱动技术、穿透还原卡及还原软件技术等。

4. 混合型病毒危害较大

混合型病毒是指那些集蠕虫、木马等多种病毒技术于一身的病毒,如熊猫烧香、磁碟机、机器狗等。此类病毒功能强大,不仅可以感染一些特殊格式的文件,并且能对抗杀毒软件,甚至还可以感染网页文件。

5. 病毒由被动防御转变为主动进攻

当前,许多病毒已不再以躲避反病毒软件的检测为目的,而是由被动防御转变为主动进攻,主动争夺系统的控制权限。一旦病毒程序取得了系统的控制权,就可以为所欲为,甚至可以屏蔽掉杀毒软件的功能。例如,AV 终结者能够禁用杀毒软件等安全软件的监控功能,禁止用户进入安全模式,并且能够强行关闭用户打开的部分网页,从而阻断用户通过网络寻求帮助的途径。

本 章 小 结

随着越来越多的重要信息存储在计算机系统中,计算机系统的安全性至关重要。通过本章的学习,了解操作系统安全性的内容、特性,掌握系统的分级安全管理措施,概要了解数据的安全保护及计算机病毒知识等。

计算机系统的安全性包括物理安全、逻辑安全和安全管理 3 个方面。

系统的 5 级安全管理是:系统级安全管理、用户级安全管理、目录级安全管理、文件级安全管理及网络级安全管理。

数据的安全管理包括文件的存取控制、数据加密技术、认证技术等。

计算机病毒对计算机系统危害极大,通过学习,了解计算机病毒的基本知识,并能对计算机病毒进行有效防范。

习　题

简答题

1. 操作系统有哪几个安全等级?
2. 信息资源的安全包括哪几个方面?
3. 在对文件的 5 级安全管理中,每一级安全管理的主要用途是什么?
4. 密码学分为哪两个领域? 研究内容分别是什么?
5. 数据加密系统由哪几部分组成? 分别起什么作用?
6. 简述一次一密加密算法的加密过程。
7. 什么是对称加密算法和非对称加密算法?
8. 简述 DES 加密算法的加密过程。
9. RSA 属于何种加密算法?
10. 数字证书的作用是什么?
11. 举例说明数字证书的申请、发放和使用过程。
12. 基于物理标志的认证技术可分为哪几种?
13. 列举几种常用的生物识别的认证技术。
14. 常采用的内部攻击方式有哪几种?
15. 什么是逻辑炸弹?
16. 什么是陷阱门和特洛伊木马?
17. 什么是病毒和蠕虫? 它们有什么不同之处?
18. 什么是移动代码? 为什么移动代码对系统的安全有危害?
19. 何谓计算机病毒? 计算机病毒有哪些特征?
20. 计算机病毒主要有哪些危害?
21. 计算机病毒的常用分类方法有哪几种?
22. 常用反病毒技术有哪几种?
23. 计算机病毒的发展趋势体现在哪几个方面?

操作系统的安全性

第 12 章　　操作系统介绍

目前市场上用于 PC 的主流操作系统有 Windows 操作系统、UNIX 操作系统、Linux 操作系统、Mac 操作系统等。随着手机应用的兴起，Android、iOS 手机操作系统也占有越来越重要的地位。本章对几种主流操作系统作简要介绍。

12.1　Windows 操作系统简介

Microsoft Windows 是美国 Microsoft 公司研发的一套操作系统，它问世于 1985 年，起初仅仅是 Microsoft-DOS 模拟环境，后续版本不断更新升级。Windows 方便易用，渐渐成为最受欢迎的操作系统之一。

12.1.1　Windows 操作系统概述

Windows 是 Microsoft 公司开发的窗口式多任务操作系统，它采用图形用户界面（Graphic User Interface，GUI），相比之前命令行方式的 DOS 操作系统，这种界面方式为用户提供了很大的方便，把计算机的使用提高到了一个新的阶段。

Windows 最早的版本在 1985 年 11 月发布，之后随着计算机硬件和软件的发展，Microsoft 的 Windows 系统也不断升级，系统架构从 16 位、32 位再到 64 位，系统版本从最初的 Windows 1.0 到大家熟知的 Windows 95、Windows 98、Windows ME、Windows 2000、Windows 2003、Windows XP、Windows Vista、Windows 7、Windows 8、Windows 8.1、Windows 10 和 Windows Server 服务器企业级操作系统等。

从操作系统的内核来看，Windows 主要有两个分支：一个是基于 MS-DOS 的操作系统内核，逐渐发展成 Windows 95、Windows 98、Windows ME 这一系列操作系统；另一个则是基于 Windows NT 内核的操作系统系列，它经历了 Windows NT、Windows 2000、Windows XP、Windows Server、Windows 7，一直到 Windows 8、Windows 10 等。

Windows NT 内核是在 1988 年秋季开始设计的，当时的设计目标是提供一个真正 32 位、抢占式调度、采用虚拟内存的网络操作系统。Windows NT 内核有一个非常整齐、先进的体系结构，并且综合考虑了安全性、扩展性等要素，使得这个结构在接下来 20 多年的发展历程中基本保持不变，即使计算机硬件有了飞速发展，最新的 Windows 7、Windows 10 仍然沿袭了 Windows NT 内核的基本结构。经过 20 多年的发展，Windows NT 内核变得更加优化和成熟，Windows 操作系统的每一个重要版本也都将 Windows NT 内核框架推向新的顶峰。本书后面对 Windows 内核的描述都是基于 Windows NT 内核框架的。

表 12.1 列出了 Windows NT 内核版本的演变。

表 12.1　Windows NT 内核列表

Windows NT 内核版本	操作系统版本	发布日期
NT 3.1	Windows NT 3.1	1993.7
NT 3.5	Windows NT 3.5	1994.9
NT 4.0	Windows NT 4.0	1996.7
NT 5.0	Windows 2000	1999.12
NT 5.1	Windows XP	2001.8
NT 5.2	Windows Server 2003	2003.3
	Windows XP SP2	2004.8
NT 6.0	Windows Vista	2007.1
	Windows Server 2008	2008.2
NT 6.1	Windows 7	2009.10
NT 6.2	Windows 8	2012.10
NT 10.0	Windows 10	2015.7

在 Windows NT 内核版本中,NT5.2 版本的核心代码经过简单的改编之后,已经向教育科研领域公开。这份公开源代码的内核称为 Windows Research Kernel(简称 WRK)。WRK 包括了内核中最重要的组件,例如,内存管理器、进程和线程管理、对象管理器、缓存管理器、配置管理器、安全引用监视器和 I/O 管理器等。

12.1.2　Windows 系统结构

Windows NT 通过硬件机制实现了核心态(管态 Kernel Mode)和用户态(目态 User Mode)两个特权级别来保护操作系统本身,避免应用程序影响操作系统内核。操作系统的核心代码运行在核心态,而用户应用程序运行在用户态。用户代码和系统内核代码有各自的运行环境,它们可以访问的内存空间相互隔离。

如果应用程序需要使用系统内核提供的服务,则可以向操作系统发出特权指令;操作系统通过硬件保护机制,剥夺用户程序的控制权,把系统从用户态切换到核心态;当系统完成了请求的服务后,控制权再切换回用户态。

图 12.1 描述了 Windows NT 的系统结构。

在 Windows NT 系统中,用户态组件包括一组系统和服务进程、用户应用程序、Windows 子系统和系统动态链接库。系统和服务进程为操作系统提供关键服务,比如,用户登录、身份验证、会话管理、打印服务、事件日志服务等。Windows 子系统将系统服务以特定的形态(图形和窗口)展示给用户。Windows 原始设计还支持 POSIX 和 OS/2 环境子系统,但是从 Windows XP 以后,只有 Windows 子系统随系统一起发行。用户态下的服务进程和用户程序不能直接调用操作系统核心态的服务,因此 Windows NT 系统还提供了一组动态链接库 DLL,让服务进程和用户程序通过 DLL 和核心态系统进行交互。

在 Windows NT 系统中,核心态组件分为 3 层,包括执行体、内核或微内核、硬件抽象层。最底层的硬件抽象层包括了所有与硬件相关联的代码逻辑,从而使上面的层次可以独立于硬件平台。硬件抽象层上面是内核层,也称为微内核,包含了操作系统最基本的原语和功能,比如:线程和进程、线程调度、中断和异常处理、同步机制等。内核层之上是执行体层,它封装了一个或者多个内核对象,通过一套对象机制来管理各种资源和实体,同时提供

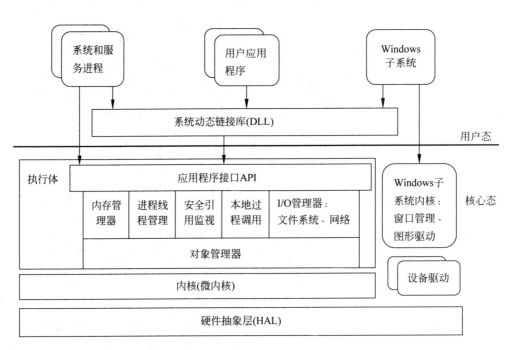

图 12.1 Windows NT 系统结构图

了一些可供上层用户态应用程序直接调用的 API。除了三层结构之外,核心态还包括 Windows 子系统内核和一些设备驱动程序。其中 Windows 子系统内核负责向用户态的 Windows 子系统提供窗体管理和图形接口。

需要特别指出的是,Windows NT 系统中定义了"对象"的概念,通过对象机制来管理各种系统资源和实体。对象是一种抽象的数据结构,它是数据和相关操作的封装体,包括数据、数据的属性以及可以对数据进行的操作。具有相同特性的对象可以归为一个对象类。Windows NT 的执行体可以创建的对象包括进程对象、线程对象、管道对象、文件对象、文件映射对象、事件对象、信号量对象、互斥对象等。除此之外,Windows 子系统也可以创建其他类型的对象,包括菜单对象、窗口对象、图标对象、光标对象、字体对象等。

12.1.3 Windows 进程和线程

本书前面的章节已经介绍了进程和线程两个重要概念,以及与其调度相关的一些算法。在 Windows NT 系统中,进程和线程有明确的分工与合作:进程是各种资源的容器,它定义了一个地址空间作为基本的执行环境;线程是一个指令执行序列,它可以访问所属进程的资源。每个进程至少有一个线程,而同属于一个进程的若干个线程共享进程拥有的资源。

1. 进程

在 Windows NT 中,进程是资源分配的单位。但与传统操作系统不同的是,进程并不参与处理器调度,参与处理器调度的基本单位是线程。

Windows 进程由 4 个部分组成:一个可执行的程序,定义了初始代码和数据;一个私有地址空间,即进程虚拟地址空间;系统资源,由操作系统按照进程需求分配给进程,以"对象"的形式表示;至少一个执行线程。

在 Windows 系统中,进程本身也是作为对象来实现的。进程对象类定义了进程对象的数据、属性和服务。进程对象的属性包括进程 ID、存取令牌、基本优先级、配额限制、I/O 计数器、VM 操作计数器等。进程对象的服务包括创建进程、查询进程信息、终止进程、分配/释放虚拟主存、读/写虚拟主存、锁定/解锁虚拟主存等。

每个进程都有一个安全访问令牌,用来验证访问的合法性。作为资源分配单位,进程可以申请虚拟地址空间,也可以通过创建资源对象来申请各类所需资源,并获得该资源返回的句柄,形成一张对象表。进程与其资源的关系,如图 12.2 所示。

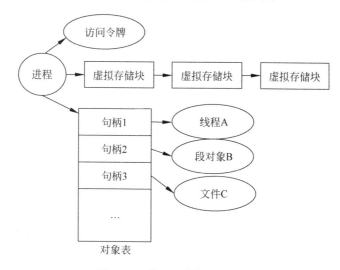

图 12.2　进程及其资源关系图

2. 线程

线程是进程内的一个执行单元,是被系统独立调度的基本单位。除了少许在运行中必不可少的资源以外,线程自己不拥有系统资源,但它可与同属一个进程的其他线程共享进程所拥有的全部资源。一个标准的线程包括线程 ID、当前指令指针、描述处理机状态的一组寄存器和堆栈。

Windows NT 引入线程的概念主要是为了有效地实现并行性。进程可以创建多个线程执行同一程序的不同部分,这些线程可以有效地并行工作,同时由于它们共享进程的资源,所以避免了为每一个线程重新分配资源的烦琐工作。

在 Windows NT 中,线程和进程都是作为对象来实现的。创建进程的同时,会为新进程产生一个主线程。需要其他线程并行工作时,由主线程调用 Create Thread()函数产生新线程。

3. 线程调度

在 Windows NT 中,线程调度算法基于以下两点:

(1) 基于优先级的抢先式多处理器调度算法。调度程序总是运行优先级最高的就绪线程,且就绪状态的高优先级线程可以抢占当前运行线程的处理器时间。

(2) 同优先级的线程采用时间片轮转算法进行处理器调度。

Windows NT 支持 32 个优先级,其值为 0~31,分为两个类别:16~31 为实时优先级,优先级别较高;0~15 为可变优先级,优先级别相对较低,如图 12.3 所示。

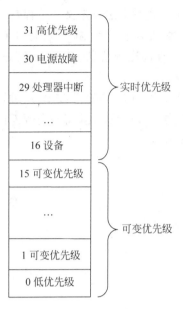

图 12.3　Windows NT 中的线程优先级

对于实时优先级类,具有此类优先级的线程,优先级一旦确定就固定不变。调度程序首先从优先级别高的队列选取线程到 CPU 上运行,当上一优先级队列为空时,才到下一个优先级队列中挑选运行线程。同优先级队列中的线程按时间片轮转获得 CPU 运行时间。

对于可变优先级类,具有此类优先级的线程,在其生命周期内优先级是可以改变的。活动线程由于用完时间片而被中断,则降低优先级,进入低优先级队列排队等待下一次调度;如果线程由于 I/O 等待而被中断,则会提高优先级,进入高优先级队列排队。等待用户的交互作用(键盘、鼠标、显示操作等)会获得更大的优先级提高。但是此类线程的优先级不能高于实时优先级。

在多处理器系统中,如果系统中有 N 个处理器,调度程序选择具有最高优先级的 N−1 个线程,在 N−1 个处理器上运行,剩下的 1 个处理器给其他的低优先级线程共享。同时,Windows NT 在多处理器系统中采用软亲和策略,用软件的方法使一个线程下一次调度时能够继续在原来的 CPU 上执行,以便利用该 CPU 高速缓存中的数据,提高执行效率。

12.1.4　Windows 存储管理

Windows NT 中使用了请求分页的虚拟内存管理技术,为每个进程分配一个 4GB 的虚拟地址空间。进程的虚拟地址空间被分成两个部分:高地址的 2GB 空间保留给系统内核使用,用户线程一般无法访问,用于线程调度、内存管理、文件系统支持、网络支持、设备驱动的加载等;低地址的 2GB 空间是用户存储区,可以被用户态线程访问,其中包含了用户应用程序、调用的动态链接库、用户栈、用户可使用的空闲内存空间等,如图 12.4 所示。

为了把虚拟地址转换成实际物理地址,Windows NT 采用了二级页表进行地址转换。此时,进程的逻辑地址与物理地址的转换关系如图 12.5 所示。

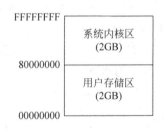

图 12.4　Windows NT 虚拟地址空间

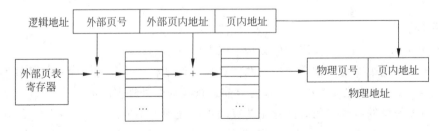

图 12.5　Windows NT 虚拟地址转换

Windows NT 的页面调度策略包括取页策略、置页策略和页面淘汰策略。

取页策略分为两种：一种是按照进程的需要"请求取页"，另一种是集群式提前取页。集群式提前取页的依据是程序运行的局部性原理，当线程缺页时，不仅会把它需要的那一页装入主存，还会把附近的页面也一并装入。集群式提前取页可以避免线程频繁缺页。

Windows NT 中的置页策略较为简单，为虚拟页面找到一个未分配的物理块帧即可。

关于页面淘汰策略，Windows NT 为每个进程分配固定数量的页面，发生缺页时，在进程范围内替换页。同时，采用先进先出（FIFO）的页面置换算法，把在主存中驻留时间最长的页面淘汰出去。

12.1.5 Windows 同步机制

在现代操作系统中，由于各种并发性因素的存在，代码和数据可能被并发访问。Windows NT 系统提供了多种同步机制来保护可能被并发访问的代码和数据。总体而言，Windows 的同步机制分为"不依赖于线程调度的同步机制"和"基于线程调度的同步机制"两大类。

Windows 中定义了一套中断优先级，称为中断请求级别（Interrupt Request Level，IRQL），其值表示为 0~31，数值越大，优先级越高。当 IRQL 的值大于 1 时，产生的中断大部分属于硬件中断，它们的执行不依赖于线程的调度，可以打断线程的执行。此时，Windows 提供了一些方便的同步保护机制，供内核自身使用。典型的"不依赖于线程调度的同步机制"包括：

（1）提升 IRQL。当处理器在某个 IRQL 上运行时，只能被更高级别的中断请求打断。Windows 根据中断请求的紧急程度，划分不同级别的 IRQL，保护高级别的过程不会被低级别的中断抢占 CPU。

（2）互锁操作。这是一种指令级的保护，利用 Intel x86 处理器提供的 lock 指令前缀，实现以原子方式进行指令操作。

（3）无锁的单链表。链表是 Windows 内核中被广泛使用的数据结构，当它们被并发访问时，需要"锁"机制来保证链表操作的正确性。而对于频繁使用的共享链表，"无锁"的使用方式无疑是极其高效的，具有重要意义。在 Windows 系统中，对共享链表的插入和删除操作均在表头进行，并且利用 64 位互锁指令保证了插入和删除操作的原子性，实现了无锁的单链表。

（4）自旋锁。自旋锁本质上是一种忙等待。为了获得某一个共享资源，处理器不停地检测该资源的锁的状态，而不做其他事情，一旦锁的状态变为可用，则立即获得该锁，继而执行后继流程。因此，处理器在获得自旋锁之前，不会被其他同级别的中断或者线程所抢占。

在 Windows NT 中，普通线程的 IRQL 值等于 0，优先级最低，会被其他级别的中断打断执行。但是所有这些普通线程之间也存在同步问题，采用"基于线程调度的同步机制"。在这一类同步机制中，Windows NT 提供了 9 种同步对象：进程、线程、文件、控制台输入、文件变化通知、互斥量、信号量、事件、等待时钟。每个对象在任何时刻都处于两种状态中的一种：有信号状态和无信号状态。一个线程与某一个对象取得同步的办法是等待该对象变成有信号状态，线程等待同步对象时一般进入阻塞睡眠状态。

在同步对象中，进程、线程、文件和控制台输入这 4 个对象的主要作用并不是为了同步，它们在 Windows 系统内核中另有重要的作用,但是可以协助完成线程同步;文件变化通知对象主要作用于关心文件系统有变化通知的那些线程;等待时钟主要用于在某一确定时间和某个时间间隔发一个信号的形式来进行线程同步;互斥量用于多个线程对数据的互斥访问;信号量是一个与之相关联的资源计数,运行多个线程同时获得对该资源的访问;事件是用来发信号的,表示某个操作已经完成。

12.2 Linux 操作系统简介

Linux 是一套可以免费使用和自由传播的,类似于 UNIX 风格的操作系统,它也是目前发展最快的操作系统之一。从 1991 年诞生到现在的二十多年里,Linux 操作系统在服务器、嵌入式等方面发展迅猛,在个人操作系统方面也有广泛的应用。

12.2.1 Linux 操作系统概述

Linux 是一套可以免费使用和自由传播的类 UNIX 操作系统,它是一种多用户、多任务,支持多线程和多 CPU 的操作系统。Linux 继承了 UNIX 以网络为核心的设计思想,能运行主要的 UNIX 工具软件、应用程序和网络协议。

Linux 系统的诞生源于芬兰赫尔辛基大学的一位计算机系学生 Linus Torvalds。在大学期间,他接触到了学校的 UNIX 系统,由于 UNIX 系统的一些限制和代码不开源等问题,Linus Torvalds 萌生了自己开发一个 UNIX 的想法。他首先找到了一款用于教学的 Minix 操作系统,从中学到了很多重要的系统核心程序设计理念和设计思想,从而逐步开始了 Linux 系统雏形的设计和开发。

1991 年 10 月 5 日,Linus Torvalds 正式宣布 Linux 内核诞生(Freeminix-like kernel sources for 386-AT)。由于 Linux 开放源代码,可以自由传播,越来越多的程序设计者加入到 Linux 的开发和完善工作中来,极大地推进了 Linux 系统的发展。

就 Linux 的本质来说,它只是操作系统的内核核心,负责控制硬件、管理文件系统、程序进程等,并不给用户提供各种工具和应用软件。"工欲善其事,必先利其器。"一套优秀的操作系统内核,同样需要强大的配套应用软件来发挥它强大的功能,如 C/C++ 编译器、C/C++ 库、系统管理工具、网络工具等。因此人们以 Linux 内核为中心,再集成搭配各种各样的系统管理软件或应用工具软件组成一套完整的操作系统,称为 Linux 发行版。

发行版为许多不同的目的而制作,包括对不同计算机结构的支持,对一个具体区域或语言的本地化,实时应用,嵌入式系统等。已经有超过三百个发行版被积极的开发,最普遍被使用的发行版有 12 个,如 Fedora Core、Debian、Mandrake、Ubuntu、Red Hat Linux、SuSE、Linux Mint 等。

Fedora Core:Fedora 项目由 Fedora 基金会管理和控制,得到了 Red Hat,Inc. 的支持,是一套从 Red Hat Linux 发展出来的免费 Linux 系统,允许任何人自由地使用、修改和重发布。Fedora 可运行的体系结构包括 x86(即 i386～i686)、x86_64 和 PowerPC。

Debian:该项目诞生于 1993 年,目标是提供一个稳定容错的 Linux 版本。支持 Debian 的不是某家公司,而是许多在其改进过程中投入了大量时间的开发人员,主要通过基于 Web 的论坛和邮件列表来提供技术支持。Debian 以稳定性著称,为了保证它的稳定性,开发者不会在其中随意添加新技术,而是通过多次测试之后才选定合适的技术加入。从 Debian 6 开始,第一次包含了 100% 开源的 Linux 内核,这个内核中不再包含任何闭源的硬件驱动。所有的闭源软件都被隔离成单独的软件包,放到 Debian 软件源的 non-free(非自由)部分。由此,Debian 用户便可以自由地选择是使用一个完全开源的系统还是添加一些闭源驱动。

Mandrake:作为 Red Hat Linux 的一个分支,Mandrake 将自己定位在桌面市场的最佳 Linux 版本上。Mandrake 的安装非常简单明了,为初级用户设置了简单的安装选项,完全使用 GUI 界面,还为磁盘分区制作了一个适合各类用户的简单 GUI 界面。当然它也可作为一款优秀的服务器系统,尤其适合 Linux 新手使用。Mandrak 没有重大的软件缺陷,只是它更加关注桌面市场,较少关注服务器市场。

Ubuntu:Ubuntu 是一个基于 Debian 发行版和 Unity 桌面环境的操作系统,其目标在于为一般用户提供一个最新的、同时又相当稳定的主要由自由软件构建而成的操作系统。Ubuntu 具有庞大的社区力量,用户可以方便地从社区获得帮助。随着云计算的流行,Ubuntu 推出了一个云计算环境搭建的解决方案,获得了广泛应用。

Red Hat Linux:Red Hat Linux 是非常著名的 Linux 发行版,它能向用户提供一套完整的服务,特别适合在公共网络中使用。Red Hat Linux 的安装过程十分简单明了,图形安装过程提供简易设置服务器的全部信息。Red Hat 在服务器和桌面系统中都工作得很好,但是它带有一些不标准的内核补丁,这使得它难以按用户的需求进行定制。Red Hat 通过论坛和邮件列表提供广泛的技术支持,它还有自己公司的电话技术支持,对要求更高技术支持水平的集团客户更有吸引力。

SuSE:总部设在德国的 SuSE 致力于创建一个连接数据库的最佳 Linux 版本。为了实现这一目的,SuSE 与 Oracle 和 IBM 合作,以使其产品能稳定地工作。SuSE 还开发了 SuSE Linux eMail Server Ⅲ,是一个非常稳定的电子邮件群组应用。

Linux Mint:它是一份基于 Ubuntu 的发行版,目标是提供一种更完整的即刻可用体验,包括提供浏览器插件、多媒体编解码器、对 DVD 播放的支持、Java 和其他组件。Linux Mint 与 Ubuntu 软件仓库兼容,是一个为 PC 和 x86 计算机设计的操作系统。

CentOS:CentOS 是一个基于 Red Hat Linux 提供的可自由使用源代码的企业级 Linux 发行版本。CentOS 来自于 RHEL(Red Hat Enterprise Linux)依照开放源代码规定释出的源代码所编译而成,而且在 RHEL 的基础上修正了不少已知的 Bug,相对于其他 Linux 发行版,其稳定性值得信赖。由于出自同样的源代码,因此有些要求高度稳定性的服务器以 CentOS 替代商业版的 Red Hat Enterprise Linux 使用。

目前,大型、超大型互联网企业都在使用 Linux 系统作为其服务器端的程序运行平台,全球及国内排名前十的网站使用的主流系统几乎都是 Linux 系统。

12.2.2　Linux 内核模块

Linux 内核是 Linux 操作系统的核心部分。对下,它管理系统的所有硬件设备;对上,它通过系统调用,向应用程序提供接口。Linux 内核主要由 5 个子系统组成:进程调度、内存管理、虚拟文件系统、网络接口、进程间通信,如图 12.6 所示。

第 12 章

操作系统介绍

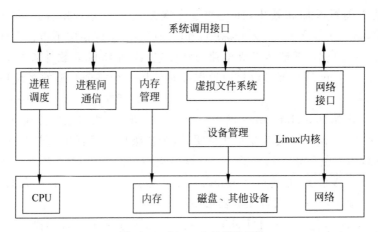

图 12.6　Linux 内核模块图

(1) 进程调度,也称作进程管理,负责管理 CPU 资源,以便让各个进程可以尽量公平地访问 CPU。

(2) 内存管理,负责管理内存,让各个进程可以安全地共享机器的内存资源。另外,内存管理还提供了虚拟内存机制。

(3) 虚拟文件系统。Linux 内核将不同功能的外部设备,例如 Disk 设备(硬盘、磁盘、闪存等)、I/O 设备、显示设备等,都抽象为文件对象,可以通过统一的文件操作接口(open、close、read、write 等)来访问。这就是 Linux 系统"一切皆是文件"的体现。

(4) 网络子系统,负责管理系统的网络设备,并实现多种多样的网络标准。

(5) 进程间通信(Inter-Process Communication,IPC)。IPC 不管理任何硬件,它主要负责 Linux 系统中进程之间的通信。

12.2.3　Linux 进程和进程调度

Linux 的进程由正文段(text)、用户数据段(user segment)、系统堆栈段(stack segment)组成。其中,正文段存放系统要执行的指令代码,具有只读属性;用户数据段是进程执行过程中所有数据的集合,包括进程处理的数据和进程使用的堆栈;系统堆栈段存放进程状态和相关运行环境,只能由系统内核访问和使用。此外,Linux 还有一个全局的系统数据段,其中存放了进程控制块 PCB。

在 Linux 中,进程控制块 PCB 以结构体的形式存在,称为任务结构体 task_struct,其中的主要成员包括进程状态、进程标识、进程的族亲关系、进程间的链接信息、进程调度信息、进程的时间信息、进程的虚拟内存信息、进程通信信息等。

Linux 中进程的状态分为 5 种。

(1) 可运行态:进程正在 CPU 上运行,或者已经做好了运行准备。Linux 中把所有处于运行和就绪状态的进程链接成一个双向链表,称为可运行队列。

(2) 可中断的等待态:这种状态下的进程可以由信号(signal)来解除其等待,收到信号后进程进入可运行态。

(3) 不可中断的等待状态:这种状态下的进程一般都在直接或者间接地等待硬件设备,只能用特殊的方式来解除其等待状态。

（4）暂停态：由于进程需要接受某种特殊处理而暂时停止运行的状态，通常进程在收到某个外部信号后进入暂停态。

（5）僵死态：进程的运行已经结束，但由于某种原因其进程结构体仍然在系统中，这样的进程处于僵死态。

在进程调度方面，Linux 将进程分为普通进程和实时进程，实时进程的优先级高于普通进程。同时，Linux 的进程调度策略主要有 3 种：SCHED_OTHER 分时调度策略、SCHED_FIFO 先来先服务的实时调度策略和 SCHED_RR 时间片轮转的实时调度策略。

对于 Linux 实时进程，调度策略比较简单，因为实时进程只要求尽可能快地被响应。每个实时进程根据其重要程度的不同被赋予不同的优先级，调度策略在每次调度时，总选择优先级最高的进程开始执行，低优先级不能抢占高优先级，因此先来先服务（SCHED_FIFO）配合时间片轮转（SCHED_RR）调度策略即可满足实时进程调度的需求。先来先服务策略适用于短小的实时进程，体现等待时间上的公平性；时间片轮转策略适用于较大的实时进程，从而保证每个进程都能获得运行的机会。

对于 Linux 普通进程，只有当可运行队列中的实时进程全部运行完成后，普通进程才能得到运行机会。Linux 普通进程的优先级由 priority 和 counter 共同决定。Priority 是进程的静态优先级，在进程的运行过程中保持不变；counter 是进程还需要请求的 CPU 运行时间，它随着进程的运行不断减少，是进程的动态优先级。一个进程占用 CPU 的时间越长，counter 值越低，这样每个进程都可以公平地获得 CPU。

12.2.4　Linux 内存管理

在 Linux 操作系统中，虚拟地址用 32 位二进制表示，因此系统向每个进程提供的虚拟地址空间的大小为 2^{32}B＝4GB。对每个进程来说，它们各自拥有 4GB 大小的地址空间；而在 CPU 眼中，任意时刻一个 CPU 上只存在一个虚拟地址空间，虚拟地址空间随着进程间的切换而变化。Linux 内核将 4GB 的虚拟地址空间划分为用户空间和内核空间两个部分：0～3G 为每个进程私有的"用户空间"；剩余的 1GB 是所有进程共享的"内核空间"，用户进程访问内核空间的唯一途径为系统调用。

Linux 内核采用虚拟页式存储管理策略，在 64 位微处理器中，通过三级映射机制实现从虚拟地址到物理地址的映射，其中 PGD 为页面目录，PMD 为中间目录，PT 为页表。具体的映射过程如下：

（1）在 CR3 寄存器中找到 PGD 的基地址；

（2）以虚拟地址中高位段数据值为位移量，在 PGD 中找到指向 PMD 的指针；

（3）以虚拟地址中次位段数据值为位移量，在 PMD 中找到指向 PT 的指针；

（4）以虚拟地址中再次位段数据值为位移量，在 PT 中找到指向最终页面的指针；

（5）虚拟地址的最低位段，表示的是页内偏移量，最终完成虚拟地址到物理地址的转换。

在传统的 32 位平台上，Linux 设置 PMD 全零，从而消除了中间目录，把 Linux 的三级映射模型转变成了 x86 物理结构上的二级映射，保证了对多种硬件平台的支持。

Linux 物理内存分配和回收的基本单位是物理页，采用著名的伙伴（Buddy）算法来解决内存碎片问题。避免内存碎片的方法主要有两种：第一种是把非连续的空闲物理块映射到连续的虚拟地址空间;第二种是尽量避免小的页面请求分割大的空闲内存块。Buddy 算法正是基于第二种方法对内存进行管理的。

在 Buddy 算法中,将两个大小相同并且地址连续的物理块成为"伙伴",该算法的基本原理如下:将所有空闲块分组成 11 个块链表。第 0 组块链表中,每一个块的大小是 2^0(1 个页框),第 1 组块链表中,每一个块的大小是 2^1(2 个页框),第 2 组块链表中,每一个块的大小是 2^2(4 个页框),以此类推,第 10 组块链表中,每一个块的大小是 2^{10}(1024 个页框)。下面举例说明 Buddy 算法的内存分配过程。

假设请求分配的物理块大小为 128 个页面,伙伴算法首先在大小为 128 个页面的链表中查找,看是否有空闲块。如果有,则直接分配;如果没有,则查找下一个更大的块,即在 256 个页面的链表中查找空闲块。如果此时存在空闲块,内存就把这 256 个页面分成两等份:一份分配出去,另一份插入到大小为 128 个页面的链表中。如果在大小为 256 个页面的链表中也没有找到空闲块,就继续找更大的,即 512 个页面的块。如果找到,就从其中分出 128 个页面分配出去,剩余的 384 个页面拆分成一个 256 页面,插入 256 页面大小的链表,剩下的 128 页面插入 128 页面大小的链表。

Buddy 算法回收内存的过程与分配内存相反。某一块内存回收后,算法会寻找相邻的块,看其是否释放了。如果相邻块也释放了,则合并这两个块,重复这一过程直到遇上未释放的相邻块,或者达到最高上限。最后将合并后的内存块插入相应大小的空闲链表中。

除此之外,为了更好地发挥系统性能,Linux 还采用了一系列和内存相关的高速缓存机制,比如,用于设备读写的缓冲区高速缓存,用于加速数据访问的页高速缓存,用于页面交换的交换高速缓存等。

12.2.5　Linux 文件管理

Linux 采用虚拟文件系统,使得文件系统具有强大的功能,除了自己的文件系统 EXT2,还支持多种其他操作系统的文件系统,如 NTFS、MSDOS、VFAT 等,并支持跨文件系统的文件操作。虚拟文件系统(Virtual File System,VFS)屏蔽了各种文件系统的差别,为各种不同的文件系统提供了统一的接口。VFS 是 Linux 系统中的一个软件抽象层,用于给用户空间的程序提供文件系统接口;同时它也提供了系统内核中的一个抽象功能,允许不同的文件系统共存。VFS 通过一些数据结构及其方法向实际的文件系统,比如 EXT2、VFAT 提供接口机制。因此,通过使用同一套虚拟文件系统就可以对 Linux 中的任意文件进行操作,用户不必考虑具体文件的文件系统格式。为了支持不同的文件系统,VFS 定义了所有文件系统都支持的基本接口和数据结构;同时,实际的文件系统为了与 VFS 协同工作,也必须提供符合 VFS 标准的接口。实际文件系统在统一接口和数据结构下隐藏了具体的实现细节,因此在内核其他部分看来,所有文件系统都是相同的。需要特别说明的是,实际物理文件系统是存在于外存中的,而 VFS 仅存在于内存中。

VFS 依靠几个主要的数据结构和一些辅助的数据结构来描述其结构信息,主要包括 VFS 超级块、VFS inode 索引结点、文件操作函数指针、文件对象等。

VFS 超级块是描述文件系统整体组织和结构的信息体,其信息主要来自实际文件系统的超级块。每次一个实际文件系统被安装时,Linux 内核就会从实际文件系统的指定位置读取控制信息来填充内存中的 VFS 超级块对象,其中包括实际文件系统类型的信息。

VFS inode 对象存储了文件相关信息,代表存储设备上一个实际的物理文件。当一个文件首次被访问时,Linux 内核会在内存中组装相应的 VFS inode 对象,它提供文件操作时所需要的全部信息。在 VFS 中还提供了对 VFS inode 进行操作的各种函数,它们实质上是面向各种不同物理文件系统进行操作的转换接口,函数的入口地址记录在文件操作函数指针中。

Linux 目录是一个留驻在磁盘上的文件,称为目录文件,系统对目录文件的处理方法与一般文件相同。目录由若干目录项组成,每个目录项对应目录中的一个文件。在一般的文件系统中,目录项由文件名、属性、位置、大小、建立时间、访问权限等控制信息组成。Linux 把文件名和文件控制信息分开管理,文件控制信息单独组成一个 inode 结点,如图 12.7 所示。

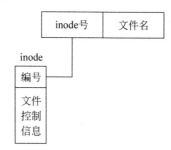

图 12.7　Linux 文件系统的目录项

Linux 引入目录的概念主要是为了方便查找文件。在 Linux 中,一个路径的各个组成部分,不管是目录还是普通文件,都是一个目录项对象。如在路径/home/src/a.cpp 中,目录/、home、src 和文件 a.cpp 都分别对应一个 inode 对象。但是 inode 对象没有对应的磁盘数据结构,VFS 在遍历路径名的过程中将它们逐个地解析成 inode 对象。

文件对象是已经打开的文件在内存中的表示,主要用于建立进程和磁盘文件的对应关系。因为多个进程可以同时访问同一个文件,所以同一个文件可能存在多个对应的文件对象,但是这些文件对象指向的目录项和索引结点应当是相同的。

除了虚拟文件系统以外,Linux 也有自己标准的物理文件系统,称为 EXT(EXTended File System)。1993 年推出的 EXT2 已经成为 Linux 的标准文件系统。后来的 EXT3 系统是对 EXT2 系统的扩展,是一种日志式文件系统,它会将整个磁盘的写入动作完整地记录在磁盘的某个区域上,以便有需要时可以回溯追踪。EXT3 系统具有高可用性,能够极大地提高文件系统的完整性,避免意外宕机对文件系统的破坏。更新的 EXT4 对 EXT3 数据结构方面做了更深层次的优化,使得 EXT4 系统更加高效而可靠。

12.3　Android 操作系统简介

Android 是一种基于 Linux 的自由及开放源代码的操作系统,主要应用于移动设备,如智能手机和平板电脑,由 Google 公司和开放手机联盟领导及开发。2013 年的第四季度,Android 平台手机的全球市场份额已经达到 78.1%。

12.3.1　Android 操作系统概述

Google 公司于 2007 年 11 月 5 日发布了一款基于 Linux 平台的开源手机操作系统,称为 Android 操作系统。Android 一词最早出现于法国作家利尔·亚当(Auguste Villiers de l'Isle-Adam)在 1886 年发表的科幻小说《未来夏娃》(L'ève future)中。他将外表像人的机器起名为 Android。Android 操作系统的创始人之一安迪·鲁宾(Andy Rubin)对这本小说中的人物非常喜爱,因此用 Android 来命名这款操作系统。

2003 年 10 月,Andy Rubin 等人创建 Android 公司,并组建 Android 团队。2005 年 8 月 Google 收购了 Android 及其团队。安迪·鲁宾成为 Google 公司工程部副总裁,继续负责 Android 项目。2007 年 11 月 5 日,Google 公司正式向外界展示了这款名为 Android 的操作系统,并且在这一天宣布建立一个全球性的联盟组织,该组织由 34 家手机制造商、软件开发商、电信运营商以及芯片制造商共同组成,并与 84 家硬件制造商、软件开发商及电信营运商组成开放手持设备联盟(Open Handset Alliance)来共同研发改良 Android 系统,这一联盟将支持 Google 发布的手机操作系统以及应用软件,Google 以 Apache 免费开源许可证的授权方式,发布了 Android 的源代码。2008 年,在 Google I/O 大会上,Google 提出了 Android HAL 架构图。同年 9 月,Google 正式发布了 Android 1.0 系统,这也是 Android 系统最早的版本。2009 年 4 月,Google 正式推出了 Android 1.5,该系统与 Android 1.0 相比有了很大的改进。2009 年 9 月份,Google 发布了 Android 1.6 的正式版,并且推出了搭载 Android 1.6 正式版的手机 HTC Hero(G3),成为当时全球最受欢迎的手机。

2010 年 2 月份,Linux 内核开发者 Greg Kroah-Hartman 将 Android 的驱动程序从 Linux 内核"状态树"(staging tree)上除去,从此,Android 与 Linux 开发主流分道扬镳。

2010 年 10 月份,Google 宣布 Android 系统达到了第一个里程碑,即电子市场上获得官方数字认证的 Android 应用数量已经达到了 10 万个。Android 系统的应用增长非常迅速,到 2011 年 8 月 2 日,Android 手机已占据全球智能机市场 48% 的份额,并在亚太地区市场占据统治地位,终结了 Symbian(塞班系统)的霸主地位,跃居全球第一。

从最初发布的 1.0 版本到现在,Android 已经发布了多个版本更新,每个更新版本都在前一个版本的基础上修复了 bug 并且添加了前一个版本所没有的新功能。从 2009 年 5 月开始,Android 操作系统改用甜点来作为版本代号,按照从大写字母 C 开始的顺序来进行命名,目前已经有的版本名称依次为纸杯蛋糕(Cupcake)、甜甜圈(Donut)、闪电泡芙(Éclair)、冻酸奶(Froyo)、姜饼(Gingerbread)、蜂巢(Honeycomb)、冰淇淋三明治(Ice Cream Sandwich)、果冻豆(Jelly Bean)、奇巧(KitKat)、棒棒糖(Lollipop)、棉花糖(Marshmallow)、牛轧糖(Nougat)、奥利奥(Oreo)、馅饼(Pie)。随着操作系统版本的更新,Android 提供的 API(Application Programming Interface 应用程序编程接口)也不断升级,目前与 Pie 版本相匹配的是 API 28 级。

与 iOS、Windows Phone 等手机操作系统相比,Android 操作系统具有非常明显的特点,主要表现在:

(1) 开放性。Android 平台允许任何移动终端厂商加入到 Android 联盟中来,包括运营商、芯片制造商、手机制造商和软件供应商,使其能够正确、有效地协同工作,实现了应用的可移植性和互操作性。

(2) 不受运营商的制约。配置 Android 操作系统的移动设备不受运营商的制约,用户可以自由选择接入网络,挣脱了运营商的束缚。

(3) 自由的开发环境。Android 平台提供给第三方开发商一个十分宽泛、自由的环境,不会受到各种条条框框的阻碍,促进新颖别致的软件诞生。但是这种自由方便的开发环境也有其两面性,比如,如何控制血腥、暴力、情色方面的程序和游戏正是留给 Android 难题之一。

(4) 广泛的业务应用。Google 服务如地图、邮件、搜索等已经成为连接用户和互联网的重要纽带,而 Android 平台支持无缝结合这些优秀的 Google 服务。此外,不同开发商和厂商提供的应用软件和硬件设备,都可以通过标准的 API 访问系统核心,应用极为广泛。

12.3.2 Android 操作系统架构

Android 系统架构和其操作系统一样,采用了分层的架构。从架构图看,Android 分为 4 个层,从高层到低层分别是应用程序层、应用程序框架层、系统运行库层、Linux 内核层,如图 12.8 所示。

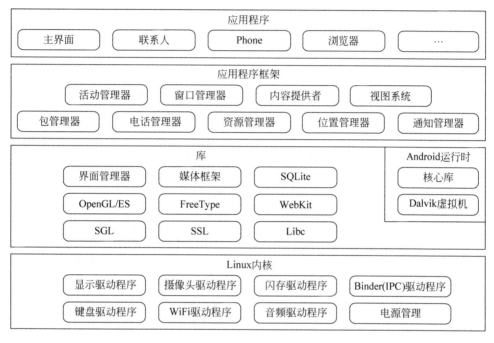

图 12.8　Android 操作系统架构图

1. 应用程序层

应用程序层是 Android 操作系统的最高层,它接近用户,并能为用户提供良好的用户界面。在这一层,Android 将一系列核心应用程序打包一起发布,包括 E-mail 客户端、SMS 短消息程序、日历、地图、浏览器、联系人管理程序等。所有的应用程序都是使用 Java 语言编写的。用户的应用请求可以通过调用应用程序框架层所提供的 API 来实现。

2. 应用程序框架层

Android 操作系统允许开发人员完全访问核心应用程序所使用的 API 框架。应用程序框架层的目的就是简化组件的重用。任何一个应用程序都可以发布它的功能块,并且任何其他的应用程序都可以使用其所发布的功能块(需要遵循框架的安全性限制)。同样,该应用程序重用机制也使用户可以方便地替换程序组件。

隐藏在每个应用后面的是一系列的服务和系统,其中包括:
- 活动管理器(activity manager)——用来管理应用程序的生命周期,并提供常用的导航、回退功能。
- 窗口管理器(window manager)——管理所有开启的窗口程序。

- 内容提供者(content providers)——提供一个应用程序访问另一个应用程序数据的功能,或者实现应用程序之间的数据共享。
- 视图系统(view system)——构建应用程序的基本组件。视图组件丰富而又可扩展,包括列表(lists)、网格(grids)、文本框(text boxes)、按钮(buttons),甚至可嵌入的 Web 浏览器。
- 包管理器(package manager)——对应用程序进行管理,提供的功能诸如安装应用程序、卸载应用程序、查询相关权限信息等。
- 电话管理器(telephony manager)——管理所有的移动设备功能。
- 资源管理器(resource manager)——提供非代码资源的访问,如本地字符串、图形、布局文件(layout files)等。
- 位置管理器(location manager)——提供位置服务。
- 通知管理器(notification manager)——用于应用程序在状态栏中显示自定义的提示信息。

3. 系统运行库

在 Android 系统官方的系统架构图中,位于 Linux 内核层之上的系统运行库层是应用程序框架的支撑,为 Android 系统中的各个组件提供服务。系统运行库层由系统类库和 Android 运行时构成。

系统类库大部分由 C/C++编写,所提供的功能通过 Android 应用程序框架为开发者所使用。其中的核心库包括:

- Libc(标准 C 系统库函数)——一个从 BSD 继承来的标准 C 系统函数库,更适合基于嵌入式 Linux 的移动设备。
- Media Framework(媒体框架库)——基于 Packet Video Open CORE 的多媒体库,支持多种常用的音频、视频格式回放和录制,同时支持静态图像文件。编码格式包括 MPEG4、H. 264、MP3、AAC、AMR、JPG、PNG。
- Surface Manager(接口管理器)——对显示子系统进行管理,并为多个应用程序提供 2D 和 3D 图层的无缝融合。
- Web Kit(浏览器引擎)——支持 Android 浏览器和一个可嵌入的 Web 视图。
- SGL——底层的 2D 图形引擎
- OpenGL/ES——基于 OpenGL ES 1.0API 标准实现的 3D 跨平台图形库。
- Free Type——支持位图(bitmap)和矢量(vector)字体显示。
- SQLite(数据库引擎)——一个对于所有应用程序可用,功能强大的轻型关系型数据库引擎。

Android 运行时包括了一个核心库和 Dalvik 虚拟机两部分。核心库提供了 Java 编程语言核心库的大多数功能,并提供 Android 的核心 API,如 android. os、android. net、android. media 等。Dalvik 虚拟机是基于 Apache 的 Java 虚拟机,并被改进以适应低内存、低处理器速度的移动设备环境。Dalvik 虚拟机依赖于 Linux 内核,实现进程隔离与线程调试管理、安全和异常管理、垃圾回收等重要功能。

4. Linux 内核层

Android 以 Linux 操作系统内核为基础,借助 Linux 内核服务实现硬件设备驱动、进程和内存管理、网络协议栈、电源管理、无线通信等核心功能。Android 4.0 版本之前基于 Linux 2.6 系列内核,4.0 及之后的版本使用更新的 Linux 3.X 内核,并且两个开源项目开始有了互通。Linux 3.3 内核中正式包括一些 Android 代码,可以直接引导进入 Android。Linux 3.4 增添了电源管理等更多功能,以增加与 Android 的硬件兼容性,使 Android 在更多设备上得到支持。Android 内核对 Linux 内核进行了增强,增加了一些面向移动计算的特有功能。例如,低内存管理器(Low Memory Keller,LMK)、匿名共享内存(ashmem)以及轻量级的进程间通信 Binder 机制等。这些内核的增强使 Android 在继承 Linux 内核安全机制的同时,进一步提升了内存管理、进程间通信等方面的安全性。Android 内核的主要驱动模块如下:

- Power Management(电源管理)——针对嵌入式设备的、轻量级的电源管理驱动。
- Low Memory Keller(低内存管理器)——根据需要杀死进程来释放需要的内存。
- Ashmem(匿名共享内存)——为进程之间提供共享内存资源,同时为内核提供回收和管理内存的机制。
- Android Logger(日志)——一个轻量级的日志设备。
- Android Alarm(定时器)——提供了一个定时器,用于把设备从睡眠状态唤醒。
- PMEM(物理内存映射管理)——用于向用户空间提供连续的物理内存区域映射。
- Timed device(定时设备)——可以执行对设备的定时控制功能。
- Yaffs2 文件系统——Android 采用大容量的 NAND 闪存作为存储设备,使用 Yaffs2 作为文件系统。Yaffs2 占用内存小、垃圾回收简便快速。
- Paranoid 网络——对 Linux 内核的网络代码进行了改动,增加了网络认证机制,可在 IPv4、IPv6 和蓝牙中设置。

12.3.3　Android 操作系统进程管理

Android 系统是基于 Linux 内核开发的开源操作系统,但是 Android 系统的进程管理策略与 Linux 有所不同。最明显的区别是:Linux 系统会在进程活动停止后就结束该进程;而 Android 把这些进程都保留在内存中,直到系统需要更多内存时,才会真正撤销这些进程。这些保留在内存中的进程通常情况下不会影响整体系统的运行速度,并且当用户再次激活这些进程时,提升了进程的启动速度。

当一个 App 应用程序第一次启动时,Android 系统会为它创建一个进程,同时为该进程分配一个具有一定权限的进程 ID。通常情况下,一个 ID 与一个内存中的 App 对应,每个 App 运行在自己的进程中,每个进程对应一个虚拟机。

Android 操作系统的进程按照优先级从高到低分为 6 类。

(1) 前台进程:目前正在屏幕上显示的进程和一些系统进程。前台进程是所有进程中级别最高的,通常情况下只有当内存无法维持它们同时运行时才会被撤销。

(2) 可见进程:可见进程是一些不在前台,但用户依然可见的进程。比如输入法、时钟、天气等。仅当前台进程需要它的资源时,可见进程才会被撤销。

(3) 次要服务进程:正在后台运行而不被用户看到的一些服务(Service),如后台播放音乐、下载数据等。仅当前台进程和可视进程内存不足时,系统才会撤销次要服务进程。需要说明的是,拨号等主要服务是不可能被进程管理终止,故不在讨论之列。

(4) 后台进程：用户前台不可见的进程，且没有绑定正在运行的 Service。一般而言，当程序显示在屏幕上时，其所运行的进程即为前台进程；一旦用户按 home 键返回主界面，程序就驻留在后台，成为后台进程。

后台进程的管理策略有多种：有较为积极的方式，一旦程序到达后台立即终止，这种方式会提高程序的运行速度，但无法加速程序的再次启动；也有较消极的方式，尽可能多地保留后台程序，虽然可能会影响到单个程序的运行速度，但在再次启动程序时速度会有所提升。

(5) 内容供应结点：没有程序实体，仅提供内容供别的程序去用。比如日历供应结点、邮件供应结点等。在终止进程时，这类程序应该有较高的优先权。

(6) 空进程：不含任何活动应用程序的进程，其作用往往是提高该程序下次的启动速度或者记录程序的一些历史信息。这部分进程无疑是应该最先终止的。

在 Android 操作系统中，为了保证多个进程协同工作，防止并发进程竞争资源，提供了互斥 Mutex、条件变量 Condition 等同步机制。

(1) Mutex 用来保证共享资源的互斥使用，可以处理进程内同步的情况，也可以解决进程间同步的问题。Mutex 只有 0 和 1 两种状态，同时提供了 3 个重要的接口函数：

```
status_t lock();                //获取资源锁
status_t unlock();              //释放资源锁
status_t tryLock();             //判断当前资源是否可用
```

(2) Condition 是一个用于多线程同步的条件类，其核心思想是判断"条件是否已经满足"。若满足则马上返回，继续执行未完成的动作；否则就进入休眠状态，等待条件满足时有人触发条件唤醒它。其中的休眠进程称为等待者，触发条件的进程称为触发者。通常情况下，Condition 与 Mutex 一起使用，以便保证等待者能够获得可用资源。其常用接口如下：

```
status_t wait(Mutex& mutex);                            //等待某个条件出现
status_t waitRelative(Mutex& mutex, nesec_t reltime);   //等待某个条件出现,超时自动退出
void signal();                                          //条件满足时,唤醒相应等待者
void broadcast();                                       //条件满足时,唤醒所有等待者
```

Android 进程间通信主要采用了 Binder 机制，此外还有基于 Linux 内核的管道、Socket 等通信机制。Binder 是一种基于客户/服务器的通信模式，其中定义了 4 个组件：Binder Driver、Service Manager、Binder Client、Binder Server。其中 Binder Driver 运行于内核空间，其余 3 种组件运行于用户空间。Binder Driver 是 Android 系统实现进程通信的核心组件，Binder Client 通过它向 Binder Server 发送请求，Binder Server 也通过它向 Binder Client 返回处理结果，如图 12.9 所示。

Binder 机制的工作流程可以描述如下：假设客户端程序 Client 运行在进程 A 中，服务端的程序 Server 运行在进程 B 中。由于进程的隔离性，Client 不能读写 Server 中的内容，但内核可以，而 Binder Driver 就是运行在内核态，因此 Binder Driver 可以进行请求的中转。

一般而言，为了实现功能的单一性，Client 和 Server 会通过各自的代理进行通信，双方的代理通过 Binder Driver 进行数据交流，Server 和 Client 直接调用各自代理的接口返回数据即可。

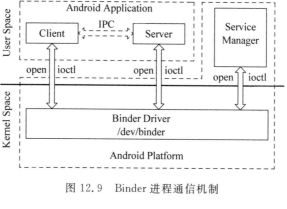

图 12.9 Binder 进程通信机制

另外,Service Manager 是内核服务管理器,每一个服务端进程启动后,都需要在 Service Manager 中注册。这样 Client 就可以通过 Service Manager 来获取服务器的服务列表,从而选择需要通信的服务器进程。

12.3.4 Android 操作系统内存管理

Android 内存管理机制继承了 Linux 内存管理机制的良好性能,同时针对移动设备的特性进行了优化处理。Linux 系统会在进程活动停止后就结束该进程,而 Android 把这些进程都保留在内存中,直到系统需要更多内存为止。这些保留在内存中的进程通常情况下不会影响整体系统的运行速度,并且当用户再次激活这些进程时,提升了进程的启动速度。Android 操作系独有的内存管理机制包括低内存处理机制、匿名共享内存机制。

1. 低内存处理机制

首先,Android 上的每一个应用程序都有自己独立虚拟机,虚拟机有自己的一套规则回收内存。同时和 Java 的垃圾回收机制类似,Android 系统有一个规则来主动回收内存,当系统剩余内存容量低于某个阈值时,系统会按照一个列表中的先后次序,关闭用户不需要的应用程序。

Linux 系统的内存管理机制称为 OOM(Out Of Memory,内存不足)。Linux 系统会为每一个进程计算一个 oom_adj 值,用来表示杀死该进程的优先级别,oom_adj 值越大,进程越容易被系统选中杀死。当系统内存不足时,OOM 会被系统调用,它会将 oom_adj 值最高的进程杀死并释放其所占内存。

Android 系统在 OOM 的基础上,使用了 LMK(Low Memory Killer)机制来完成同样的任务。LMK 会在用户空间中指定一组内存临界值,这些不同的临界值代表了不同的警戒等级,以及在此警戒等级下的 oom_adj 阈值。开始工作时,LMK 首先根据当前内存的使用情况判断当前的警戒等级,随后定时遍历所有进程的 oom_adj 值,找到大于 oom_adj 阈值的进程,放入进程待杀列表 selected。若找到多个,则把占用内存最大的进程存放在 selected 中,随后杀死这些进程并释放内存空间。

2. 匿名内存共享机制

Android 系统中提供了独特的匿名共享内存机制(anonymous shared memory)Ashmem,它以驱动程序的形式实现在内核空间中,可以将指定的物理内存分别映射到各个进程自己的虚拟地址空间中,从而实现进程间的内存共享。Ashmem 有两个特点:一是能够辅助内存管理系统来有效地管理不再使用的内存块,二是它通过 Binder 进程间通信机制来实现进程间的内存共享。Ashmem 具体的工作方式可以参考图 12.9。

本 章 小 结

目前市场上用于 PC 的主流操作系统有 Windows 操作系统、UNIX 操作系统、Linux 操作系统、Mac 操作系统等。随着手机应用的兴起,Android、iOS 手机操作系统也占有越来越重要的地位。本章从系统结构、进程管理、内存管理等几方面对几种主流操作系统做了简要介绍。

习 题

1. 简答题

(1) 在 Windows NT 系统中,用户态组件和核心态组件分别有哪些?

(2) Windows NT 系统中进程和线程有什么差别? Windows 线程的优先级是怎样划分的?

(3) Windows NT 的同步机制有哪些?

(4) Linux 内核主要有哪些模块? 分别有什么作用?

(5) 简单解释 Linux 虚拟文件系统。

(6) 简单描述 Android 操作系统的架构。

图 书 资 源 支 持

感谢您一直以来对清华版图书的支持和爱护。为了配合本书的使用,本书提供配套的资源,有需求的读者请扫描下方的"书圈"微信公众号二维码,在图书专区下载,也可以拨打电话或发送电子邮件咨询。

如果您在使用本书的过程中遇到了什么问题,或者有相关图书出版计划,也请您发邮件告诉我们,以便我们更好地为您服务。

我们的联系方式:

地　　址:北京市海淀区双清路学研大厦 A 座 701

邮　　编:100084

电　　话:010-83470236　010-83470237

资源下载:http://www.tup.com.cn

客服邮箱:2301891038@qq.com

QQ:2301891038(请写明您的单位和姓名)

资源下载、样书申请

书 圈

扫一扫,获取最新目录

课 程 直 播

用微信扫一扫右边的二维码,即可关注清华大学出版社公众号"书圈"。